周期表

10	11	12	13	14	15	16	17	18
								₂He ヘリウム Helium 4.003
			₅B ホウ素 Boron 10.81	₆C 炭素 Carbon 12.01	₇N 窒素 Nitrogen 14.01	₈O 酸素 Oxygen 16.00	₉F フッ素 Fluorine 19.00	₁₀Ne ネオン Neon 20.18
			₁₃Al アルミニウム Aluminum 26.98	₁₄Si ケイ素 Silicon 28.09	₁₅P リン Phosphorus 30.97	₁₆S 硫黄 Sulfur 32.07	₁₇Cl 塩素 Chlorine 35.45	₁₈Ar アルゴン Argon 39.95
₂₈Ni ニッケル Nickel 58.69	₂₉Cu 銅 Copper 63.55	₃₀Zn 亜鉛 Zinc 65.38	₃₁Ga ガリウム Gallium 69.72	₃₂Ge ゲルマニウム Germanium 72.63	₃₃As ヒ素 Arsenic 74.92	₃₄Se セレン Selenium 78.96	₃₅Br 臭素 Bromine 79.90	₃₆Kr クリプトン Krypton 83.80
₄₆Pd パラジウム Palladium 106.4	₄₇Ag 銀 Silver 107.9	₄₈Cd カドミウム Cadmium 112.4	₄₉In インジウム Indium 114.8	₅₀Sn スズ Tin 118.7	₅₁Sb アンチモン Antimony 121.8	₅₂Te テルル Tellurium 127.6	₅₃I ヨウ素 Iodine 126.9	₅₄Xe キセノン Xenon 131.3
₇₈Pt 白金 Platinum 195.1	₇₉Au 金 Gold 197.0	₈₀Hg 水銀 Mercury 200.6	₈₁Tl タリウム Thallium 204.4	₈₂Pb 鉛 Lead 207.2	₈₃Bi ビスマス Bismuth 209.0	₈₄Po ポロニウム Polonium (210)	₈₅At アスタチン Astatine (210)	₈₆Rn ラドン Radon (222)
₁₁₀Ds ダームスタチウム Darmstadtium (281)	₁₁₁Rg レントゲニウム Roentgenium (280)	₁₁₂Cn コペルニシウム Copernicium (285)	₁₁₃Nh ニホニウム Nihonium (278)	₁₁₄Fl フレロビウム Flerovium (289)	₁₁₅Mc モスコビウム Moscovium (289)	₁₁₆Lv リバモリウム Livermorium (293)	₁₁₇Ts テネシン Tennessine (293)	₁₁₈Og オガネソン Oganesson (294)

□ 典型金属元素
□ 遷移金属元素
▨ 非金属元素

₆₃Eu ユウロピウム Europium 152.0	₆₄Gd ガドリニウム Gadolinium 157.3	₆₅Tb テルビウム Terbium 158.9	₆₆Dy ジスプロシウム Dysprosium 162.5	₆₇Ho ホルミウム Holmium 164.9	₆₈Er エルビウム Erbium 167.3	₆₉Tm ツリウム Thulium 168.9	₇₀Yb イッテルビウム Ytterbium 173.1	₇₁Lu ルテチウム Lutetium 175.0
₉₅Am アメリシウム Americium (243)	₉₆Cm キュリウム Curium (247)	₉₇Bk バークリウム Berkelium (247)	₉₈Cf カリホルニウム Californium (252)	₉₉Es アインスタイニウム Einsteinium (252)	₁₀₀Fm フェルミウム Fermium (257)	₁₀₁Md メンデレビウム Mendelevium (258)	₁₀₂No ノーベリウム Nobelium (259)	₁₀₃Lr ローレンシウム Lawrencium (262)

環境を学ぶための基礎化学

角 克宏 著

化学同人

はじめに

　環境について深く考えていくためには，化学の知識が不可欠である．本書は，環境関連分野に進もうとする学生が，化学の基礎を学ぶことができるように構成した教科書である．理科系の学生だけでなく，文科系の学生にも理解できるように配慮している．

　化学を主専攻としていない学生にとって，化学の学習はときに退屈なものであったり，自分との関わりが明確でなかったりして，勉学意欲がわかないこともあるだろう．しかし，どのような学生にとっても，これからは環境に無関心でいることは難しい．なぜなら，これだけ科学技術が発達した世の中では，科学技術の環境にもたらす影響が，われわれの生活と密接に関わってくるからである．そこで，本書では，学習に入る前の「Introduction」として，各章の主題に関連する環境問題を，章頭で紹介した．また，本文中には，学習内容に即した環境に関する話題を「Topic」として盛り込んだ．そのほか，環境に少しでも興味をもち，化学をよりおもしろく学んでほしいという目的で，欄外に「ミニTopic」としてさまざまな解説や注釈を書き入れた．

　また，本書の特徴として，環境に関する部分と化学の内容の部分を分けて示していることがある．そして，化学の内容の部分では，ひととおりの基礎知識を網羅している．したがって，環境に関する部分に医学に関する知識を織り込めば，「医学を学ぶための基礎化学」となるであろうし，電気・機械に関する知識を織り込めば，「電子・機械工学を学ぶための基礎化学」ともなる．さまざまに工夫して，本書を活用して欲しい．もちろん，化学を主専攻とする学生にとっての入門書としても十分な内容になっている．

　本書は，まず第1〜3章で，原子，分子および化学結合に関する基礎を学ぶ．ここでは環境に関する話題として，地球上に存在する元素，オゾン層破壊，地球温暖化などを取り上げた．そして，第4章では物質の三態や溶液，第5〜6章では気体の法則および熱力学，第7章で酸塩基平衡，第8章では酸化還元反応を学習する．ここでは，水資源，エネルギー問題，物質循環，酸性雨，省エネなどの環境問題を取り上げた．さらに，第9章で無機化学，第10〜11章で有機・高分子化学，第12章で生化学，第13章で放射化学を解説した．ここでは，水俣病，石油化学，廃棄物のリサイクル問題，遺伝子組換え作物，原子力発電などを取り上げた．非常に幅広い分野にわたる基礎化学を学ぶことになるが，こうした分野の一つ一つがいかに環境と結びついているかは，本書を読めばわかるであろう．

　最後に，本書の出版に関して，企画，執筆段階の御助言や励まし，編集・校正段階における多大な御助力をいただいた，化学同人編集部の後藤 南氏をはじめとする関係諸氏に，この場を借りて厚く御礼申し上げる．

2014年3月　　　　　　　　　　　　　　　　　　　　　　　　　　　　　　　　　　　著　者

目　次

はじめに　*iii*

第1章　原子と元素 ◆ 大気と地球を形づくる物質　1

1.1 原子の構造 …………………… 2　　*1.2* 元素の周期表 …………………… 5
1.3 モ　ル ………………………… 9

Topic　水質汚濁の指標 COD　*11*　　練習問題 *12*

第2章　化学結合 ◆ オゾン層破壊　13

2.1 共有結合——分子の形成 ………… 14　　*2.2* イオン結合 ……………………… 21
2.3 金属結合 ………………………… 23　　*2.4* 配位結合 ……………………… 24

Topic　フロンガス　*20*　　練習問題 *25*

第3章　分子の形 ◆ 地球温暖化と温暖化ガス　26

3.1 sp^3 混成軌道 …………………… 27　　*3.2* sp^2 混成軌道 ………………… 30
3.3 sp 混成軌道 …………………… 32　　*3.4* 共鳴構造 ……………………… 35
3.5 電気陰性度と極性分子 …………… 37

Topic　CO_2 以外の温暖化犯人説　*39*　　練習問題 *40*

第4章　物質の三態 ◆ 水 問 題　41

4.1 水の状態図 ……………………… 42　　*4.2* 溶液の濃度 …………………… 46
4.3 溶液の状態図 …………………… 47

Topic　海水の淡水化技術　*51*　　練習問題 *52*

Contens

第5章 化学反応と反応熱 ◆ エネルギー問題　53

- **5.1** 気体の性質 ……………… 54
- **5.2** 熱と熱力学第一法則 ……… 55
- **5.3** エンタルピー …………… 58
- **5.4** ヘスの法則 ……………… 61
- **5.5** 結合エネルギー ………… 63

　　　　Topic　エアコンの原理　60　　練習問題　66

第6章 化学平衡と反応速度 ◆ 物質循環　67

- **6.1** エントロピー …………… 68
- **6.2** エントロピーと熱力学第二法則 …… 72
- **6.3** 化学平衡 ………………… 75
- **6.4** 反応速度 ………………… 78

　　　　Topic　三元触媒——自動車排気ガス浄化装置　81　　練習問題　82

第7章 酸と塩基 ◆ 酸性雨　83

- **7.1** ブレンステッドの酸・塩基 …… 84
- **7.2** 酸塩基平衡 ……………… 87
- **7.3** 中和滴定 ………………… 91
- **7.4** 緩衝液 …………………… 96

　　　　Topic　pH測定　90　　練習問題　98

第8章 酸化と還元 ◆ 省エネと電池　99

- **8.1** 酸化反応と還元反応 …… 100
- **8.2** 酸化還元電位と電池 …… 105
- **8.3** 実用電池 ……………… 110

　　　　Topic　燃料電池　113　　練習問題　114

第9章 無機化学 ◆ 金属汚染と環境にやさしい材料　115

- **9.1** 非金属 ………………… 116
- **9.2** 金属 …………………… 120
- **9.3** 半金属 ………………… 128

　　　　Topic　LED照明——環境にやさしい無機材料　129　　練習問題　130

第10章　有機化学 ◆ 石油化学工業，薬と毒　　131

- 10.1　有機化学の基本 ………………… 132
- 10.2　鎖状炭化水素 ……………………… 134
- 10.3　酸素・窒素を含む鎖状炭化水素 …… 140
- 10.4　芳香族化合物 ……………………… 145

　　Topic　ダイオキシンとPCB　146　　練習問題　148

第11章　高分子化学 ◆ 廃棄物とリサイクル　　149

- 11.1　高分子とは？ …………………… 150
- 11.2　付加重合――ポリエチレンの仲間 …… 152
- 11.3　縮合重合――化学繊維の誕生 …… 156

　　Topic　生分解性プラスチック　158　　練習問題　159

第12章　生命と化学 ◆ 遺伝子操作と生態系　　160

- 12.1　三大栄養素 ……………………… 161
- 12.2　DNAの構造 ……………………… 169
- 12.3　タンパク質合成 ………………… 172

　　Topic　遺伝子組換え作物の危険性　175　　練習問題　176

第13章　放射化学 ◆ 原子力発電と核廃棄物　　177

- 13.1　核分裂への道 …………………… 178
- 13.2　原子力への応用 ………………… 180
- 13.3　放射能 …………………………… 186
- 13.4　核廃棄物 ………………………… 188

　　Topic　原子爆弾　182　　練習問題　190

補章　化学の学習に必要な基礎知識　　191

- 1　指数と対数 ………………………… 191
- 2　単位 ………………………………… 192
- 3　有効数字 …………………………… 193
- 4　化学式 ……………………………… 195

　　練習問題の略解　196
　　索引　198

第1章 原子と元素

1.1 原子の構造
1.2 元素の周期表
1.3 モ　ル

大気と地球を形づくる物質

Introduction

地球上の大気は非常に分厚いように思えるが、実は極めて薄く、非常に壊れやすい。バスケットボール大の地球儀を地球として考えると、大気の厚さは表面に塗られたニスぐらいしかない。そのため、人間活動によって容易に変質してしまう。

大気の組成は、通常、乾燥大気で表し、酸素が21％、窒素が78％で、残り1％がアルゴン(0.9%)、二酸化炭素(0.04%)などである。こうした気体は大気中で太陽エネルギーを得てダイナミックに循環し、雨や風などの気象現象を生み出し、川の流れ、潮流にも影響を与える。

大気中の気体で最も重要なのは、やはり酸素であろう。環境というものを考えるとき、人間も含めた生物の生存が守られるか否かが重要な条件となる。原始地球では大気中に酸素は存在しなかったため、原始地球が自然環境として理想的だとは誰も思わない。地球上に光合成を行う生物、特に植物が現れ、大気中の酸素濃度が著しく増加して、現在のような大気ができあがり、多種多様な生物が出現するようになったのである。

一方、大地を形成する地球本体は何からできているのだろうか。地球内部のマントルや核まで考えると、生物が関わる環境中の成分とは大きくかけ離れる。そこで、大気も含めた地球の地表付近に存在する元素の割合を表したクラーク数を見るのがよい。クラーク数とは海水面下16.1 km (10 mile)までの気圏、水圏、岩石圏に含まれる元素の質量パーセントの推定値である。岩石はほとんど二酸化ケイ素 SiO_2 から、海水はほとんど水 H_2O からなっており、表1-1に示すように、酸素、ケイ素が1位、2位となる。そして、アルミニウム、鉄、カルシウム、ナトリウムと続く。水素が9番目と低いように思うかもしれないが、水素は最も軽い元素なので、実は原子の数で言うとケイ素の次にくる。このように非常に多くの種類の元素が存在し、それらが組み合わさって、膨大な種類の物質が存在しているのである。

では、さまざまな元素はどう違い、なぜ存在するのだろうか。それを考えるためには、元素を形づくる原子の構造や、その違いによる元素の周期性を知る必要がある。本章では、化学の最も基礎となる事項である原子と元素、そしてそれらを取り扱うときの数量的な考え方を学んでいく。

表1-1　クラーク数

順位	元素	クラーク数
1	酸素	49.5
2	ケイ素	25.8
3	アルミニウム	7.56
4	鉄	4.70
5	カルシウム	3.39
6	ナトリウム	2.63
7	カリウム	2.40
8	マグネシウム	1.93
9	水素	0.83
10	チタン	0.46
11	塩素	0.19
12	マンガン	0.09
13	リン	0.08
14	炭素	0.08
15	硫黄	0.06
16	窒素	0.03
17	フッ素	0.03
18	ルビジウム	0.03
19	バリウム	0.023
20	ジルコニウム	0.02

1.1 原子の構造

元素は化学的性質をもつ物質の構成要素だといえる．そして元素で構成される物質の最小単位が原子だといえる．元素について知るために，まず，原子とはどういうものなのかを学んでいこう．

◆ 1.1.1 原子の大きさ

原子の存在は化学的実験事実から19世紀には知られるようになっていたが，原子の構造まではわからなかった．原子の姿が明らかとなったのは20世紀初頭になってからである．

原子は図1-1に示すように原子核と電子からできている．原子の大きさは約 $1×10^{-10}$ m で，この大きさはゴルフボールと比較すると，ゴルフボールと地球の大きさの関係に対応する（図1-2）．そして，原子核は正の電荷をもっており，原子の大きさに比べ非常に小さく，国立競技場を原子の大きさとすると，原子核はゴルフボールぐらいの大きさしかない．原子核は正の電荷をもつ陽子と電荷をもたない中性子からなり，その質量はほぼ等しい．それに対し，電子は負の電荷をもっており，その質量は陽子や中性子に比べると，1000分の1程度しかない．通常，電子自体の大きさは0とみなし，電子が広がっている範囲を原子の大きさと考える．

◆ 1.1.2 陽子・電子・中性子

原子の構造をわかりやすくいうと，「空間的には非常に小さいが質量のほとんどを占める原子核のまわりを，質量は非常に小さいが空間的に非常に大きく広がって存在する電子が占めている」ことになる．そして，陽子の電荷と電子の電荷は正負が異なるが，その電荷量は同じである．したがって，原子における陽子と電子の数は等しい．

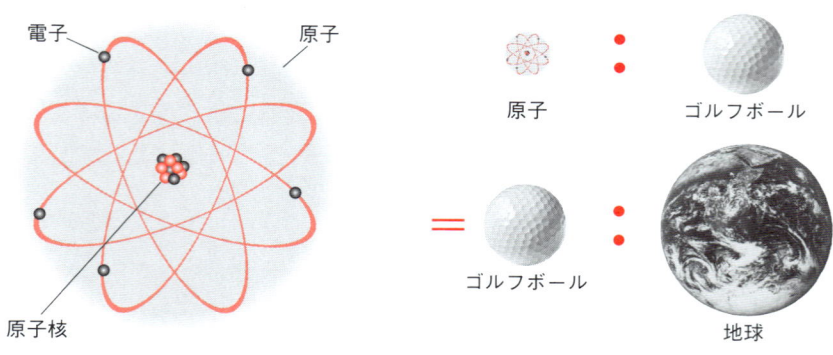

図 1-1　原子の構造　　　図 1-2　原子，ゴルフボール，地球の大きさ

ある原子に関して，その**元素**としての属性は電子の数で決まる（1.2 節参照）．そして，その電子の数を決めているのが原子核内の陽子の数である．したがって，原子の中にたとえ中性子がいくつあろうと（原子核がまったく異なっていても），陽子の数が同じならば電子の数も同じとなり，化学的性質は同一となる．すなわち，原子核中の陽子自体は原子の化学的性質に直接影響を与えないが，電子の数を決定するので，間接的に化学的性質を決める黒幕的存在ということになる．このように，電子の数を支配する陽子の数が重要となるので，陽子の数を**原子番号**としたのである．

◆ 1.1.3 原子量

原子の質量はほとんど原子核が占めている．原子核は陽子と中性子からなり，陽子と中性子の質量は陽子のほうが少し軽いが，ほとんど等しい．したがって，原子の質量は，原子核中の陽子と中性子の数の総和にほぼ比例して増大する．そこで，陽子と中性子の数の総和を**質量数**という．

陽子の数が同じで中性子の数が異なる，すなわち原子番号が同じで質量数が異なる原子核がある．それらの原子の電子数は同じなので，化学的性質は同じになる．このように元素が同じで原子核が異なる関係のことを**同位体**という．ほとんどの元素で同位体が存在する[*1]．

元素はアルファベットで表記された**元素記号**で表される．炭素の場合は C である．元素記号の左下に原子番号，左上に質量数を書く（**図 1-3a**）．原子番号は陽子の数を表すので，質量数から原子番号を引けば中性子の数がわかる．**図 1-3b** には炭素の同位体を示す元素記号の書き方の例を示す．元素記号と原子番号は 1：1 の対応関係があるので，原子番号を省略する場合もある．つまり，炭素は必ず原子番号が 6 であるので，原子番号を省略して，^{12}C および ^{13}C と表記することもできる．

そして，いろいろな元素において，それぞれの原子の質量を相対質量で表したものを**原子量**とよぶ．ここで問題になるのが相対質量 1 となる基準の質量を何にするかである．化学者の国際学術機関である国際純正・応用化学連合（IUPAC）は，$^{12}_{6}$C 原子 1 個の質量の $\frac{1}{12}$ の質量（$1.66053886 \times 10^{-27}$ kg）を基準の質量とし，この質量を 1 原子質量単位 **u** と定義した．この u を単位として原子の質量を測定し決定する．1 つの元素には同位体がいくつか存

[*1] 酸素には，^{16}O，^{17}O，^{18}O の 3 つの安定同位体がある．海水が温められたとき，^{16}O を含む軽い水（H$_2$^{16}O）のほうが ^{18}O を含む重い水（H$_2$^{18}O）より蒸発しやすい．つまり，水蒸気中の重い水の割合は海水に比べて低くなる．気温が低いとき，水蒸気中の重い水の割合は小さいが，気温が高くなるとその割合は増大し，海水に近づく．この原理を用いて，南極付近で降った雪が積もって閉じこめられた氷床の ^{16}O と ^{18}O の存在比を調べると，当時の気温がわかる．

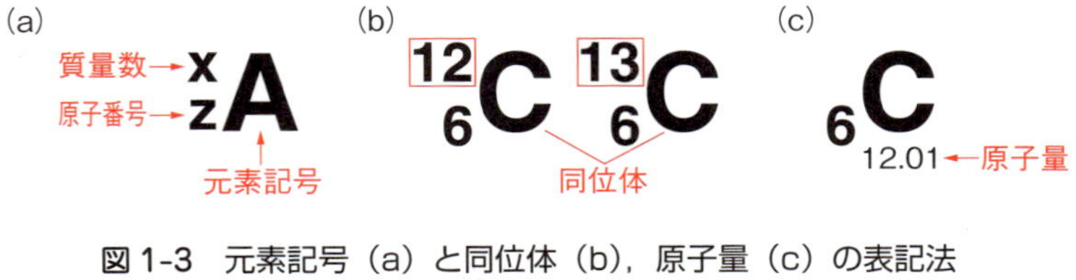

図 1-3　元素記号（a）と同位体（b），原子量（c）の表記法

*2 炭素Cの安定同位体は^{12}Cと^{13}Cで，その質量はそれぞれ 12.000000 u，13.003355 u である．天然存在比はそれぞれ 98.90%，1.10%となる．質量と存在比から次のように平均質量を求めると，炭素Cの原子量が決まる．
Cの原子量 = 12.00×0.9890 + 13.00×0.0110 = 12.01

在するので，その存在比を考慮した平均値をその元素の原子量とする[*2]．図1-3cに原子番号，元素記号および原子量の表記法を示した．すべての原子の原子量の値は本書の表紙裏にある元素周期表中に示した．

◆ 1.1.4 原子核のまわりに形成される電子の波

電子は実に不可思議な粒子である．粒子といってよいのかもわからない．電子は観測しなければ，完全に波としてふるまっているが，観測したとたんに粒子として認識される．実験事実からこのようにしか理解することができないのである．原子の中に存在している電子は，観測できない状況なので，完全に波としてふるまっている．エルヴィン・シュレーディンガー（Erwin Schrödinger）という物理学者が，原子の中の電子のふるまいに，この波の要素を取り入れて，ある方程式（シュレーディンガー方程式）をうちたてた[*3]．この式を解くと，電子が原子の中でどのような形で波を形成しているのかが導き出される．そして，この方程式から得られた解は元素がもっている化学的性質を説明することができ，元素の周期表をもつくることができるとわかった．

*3 シュレーディンガー方程式は難しいので，本書では扱わない．

その方程式の解から，電子が原子核のまわりで形成している波の形を3次元グラフとして表現することができ，大きく分けると4つのタイプに分類できる．この，原子核のまわりで電子が形成する波のことを**原子軌道**とよぶ．そして，4つのタイプに分類された波を**s軌道，p軌道，d軌道，f軌道**という．つまり，非常にたくさんある原子軌道を4つのタイプの原子軌道に分類することになる．

最もエネルギーが小さく，形が簡単なs軌道およびp軌道を図1-4に示す．s軌道は球形をしており，軌道に方向性はなく，軌道の数は1つである．p軌道は亜鈴型でx軸，y軸，z軸方向をもち，軌道の数は3つになる．dおよびf軌道はさらに複雑な形をしており，軌道の数はそれぞれ5つと7つである．d軌道に関しては第9章で学ぶ．

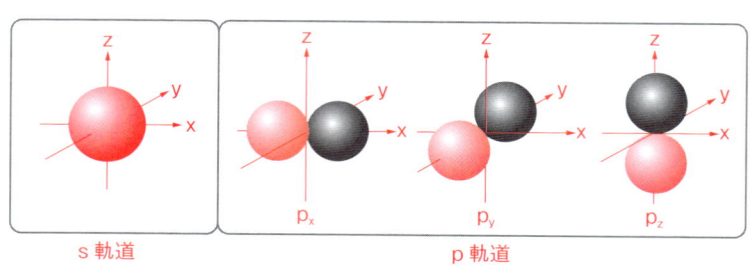

図1-4 原子軌道の形

1.2　元素の周期表

地球上にはさまざまな元素があり，そこには周期性が見られる．その周期性は物質の化学的性質の手がかりとなる．元素の周期性がどのように生み出されているのかを見ていこう．

◆ 1.2.1　主殻と副殻

　原子軌道には非常にたくさんの種類があり，その形（電子が形成する波の形）から，4つのタイプに分類されることはすでに述べた．そして，これらたくさん存在する原子軌道はそれぞれ決まったエネルギーをもっている．この軌道のエネルギーに従って原子を分類すると，原子核のまわりを電子が回っている太陽系型モデルになる（**図1-5**）．内側からK殻，L殻，M殻，N殻，O殻…の同心円で電子の軌道を表し，内側から外側にいくほどエネルギーが高い．この太陽系型モデルの殻のことを主殻とよぶ．

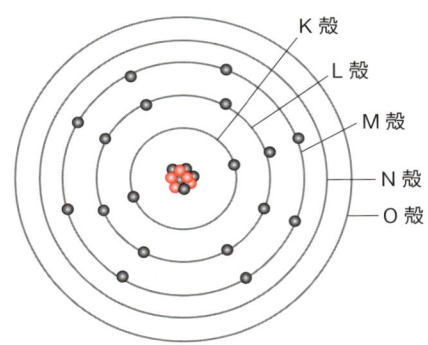

図1-5　太陽系型原子モデル
同心円はK殻，L殻などの主殻を表す．

　では，波の形から分類した4つのタイプの原子軌道であるs軌道，p軌道，d軌道，f軌道はエネルギー的にはどのような順序になるのであろうか．s, p, d, f 軌道は副殻とよばれ，いろいろなエネルギーをもった原子軌道があるが，エネルギー的にいずれかの主殻に属している．そこで，太陽系型モデルにおける各軌道のエネルギーに1（K殻），2（L殻），3（M殻），4（N殻），5（O殻），……と番号をつけると，各主殻に属する副殻のエネルギーの順番は**図1-6**のようになる．

　これを見ると，s軌道はすべての主殻で最初に出現している．p軌道はL殻に属する2p軌道で初めて現れており，それ以降，すべての主殻で現れている．同様に，d軌道は3d軌道で，f軌道では4f軌道で初めて現れる．いずれも，その後，周期的に出現する．

　化学的性質は原子の電子数に依存すると述べたが，もっと詳しくいうと，電子がエネルギーの低い原子軌道から入っていって，最後の電子がどの原子

1章 原子と元素

図1-6 各原子軌道のエネルギー図
1, 2, 3, 4の数字は主殻の種類を表す．①②③④はエネルギーの低い順位を表す．

軌道に属するかによって決まる．よって，主殻（エネルギー）は異なっていても，同じタイプの原子軌道（副殻）に電子が入る場合，似たような化学的性質が現れる．この副殻の周期性こそが，元素がもつ周期性の原因である．

◆ 1.2.2 元素の周期性

原子番号1の水素から始まり，原子番号が1つ増えるごとに，陽子の数も1つ増え，原子の電子数も1つ増える．電子は，エネルギーの低い軌道から順に入っていき，一般に，最もエネルギーの高い原子軌道に入った電子が化学反応の役割を担い，化学的性質を反映する（理由は第2章で述べる）．

s, p, d, f 軌道がもっている軌道の数はそれぞれ 1, 3, 5, 7 である．この1つ1つの軌道に，電子は2個ずつ入ることができるので（3.1.1項参照），s 軌道には2個，p 軌道には6個，d 軌道には10個まで電子が入る．

よって，**図1-6**において，主殻に付けた番号（s 軌道の番号）をそのまま第1周期，第2周期……とし，**周期**を縦に，副殻を横に並べて**族**とすると，**図1-7**のような**元素周期表**ができあがる．そのしくみを見ていく．

まず，最後の電子が 1s に含まれるのは $_1$H と $_2$He ということになる．K殻は 1s しかないので，ヘリウムは化学反応しにくく非常に安定で，**希ガス**として分類され，地下から豊富に天然ガスとともに産出される[*4]．

第2周期の 2s に含まれるのは $_3$Li, $_4$Be となる．そして，2p は3つの軌道からなっているため，$_5$B, $_6$C, $_7$N, $_8$O, $_9$F, $_{10}$Ne の6元素において，最後の電子が 2p に含まれる．このうち，$_{10}$Ne は s, p 軌道のすべての軌道に電子が入っている．すなわち L 殻すべてに電子が満たされているため，$_{10}$Ne は化学反応しにくく非常に安定であり，単原子分子として存在し，希ガスとして分類される．このように，各原子の最後の電子がs軌道に含まれるのが2元素（族），p 軌道に含まれるのが6元素（族）ある．

第4周期になって初めて，5つの軌道をもつ 3d 軌道が現れる．したがって，$_{21}$Sc～$_{30}$Zn の10元素の各原子の最後の電子が 3d 軌道に含まれる．

> ミニTopic
>
> [*4] 希ガス元素はs軌道とp軌道にちょうど電子が満たされ，化学結合が起きにくく，単原子分子となる．希ガスで一番重いラドン Rn は，安定同位体が存在せず，すべて放射性同位体である．他の放射性元素は固体であることが多いが，Rn は気体なので，いたるところに拡散する．放射能をもった気体が漂うことになり，その危険性が問題視されている．

1.2 元素の周期表

	1	2	3	4	5	6	7	8	9	10	11	12	13	14	15	16	17	18
1	H $1s^1$																	He $1s^2$
2	Li $2s^1$	Be $2s^2$											B $2p^1$	C $2p^2$	N $2p^3$	O $2p^4$	F $2p^5$	Ne $2p^6$
3	Na $3s^1$	Mg $3s^2$											Al $3p^1$	Si $3p^2$	P $3p^3$	S $3p^4$	Cl $3p^5$	Ar $3p^6$
4	K $4s^1$	Ca $4s^2$	Sc $3d^1$	Ti $3d^2$	V $3d^3$	Cr $3d^4$	Mn $3d^5$	Fe $3d^6$	Co $3d^7$	Ni $3d^8$	Cu $3d^9$	Zn $3d^{10}$	Ga $4p^1$	Ge $4p^2$	As $4p^3$	Se $4p^4$	Br $4p^5$	Kr $4p^6$
5	Rb $5s^1$	Sr $5s^2$	Y $4d^1$	Zr $4d^2$	Nb $4d^3$	Mo $4d^4$	Tc $4d^5$	Ru $4d^6$	Rh $4d^7$	Pd $4d^8$	Ag $4d^9$	Cd $4d^{10}$	In $5p^1$	Sn $5p^2$	Sb $5p^3$	Te $5p^4$	I $5p^5$	Xe $5p^6$
6	Cs $6s^1$	Ba $6s^2$	*Lu $5d^1$	Hf $5d^2$	Ta $5d^3$	W $5d^4$	Re $5d^5$	Os $5d^6$	Ir $5d^7$	Pt $5d^8$	Au $5d^9$	Hg $5d^{10}$	Tl $6p^1$	Pb $6p^2$	Bi $6p^3$	Po $6p^4$	At $6p^5$	Rn $6p^6$
7	Fr $7s^1$	Ra $7s^2$	**Lr $6d^1$	Rf $6d^2$	Db $6d^3$	Sg $6d^4$	Bh $6d^5$	Hs $6d^6$	Mt $6d^7$	Ds $6d^8$	Rg $6d^9$	Cn $6d^{10}$						

*ランタノイド: La $4f^1$, Ce $4f^2$, Pr $4f^3$, Nd $4f^4$, Pm $4f^5$, Sm $4f^6$, Eu $4f^7$, Gd $4f^8$, Tb $4f^9$, Dy $4f^{10}$, Ho $4f^{11}$, Er $4f^{12}$, Tm $4f^{13}$, Yb $4f^{14}$

**アクチノイド: Ac $5f^1$, Th $5f^2$, Pa $5f^3$, U $5f^4$, Np $5f^5$, Pu $5f^6$, Am $5f^7$, Cm $5f^8$, Bk $5f^9$, Cf $5f^{10}$, Es $5f^{11}$, Fm $5f^{12}$, Md $5f^{13}$, No $5f^{14}$

原子中の電子が入る最もエネルギーの高い軌道とそこに入る電子の数（例：Beは、2s 軌道に2個の電子）

■ sブロック元素　■ dブロック元素　□ fブロック元素　■ pブロック元素

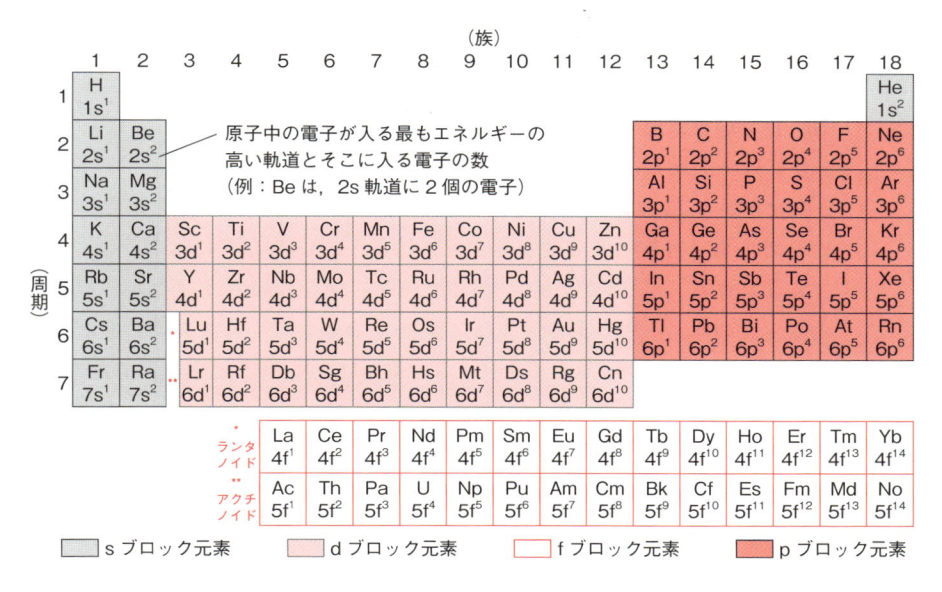

図 1-7　元素周期表と原子軌道

一般に，元素周期表では，Lu, Lr のところでこの図のようにしきり線が入るのを嫌い，Lu と Lr をランタノイド系列およびアクチノイド系列に入れ，それぞれ合計 15 個の元素とすることが多い（巻頭の周期表はその一般的な形を示した）．Sc, Y の下にくるのは La や Ac ではなく，Lu や Lr なので注意したい．なお，d, f 軌道の上付き数字は，順番に従って便宜的に示したが，実際の電子配置は多少異なる（第 9 章参照）．

さらに，第 6 周期に初めて 7 つの軌道をもつ 4f 軌道が現れ，$_{57}$La ～ $_{70}$Yb の 14 元素に関して，各原子の最後の電子が 4f 軌道に含まれる．

このような規則に従い，元素を原子番号順に並べたのが**元素周期表**で，4 種類の副殻が**図 1-7** に示すようにくり返し現れる．このうち，f 軌道の属性を持つ 14 元素 ×2 の 28 元素は，**f ブロック元素**とよばれ，周期表が横長になりすぎるので，欄外に示されている．また，左の 2 列は **s ブロック元素**，右側の 6 列は **p ブロック元素**，中央の 10 列は **d ブロック元素**とよばれる．

(a) s ブロック元素

s 軌道に 1 個の電子を含む元素群は 1 族元素といわれ，水素（H）と，**アルカリ金属**とよばれるリチウム（Li），ナトリウム（Na），カリウム（K），ルビジウム（Rb），セシウム（Cs），フランシウム（Fr）からなる．水素はすべての元素および気体分子のなかで最も軽く，水や有機化合物（第 10 章参照）の構成要素である．アルカリ金属の単体は非常に反応性が高く，電子を 1 個失って，1 価の陽イオン（カチオン）になりやすい[*5]．

s 軌道に 2 個の電子を含む元素群は 2 族元素といわれる．**アルカリ土類金属**ともよばれ，ベリリウム（Be），マグネシウム（Mg），カルシウム（Ca），ストロンチウム（Sr），バリウム（Ba），ラジウム（Ra）からなる（ただし，Be, Mg をアルカリ土類金属に含めないこともある）．これらの元素は，s 軌

[*5] 生体中では，ナトリウムイオン，カリウムイオンが神経伝達において重要な働きをしている．

道の電子を2個失って，2価の陽イオン（カチオン）になりやすい共通の性質をもっている*6.

(b) pブロック元素

pブロック元素は13族から18族まで6つの族がある．第1～3周期で，2族元素から13族元素までいきなりとぶのは，間にdブロック元素があるからである．各族の代表的な元素をあげると，13族元素にはホウ素（B），アルミニウム（Al），ガリウム（Ga），インジウム（In），タリウム（Tl）がある．このうち，ホウ素の単体は半導体（9.3節参照）であり，アルミニウム，ガリウム，インジウム，タリウムの単体は金属（9.2節参照）である*7.

14族元素には，炭素（C），ケイ素（Si），ゲルマニウム（Ge），スズ（Sn），鉛（Pb）がある*8. 炭素の単体には，石墨，ダイヤモンド，フラーレンC_{60}などがあり（9.1.4項参照），同じ元素からできているが化学形が異なる**同素体**である．

15族元素には，窒素（N），リン（P），ヒ素（As），アンチモン（Sb），ビスマス（Bi）がある*9. リンの単体には赤リンと黄リン（同素体）がある．

16族元素には，酸素（O），硫黄（S），セレン（Se），テルル（Te），ポロニウム（Po），17族元素には，フッ素（F），塩素（Cl），臭素（B），ヨウ素（I），アスタチン（At）といったいわゆる**ハロゲン元素**，そして，18族元素にはヘリウム（He）*10，ネオン（Ne），アルゴン（Ar），クリプトン（Kr），キセノン（Xe），ラドン（Rn）といったいわゆる**希ガス**がある．

(c) dブロック元素

dブロック元素は一般に**遷移金属**とよばれ，3族から12族元素までの10の族からなる（第9章参照）．これらの金属元素の化合物はd軌道が化学反応に関与する．代表的な金属としては，4族のチタン（Ti），ジルコニウム（Zr），5族のバナジウム（V），6族のクロム（Cr），モリブデン（Mo），タングステン（W），7族のマンガン（Mn），8族の鉄（Fe），ルテニウム（Ru），9族のコバルト（Co），ロジウム（Rh），イリジウム（Ir），10族のニッケル（Ni），パラジウム（Pd），白金（Pt），11族の銅（Cu），銀（Ag），金（Au），12族の亜鉛（Zn），カドミウム（Cd），水銀（Hg）などがある．

(d) fブロック元素

第6周期に含まれる4f軌道に入る14の元素群は**ランタノイド系列**とよばれ，**希土類元素**（**レアアース**）とよばれる多くの元素がこの系列に属する*11. また，第7周期に含まれる5f軌道に入る14の元素群は**アクチノイド系列**とよばれる．この系列はすべてが放射性元素であり，ウラン（U）やプルトニウム（Pu）がここに属している．

Mini Topic

*6 マグネシウムやカルシウムはミネラルウォーターに含まれる重要なイオンとなる．また，炭酸イオンや硫酸イオンと結びついて，炭酸カルシウム，硫酸バリウムなどの水に難溶性の塩を形成しやすい．天然において，鍾乳石は炭酸カルシウムの結晶である．

*7 アルミニウムは，環境中では，ボーキサイトとよばれる酸化アルミニウムを主成分とする鉱物中に存在している．

*8 炭素は，さまざまな有機化合物の主要構成元素であり，生物にとって最も重要な元素である．環境中では二酸化炭素ガスとして非常に多く存在しており，近年において，温室効果ガスとして炭酸ガスの蓄積が問題となっている．ケイ素は環境中では，岩石の主要構成元素であり，二酸化ケイ素として存在している．その単体は半導体であり，コンピューター産業の中心的存在である．スズおよび鉛の単体は金属であり，比較的融点が低いため，ハンダ等に利用されている．

*9 窒素は単体（N_2）として大気中に気体状態で存在し，タンパク質の構成要素であるアミノ酸に必ず含まれる．

*10 ヘリウムは18族元素であるが，sブロック元素である．

*11 レアアースは近年，電気自動車などのモーター用ネオジム磁石，LEDの蛍光体，燃料電池の電極材など電子機器には欠かせない元素となっているが，日本ではほとんどレアアースを産しない．中国は，レアアースの埋蔵量は世界の3割程度だが，生産量は約9割を占める．レアアースの採掘時に大量の廃棄物が発生するので，中国では周囲の環境汚染が進み，がん患者が増えているといわれる．

1.3 モル

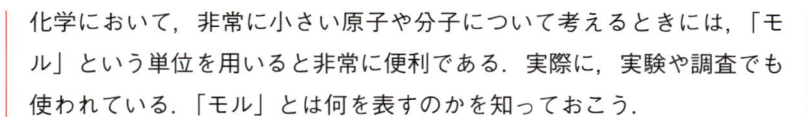

化学において，非常に小さい原子や分子について考えるときには，「モル」という単位を用いると非常に便利である．実際に，実験や調査でも使われている．「モル」とは何を表すのかを知っておこう．

◆ 1.3.1 アボガドロ数とモル

元素の質量の相対値を u で表したときの数字の部分が原子量となる．最も軽い元素である水素の原子量は 1.008 u となる．ここで，原子量 1 である仮想原子を考えてみる．この原子の質量は $1\,\mathrm{u} = 1.66053886 \times 10^{-24}\,\mathrm{g}$ である[*12]．したがって，この原子 1 g の質量を u の単位で表すと，

$$1\,\mathrm{g} = \frac{1}{1.66053886 \times 10^{-24}}\,\mathrm{u} = 6.02214151 \times 10^{23}\,\mathrm{u} \tag{1.1}$$

となる．この式で，$6.02214151 \times 10^{23}$ の値は質量 1 u の仮想原子が 1 g に含まれる個数を表している．この個数のことを**アボガドロ数**（N_A）という．式 (1.1) は，N_A を用いると，次式で表される．

$$N_A \times 1\,\mathrm{u} = 1\,\mathrm{g} \tag{1.2}$$

式 (1.2) は，質量 1 u の仮想原子がアボガドロ数個集まると，その質量は 1 g となることを意味している．式 (1.2) と同様な関係は，すべての元素に関して成立する．ある元素 A に関して，その原子量を式 (1.2) の両辺にかけると，次式が成り立つ．

$$N_A \times 原子量\,(\mathrm{u}) = 原子量\,(\mathrm{g}) \tag{1.3}$$

式 (1.3) は，1 原子の質量が原子量（u）である元素 A がアボガドロ数（N_A）個集まると，その質量は原子量に g をつけた質量になることを意味している．たとえば，水素の原子量は 1.008 であるので，水素原子アボガドロ数個の質量は 1.008 g となり，酸素の原子量は 16.00 であるので，酸素原子アボガドロ数個の質量は 16.00 g となる．そこで，アボガドロ数個集まった原子や分子の集団を **1 モル**（mol）という単位の**物質量**で表す．上記の例では，水素原子 1 モルの質量は 1.008 g であり，酸素原子 1 モルの質量は 16.00 g となるという具合である．

◆ 1.3.2 モルとモル質量

(a) モル

アボガドロ数と 1 モルの関係は，12 個と 1 ダースの関係に置き換えて考えるとわかりやすい．**図 1-8a** に質量比 1：4 の小さい球と大きい球がある．

[*12] $^{12}\mathrm{C}$ 原子 1 個の質量は $1.99264663 \times 10^{-26}\,\mathrm{kg}$ であり，この質量の 12 分の 1 を仮想原子の質量 1 u と定義した．

1章 原子と元素

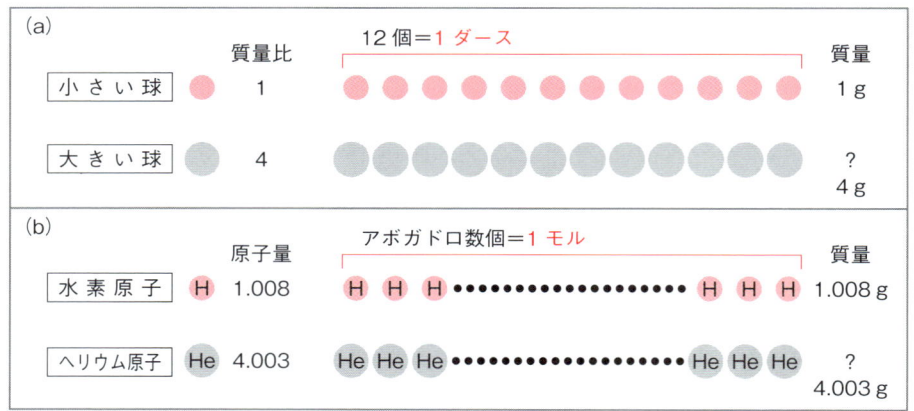

図1-8 ダースとモル

それぞれ12個ずつあり，12個セットで1ダースの球があることになる．ところで，小さい球1ダース（12個）の質量を量ったところ，ちょうど1gあったという．それでは，大きい球1ダースの質量はいくらになるであろうか．この問題は，非常に簡単である．小さい球1個と大きい球1個の質量比が1:4であるから，同じ数（12個）の質量比も1:4となり，大きい球1ダースはちょうど4gになる．小さい球1個の質量は$\frac{1}{12}$gであり，大きい球の質量は$\frac{4}{12}$gとなるので，大きい球12個すなわち1ダースの質量は$\left(\frac{4}{12}\text{g}\right) \times 12 = 4$gと計算することもできる．

1ダースは12個という数で簡単に数えられるので，数を数えて，質量が計算できるが，数が多いと数えられない．たとえば，大きな容器にいっぱい大きな球が入っていて，何ダースあるのかわからない場合，その全体の質量を量れば，簡単に何ダースあるかわかる．全体の質量がちょうど8kgならば，1ダースが4gであるから，2000ダースの球があるとわかる．2000ダースすなわち24000個を数えるのはたいへんである．このように，数が多い場合，全体の質量を測定して数量を知るほうが便利である．

アボガドロ数個と1モルの関係もこれと同じような関係にある．原子や分子のアボガドロ数個を直接数えることは不可能であるので，原子や分子の量を知るには質量測定で行うしかない．**図1-8b**に水素原子とヘリウム原子の場合を示した．水素原子の原子量は1.008，ヘリウム原子の原子量は4.003であり，ダースのときと同じようにして，水素原子アボガドロ数個すなわち水素原子1モルの質量は1.008g，ヘリウムの1モルの質量は4.003gとなる．

(b) モル質量

単一の元素からなる物質を**単体**，複数の元素が一定の組成で化合した物質を**化合物**とよぶ．単体や化合物のように同じ分子で構成されている化学物質

のことを**純物質**といい，元素の組成が一定の化学式で表せる．純物質1モルの質量は化学式に従って組成元素の原子量の総和によって得られ，**モル質量**（g/mol）とよばれる．特に，純物質がH_2OやCO_2などのように分子で構成される場合のモル質量のことを**分子量**，NaClやNaOHなどのように組成式によって与えられるモル質量を**式量**とよぶ[*13]．たとえば，水は水素と酸素の化合物で，H_2Oと表される．したがって，水のモル質量（分子量）は

$$2 \times 1.008 + 16.00 = 18.02 \text{ (g/mol)} \tag{1.4}$$

である．逆に，水18.02 gの物質量は1モルであり，アボガドロ数個（6.02×10^{23}個）の水分子を含む．

[*13] 塩化ナトリウム NaCl などは，原子が結合した分子ではなく，結晶全体に陽イオンと陰イオンが整数比で交互に結合して存在している．その構成原子の種類と割合を最も簡単な整数比で表したNaClのようなものを組成式という．このような物質のモル質量は，分子量といわず，式量という．

◆ 1.3.3 化学量論

モルと質量の関係は一般に**化学量論**といわれる．われわれは，物質量（モル）を直接測る機器をもっていない．試料の化学組成が不明の場合は，その質量を測定しても，物質量はわからない．また，化学反応は原子の結合の組

Topic　水質汚濁の指標 COD ◆

環境中の汚濁物質（被酸化性物質・主として有機物）の存在量から水質汚濁の程度を知る指標の1つに，化学的酸素要求量（COD）がある．汚濁物質は酸素と反応するが，その反応に必要な酸素量によって汚濁物質の量を示すものである．

CODの測定は，試料中の汚濁物質を酸性過マンガン酸カリウム（$KMnO_4$）水溶液で反応させて行う．試料1Lについて反応した過マンガン酸カリウムの物質量を求め，この量を酸素（O_2）で酸化した場合の酸素質量（mg）に換算した値がCOD値となる．$KMnO_4$およびO_2のモル質量は

$KMnO_4$:
$39.10 + 54.94 + 4 \times 16.00 = 158.04$ (g/mol)
O_2: $2 \times 16.00 = 32.00$ (g/mol)

であり，この換算において，ある一定量の汚濁物質と反応するのに必要な過マンガン酸カリウムと酸素の物質量の比は4:5と簡単な整数比になる．

たとえば試料1L中に過マンガン酸カリウム158 mgと反応する汚濁物質があるとすると，この試料のCODは，下図のように考えられ，CODは40.0 mg/Lとなる．

このように，化学天秤を使って純物質の質量を測定し，反応式に従って，対象となる純物質の物質量（モル）を求め，モル質量を掛けることによって質量を求めることができる．

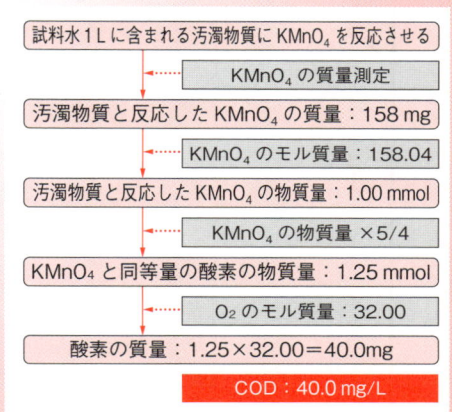

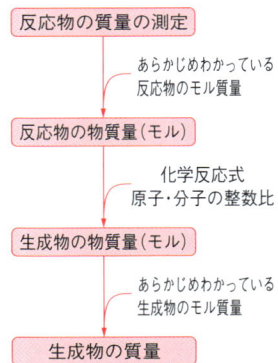

図1-9 化学量論の考え方

み替えであるので，反応する原子や分子の数の比が重要となるが，分子・原子数をいちいち数えることはできないし，その数の比を直接測定することもできない．

したがって，化学組成のわかっている純物質の質量を測定し，純物質のモル質量よりモル（物質量）を求める．そのモルを使って化学反応における分子・原子の数の比を求め，反応における反応物の過不足や生成物のモルを割り出す．そして，反応物の過不足の質量や生成物の質量は，割り出したモルと対応する物質のモル質量を掛け算することにより求めることができるのである．この一連の量の考え方が化学量論である（図1-9）．

練習問題

Q1 次の表の (a)〜(l) に，元素記号または数字を入れて，表を完成させよ．

元素記号	原子番号	陽子数	中性子数	質量数	中性原子の電子数
^{13}C	6	(a)	(b)	(c)	(d)
^{16}O	(e)	(f)	8	(g)	(h)
(i)	15	(j)	(k)	31	(l)

Q2 左の (a)〜(e) で，p軌道を表す図として最も適当なものを選べ．

Q3 次の元素は s, p, d, f のどのブロック元素に属するかを示せ．
① フッ素 F　② ウラン U　③ 金 Au　④ 鉄 Fe　⑤ カリウム K
⑥ スズ Sn　⑦ カルシウム Ca

Q4 酸素の原子量を16とすると，酸素原子40 gに含まれる原子の数は何個か．それがすべてがオゾン分子 O_3 を形成しているとすると，オゾン分子は何個か．

Q5 環境中の水1 Lに含まれる汚濁物質が，過マンガン酸カリウム $KMnO_4$ 79.02 mgによってちょうど酸化された．このときの化学的酸素要求量（COD）はいくらか．ただし，一定量の汚濁物質が酸化されるのに必要な過マンガン酸カリウムと酸素 O_2 の物質量の比は 4:5 とする．

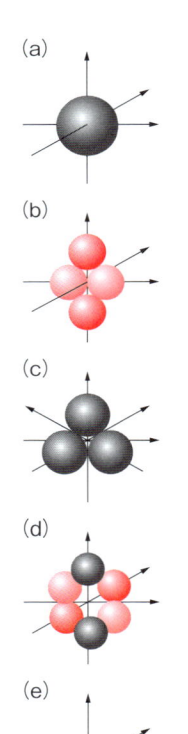

第2章 化学結合

2.1 共有結合
　　——分子の形成
2.2 イオン結合
2.3 金属結合
2.4 配位結合

オゾン層破壊

Introduction

生物の生存に欠かせない酸素は，大気中の非常に高い所でも生命維持に重要な役割を果たしている．この役割が脚光を浴びたのは，人工衛星でオゾンホールが観測されるようになってからである．成層圏（地上 11～50 km）に存在するオゾン層が，北極や南極で穴があいたように薄くなり，2013 年の南極のオゾン層の厚さは 1979 年の半分以下となっている（図 2-1）．

成層圏中では，比較的濃度の高い酸素が，太陽からの非常に短い波長（242 nm 以下）の光，すなわち高エネルギーの紫外線を吸収する．このため，地表には高エネルギーの紫外線は到達しない．紫外線を吸収した酸素分子 O_2 は解離して原子状の酸素 O になり，ついで，酸素分子と反応することでオゾン O_3 が生成する（p.19 参照）．

成層圏で生成したオゾンの濃度は，地表に比べ 60～300 倍濃く，オゾン層とよばれる．オゾンは，酸素分子よりも長波長の紫外線（320 nm 以下）を吸収し，再び酸素分子 O_2 になる．

紫外線は，UV-A（315～400 nm），UV-B（280～315 nm），UV-C（100～280 nm）の 3 つに分けられる．UV-C は生物にとって非常に有害だが，酸素やオゾンに吸収され，地表に到達しない．しかし，オゾンがなくなると，UV-C の一部が地表に達し，生物に害をおよぼす．UV-B はほとんどがオゾン層で吸収されるが，0.5％が大気を通過し，肌を照射するとメラニン色素が生成し日焼けが起こる．オゾンが 1％減少すると UV-B が 1.5％増えるといわれている．

オゾン層に穴があいたのは，20 世紀に入り，冷蔵庫やクーラーなどの冷媒や精密部品の洗浄剤などに使われたフロンガス（p.20「Topic」参照）が成層圏に達し，オゾンと反応してオゾン層を破壊したためである．そこで，1987 年に，オゾン層を破壊する 8 種類の化合物合成を禁止する国際的取り決めがなされた．すでに使用したフロンガスは回収できないが，この取り決めによって，長期的にはいずれオゾン層破壊は停止するだろう．

こうしたオゾン層破壊という現象は，原子が分子をつくったり離れたりする化学結合によって生じる．オゾン問題を科学的に見るためには，本章で学ぶ化学結合の原理を知らなくてはならない．

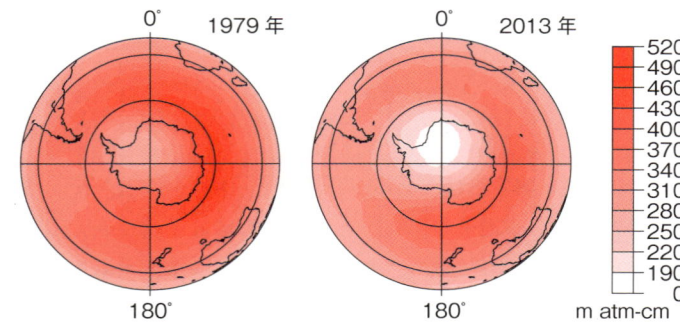

図 2-1　南極域のオゾン分布量
気象庁の図をもとに作成．220 m atm-cm 以下の領域がオゾンホール．

2章 化学結合

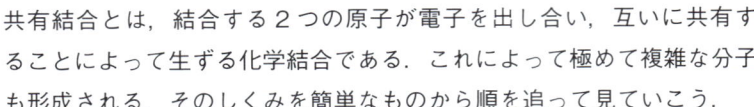

2.1 共有結合——分子の形成

共有結合とは，結合する2つの原子が電子を出し合い，互いに共有することによって生ずる化学結合である．これによって極めて複雑な分子も形成される．そのしくみを簡単なものから順を追って見ていこう．

◆ 2.1.1 水素分子

最も簡単な**共有結合**は水素分子である．水素原子は第1章で述べたように1sの原子軌道に1個の電子をもっている（1つの軌道には2個まで電子が入ることができる）．2つの原子が近づいて両者の1s原子軌道が重なると，2つの電子は両者の原子軌道を占めるようになる．

電子は原子の中で完全に波としてふるまっているので，2つの原子が近づくと，重なり合って1sとは異なる新しい波を形成するようになる．**図2-2a**に示すように，その波は2つの原子核の間に電子が存在する確率がより大きくなるような波である．プラスの電荷をもった原子核と原子核の間にマイナスの電荷をもった電子がより多く存在することで，原子核の周りで電荷の不均衡が生じ，原子核が原子核間に集まった電子に引かれ，結果として，もう1つの原子核と引き合う．こうして**化学結合**が生じ，**分子**ができるのである．なお，**図2-2b**にs軌道を簡略化して書いた図を示したが，この図がさらに簡略化され，2.1.2項のルイス構造式へとつながる．

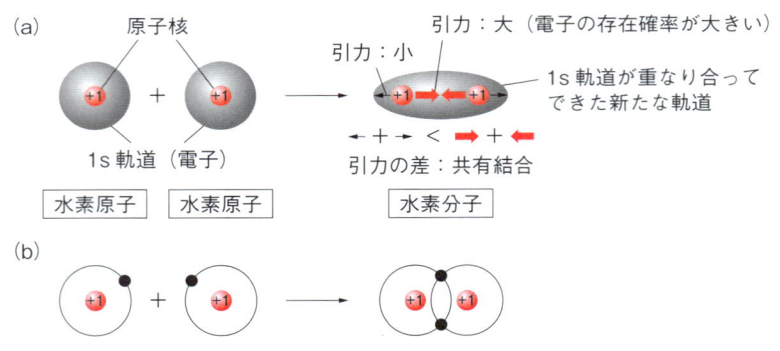

図2-2 水素分子における共有結合

◆ 2.1.2 ルイス構造式

化学結合をより簡便に表す方法である**ルイス構造式**について見ていこう．

その原子の最外殻にある電子を**価電子**という．水素原子は1族元素に属し，1sに電子1個だけ含まれており，価電子数は1である．水素原子において，1s軌道に電子が1個入っている状態を**図2-3**のように「H・」と表す．

「H・」の点は価電子を表す．電子は1つの軌道に2個まで入ることができ，ペアとなって電子対をつくるが，1個しかない場合，その電子は**不対電子**となる．水素分子では，この電子を2つの水素原子が共有することによって，それぞれの原子は，ヘリウム原子のように1s軌道に2個の電子をもつことになり，安定化する．それが**図2-3**の右辺では「H:H」と表されている．

$$H\cdot + \cdot H \longrightarrow H:H$$

図2-3 水素分子の化学結合を表すルイス構造式

ヘリウム原子の1sはすでに2個の電子で占められている．しかも，K殻は1s軌道しかなく，この2個の電子で満たされる．2つのヘリウム原子核が近づいても，すでに2個の電子をもつ一方のヘリウム原子がもう一方のヘリウム原子の2個の電子を共有することはできない．したがって，新しい波も形成されず，ヘリウム原子は分子を形成できない．これが，ヘリウム原子が非常に安定で，他のいかなる原子とも共有結合を生じることはない理由である．ヘリウム原子のように安定な原子を**単原子分子**という[*1]．

◆ 2.1.3 原子価

ある原子Aに，電子対をつくっていない不対電子が1個あるとする．この不対電子と水素原子の1sの不対電子との間で，水素分子のような軌道の共有が起これば，共有結合が生じる．つまり，原子中に存在する不対電子の数は，水素原子と共有結合しうる数であり，この数を**原子価**という．

水素原子は1s軌道に不対電子を1個だけもち，他の原子と結合できる数は1なので，原子価は1である．ヘリウム原子の原子価は0ということになる．

表2-1には第2周期の各元素に関して，価電子数，ルイス構造式および原子価の数を示した[*2]．第2周期元素には，1つのs軌道と3つのp軌道の計4つの原子軌道がある．これらの軌道のエネルギー差はあまり大きくないので，エネルギー的に等しい4つの軌道として考えられる．それぞれの軌道には2個まで電子が入るので，最大8個入る．よって最外殻電子の数，すなわち価電子数は1～8となり，族数の1桁目の数字に等しくなる．sブロックの1，2族元素の価電子数はそれぞれ1と2である．pブロックの13～18族の元素の価電子数は3～8となる．

次に原子価を見てみよう．1族，2族，13族，14族では，価電子が4つの軌道に別々に入るので電子対をつくらない．したがって，Li，Be，B，Cのルイス構造式は**表2-1**のようになり，原子価はそれぞれ1，2，3，4となる．一方，15族から18族までは電子の数が増えるごとに不対電子の数が1つずつ減っていくので，原子価は，それぞれ3，2，1，0となる．

[*1] 図1-6を見ると，s軌道とp軌道はすべて対応する主殻内にあり，d軌道は次の主殻のs軌道のエネルギーより高い軌道エネルギーをもっている．すなわち，s，p軌道とd，s（次の主殻内）軌道との間に大きなエネルギー差がある．したがって，s，p軌道に8個の電子が埋まると，非常に安定となる．各主殻で8個目（K殻では2個目）の電子が最後に埋まるのは，K殻ではヘリウムHe（$1s^2$），そしてL，M，N，O，P殻では，それぞれネオンNe（$2s^22p^6$），アルゴンAr（$3s^23p^6$），クリプトンKr（$4s^24p^6$），キセノンXe（$5s^25p^6$），ラドンRn（$6s^26p^6$）であり，それらは非常に安定な単原子分子となる．

[*2] 3～12族の10個の元素はdブロックに含まれるため，ここでは議論しない．

2章 化学結合

表 2-1 第 2 周期元素の価電子数，ルイス構造式，原子価

	1族	2族	13族	14族	15族	16族	17族	18族
元素記号	Li	Be	B	C	N	O	F	Ne
価電子数	1	2	3	4	5	6	7	8
ルイス構造式	Li·	·Be·	·B̈·	·C̈·	·N̈·	:Ö·	:F̈·	:N̈e:
原子価	1	2	3	4	3	2	1	0

◆ 2.1.4 C, N, O, F の水素化合物における共有結合と八隅子則

第 2 周期, p ブロックの元素のうち, 炭素 C, 窒素 N, 酸素 O, フッ素 F と水素 H との共有結合を考えてみる. 表 2-1 のように, 不対電子の数は, 炭素が 4, 窒素が 3, 酸素が 2, フッ素が 1 であり, これらの不対電子 1 個と水素原子の不対電子 1 個とが共有結合を形成する. したがって, 不対電子の数は結合しうる水素原子の数を意味し, 元素の原子価ということになる. C, N, O, F の原子価は, それぞれ 4, 3, 2, 1 となり, 図 2-4 に示すような水素化合物ができる. これらの水素化合物はそれぞれメタン, アンモニア, 水, フッ化水素とよばれ, 化学式は CH_4, NH_3, H_2O, HF となる[*3].

メタン CH_4 中の炭素原子は, 水素原子からの電子を共有しているため, 合計 8 個の電子をもっていることになる. この電子配置は希ガス元素のネオン Ne と同じで, 安定である. このように, 中心原子に 8 個の電子が集まることにより, 安定な化合物をつくることを**八隅子則（オクテット則）**とよぶ. 炭素原子の場合, 8 個の電子すべてが, 共有結合に関与している. こうした電子および電子対のことをそれぞれ**結合電子**, **結合電子対**とよぶ.

窒素原子の場合, 原子価は 3 であるので, 窒素の水素化合物はアンモニア

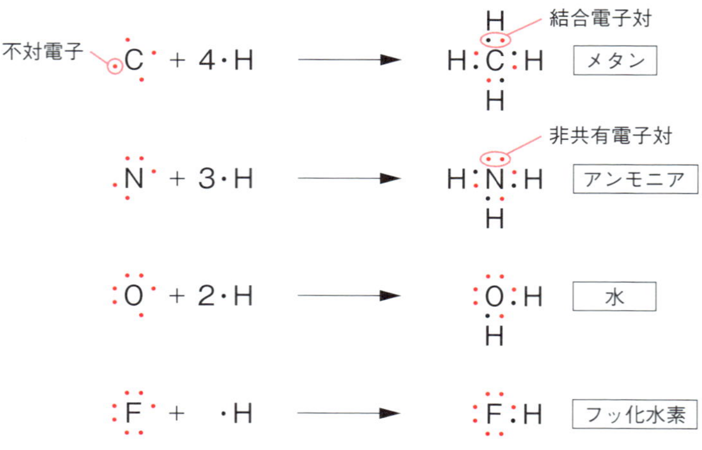

*3 表記の慣例上, OH_2, FH と表さないことに注意する. OH_2 と表す場合もある. たとえば, 水分子が金属 M と結合している場合, $M(OH_2)$ と表す. この場合, M と結合しているのは H ではなく O であり, M─O 結合があるので, $M(H_2O)$ とは書かない.

図 2-4 ルイス構造式と八隅子則

NH₃である．アンモニアの場合も，窒素原子に関して八隅子則が成立するが，3対の結合電子対と1対の結合に預からない電子対が存在する．結合に預からない電子対のことを**非共有電子対**，あるいは**孤立電子対（ローンペア）**とよぶ．この非共有電子対の存在は，炭素原子の化合物と窒素を含む化合物との間で性質の違いが生じる大きな要素となっている[*4]．

酸素原子の場合は，原子価が2となり，その水素化合物は水 H_2O である．この場合，2つの結合電子対と2つの非共有電子対からなり，水の性質を特徴づける主原因となっている．

最後に，フッ素原子の原子価は1であり，その水素化合物 HF は1つの結合電子対と3つの非共有電子対をもつ．H_2O, HF においても，酸素原子とフッ素原子の周囲で，八隅子則が成立しており，安定な化合物を形成している．

八隅子則が成り立つのは，主に14～17族の元素に限られる．特に第2周期の C, N, O の3元素は，水素とともに有機化合物（第10章参照）を形成する主要元素であり，これらの原子間での結合では一般にこの八隅子則が成立して安定な化合物を与えるので，きわめて重要である．

[*4] アンモニア分子 NH₃ 中の窒素原子に存在する非共有電子対は，水素イオン H^+ と結合してアンモニウムイオン NH_4^+ を，遷移金属元素と結合して金属錯体を形成する（2.4節参照）．また，水分子 H_2O 中の酸素原子に存在する非共有結合対も水素イオン H^+ と結合して，ヒドロニウムイオン H_3O^+ を形成する．これは酸・塩基という大きな概念に結びつく（第7章参照）．安定な炭素化合物において，炭素原子は非共有電子対をもたないので，こうした反応は起こらない．

◆ 2.1.5 八隅子則を満足しない結合

1, 2, 13族の元素の価電子数は，それぞれ 1, 2, 3 であり，不対電子の数も，結合し得る水素原子の数（すなわち原子価）も，それぞれ 1, 2, 3 となる．第2周期元素 Li, Be, B のルイス構造式は**表2-1**に示されているが，これらの不対電子と水素原子の電子を1個ずつ互いに出し合って共有結合をすると，**図2-5**のような水素化合物ができる．この場合，電子の数は，8個に達しておらず，八隅子則を満足せず分子を形成しない[*5]．

さらに，中心原子のまわりに8個以上の電子が結合に関与する場合も知られている．硫黄は第3周期16族元素で，価電子数は 6，原子価は 2 である．したがって，水と同様に分子 H_2S を形成し，**図2-6a** のように八隅子則を満足する．一方，六フッ化硫黄 SF_6 の場合，硫黄の価電子6個がすべて不対電子になり，**図2-6b** のように原子価1のフッ素原子と共有結合し，気体分子 SF_6 となる．この場合，硫黄原子のまわりの結合電子の総数は 2×6=12 となり，八隅子則は成り立たない．

[*5] LiH および BeH_2 は分子を形成せず，固体として存在する．また，BH_3 はあまり安定ではなく，B_2H_6 など，より複雑な分子を形成する．

図 2-5 八隅子則を満足しないルイス構造（電子が不足している場合）

図 2-6 硫黄において八隅子則を満足するルイス構造（a）と満足しないルイス構造（b）

◆ 2.1.6 多重結合

第2周期14～16族元素のC, N, Oでは八隅子則が成立するが，これらの原子間での結合には，他の元素では見られない特徴がある．それは，酸素分子や窒素分子を考えるときに導入される**多重結合**である．

まず，酸素分子 O_2 を考えてみよう．酸素は第2周期16族元素であり，価電子数は6である．酸素原子は2つの非共有電子対と2個の不対電子をもつ．2個の不対電子のうち1個を使って共有結合をつくると，図2-7a のようになる．この図では，酸素分子の片方の酸素原子のまわりには，2つの非共有電子対，1つの結合電子対と1個の不対電子の計7個の電子が入っており，八隅子則を満足しない．そこで，図2-7b に示すように，残りの1不対電子どうしが互いに共有し合って，もう1本共有結合を形成すると（**二重結合**という），酸素原子のまわりに2つの非共有電子対と2つの結合電子対ができて，八隅子則を満足する．

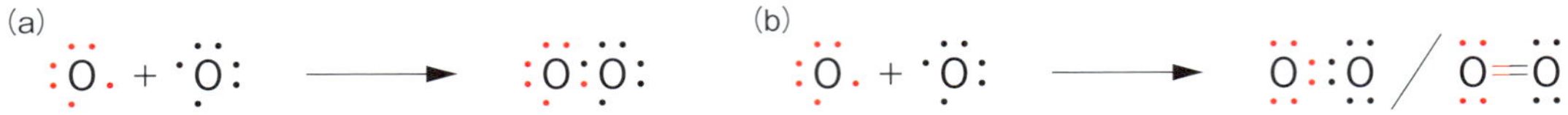

図 2-7 単結合だけを考えたときのルイス構造（a）と二重結合を考えたときのルイス構造（b）

窒素分子 N_2 についても，酸素分子と同様に考えることができる．窒素は第2周期15族元素であり，価電子は5である．窒素原子は1つの非共有電子対と3つの不対電子をもつ．酸素分子と同様に二重結合を考えても八隅子則を満足せず，**三重結合**を考えて初めて八隅子則を満足する（図2-8）．

図 2-8 三重結合を考えたときのルイス構造

*6 次のように書き表せるが，実際には起きない．
$\cdot \ddot{C} \cdot + \cdot \ddot{C} \cdot \longrightarrow C⫴C / C≡C$

では，四重結合をもつ炭素分子 C_2 は空気中で安定に存在するであろうか[*6]．ルイス構造式では四重結合で C_2 分子を記述することができるが，実際には安定に存在しない．これはルイス構造による化学結合の理解に限界があるということである．多重結合の詳しい説明は第3章で行うが，簡単にいうと，二重結合や三重結合ではs軌道やp軌道の重なりがうまく生じて共有結合が形成され，安定な酸素分子や窒素分子ができるのに対して，四重結合ではそれができないので炭素分子は安定しないのである．

一般に炭化水素においては，二重結合および三重結合をもった分子が多数知られている．二重結合の例としてエチレン C_2H_4，三重結合の例としてアセチレン C_2H_2 のルイス構造式を図2-9に示す．

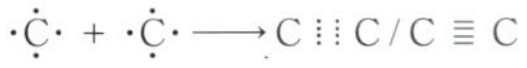

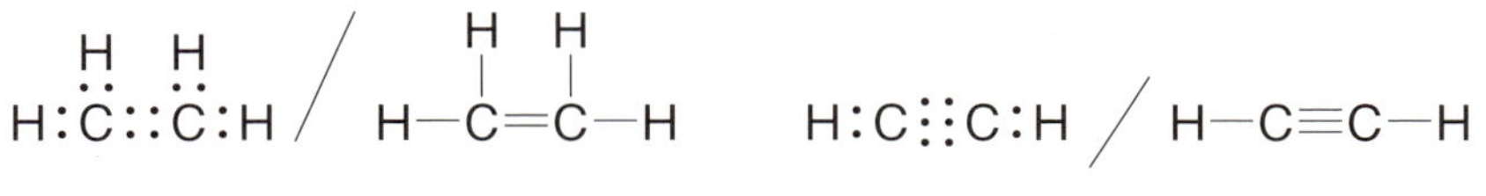

図 2-9 エチレンとアセチレンのルイス構造

炭素化合物である有機化合物においては，ほとんどの化合物で八隅子則が成り立つ．C, N, O の原子の電子配置は，1つの s 軌道と3つの p 軌道からなり，これらの軌道に電子がすべて非共有電子対および結合電子対の形で対を形成して分子を構成するため，結局，合計8個の電子が対を形成して，希ガス元素と同じ電子配置となり安定化する．

炭素 C を含む化合物では，炭素の原子価が4であるため，炭素原子のまわりに4対の結合電子対ができ，通常，非共有電子対は0である．窒素 N を含む化合物では，窒素の原子価が3であるので結合電子対は3となり，非共有電子対は1となる．酸素 O は原子価が2であるので，結合電子対は2となり，非共有電子対は2となる．もし，これらの原子の化合物で八隅子則が満足せずに不対電子が余る場合は，二重結合や三重結合を形成して八隅子則を満足させる．このように，H, C, O, N を含む化合物の化学結合には，八隅子則が特に重要となる．

◆ 2.1.7 共鳴構造

本章の初めにオゾン層の役割について解説した[*7]．では，オゾン O_3 はどのようなルイス構造になるのか考えてみよう．酸素は16族元素に属するので，価電子数は6であり，オゾンのルイス構造には合計 $6 \times 3 = 18$ 個の価電子が関与する．2つの O–O 結合をまず単結合で考えると**図 2-10** のようなルイス構造ができあがる．この構造では中心の酸素は八隅子則を満足するが，両端の酸素は八隅子則を満足しない．

図 2-10 単結合のみで考えたオゾンのルイス構造（八隅子則を満足しない）

両端の不対電子と中心の非共有電子対の電子を使って二重結合を2つくっても，中心の酸素原子の電子数が10個となってやはり八隅子則を満足しない（**図 2-11a**）．そこで，左の酸素原子との間で二重結合を1つつくり，中心の酸素原子にある余った電子を右の酸素原子に与えると，中心の酸素原子は正に帯電し，右の酸素原子は負に帯電して3つの非共有電子対をもつことになり，すべての酸素原子で八隅子則が成り立つ（**図 2-11b**）．

*7 オゾンの生成過程を化学反応式で表すと，次のようになる．

酸素分子が，短波長の紫外線（$\lambda \leq 242$ nm）を吸収して解離し，原子状の酸素 O になる．

$O_2 + h\nu \longrightarrow 2\,O$

ついで，酸素分子と反応することでオゾン O_3 が生成する．この反応には，窒素分子など第三物質 M が必要である．

$O + O_2 + M \longrightarrow O_3 + M$

オゾンは，酸素分子よりも長波長の紫外線（$\lambda \leq 320$ nm）を吸収し，再び酸素分子 O_2 になる．

$O_3 + h\nu \longrightarrow O + O_2$
$O + O_3 \longrightarrow 2\,O_2$

2章 化学結合

(a) :Ö::Ö::Ö:　　(b) :Ö::Ö:Ö:
　　　　　　　　　　　　　　+　−

（八隅子則を）満足しない　　満足する

図 2-11　二重結合を用いたオゾンのルイス構造

*8　このような場合,「両端の酸素原子は等価である」という.

*9　1つの音叉（おんさ）を鳴らし,音の鳴っていないまったく同一の音叉に近づけると,音の鳴っていない音叉も鳴り始める.すなわち,一方の音の波がもう一方の音叉に作用して,音を鳴らし始めるのである.この現象を共鳴という.オゾンのように2つの構造（極限構造）を行ったり来たりするのが,音叉の共鳴と似ているので,この2つの極限構造を矢印も含めて共鳴構造という.

*10　トマトの赤はトマトに含まれるリコペンという物質によるもので,この分子は11個の二重結合が単結合で結ばれ,可視光のような長い波長の光を吸収する共鳴構造をとるために赤くなる.

　この構造では,中心の酸素原子はもちろんのこと,左の酸素原子と右の酸素原子が異なる電子配置をとることになる.しかし,実際のオゾン分子を調べてみると,両端の酸素原子はまったく同じであることがわかっている*8.

　そこでルイス構造では,この問題を解決するために,図2-12のように2つの構造を考え,両方の構造を行ったり来たりしているという意味で矢印で示す.この2つの構造間を行ったり来たりしている構造のことを**共鳴構造**とよぶ*9.これによって両端の酸素原子が等価であることを示せる.

　この共鳴構造は,一般に二重結合と単結合が隣どうしになっている場合に生じうる.共鳴構造をとることによって,二重結合が2つの原子間だけでなく,3つ以上の原子におよぶことになる.この構造は光の吸収波長をより長波長へとシフトさせる効果がある*10.すなわち,オゾン層において,酸素分子がより短い紫外線を吸収してオゾン分子が形成されると,オゾン分子がもつ共鳴構造の効果により,酸素分子の吸収波長より長い紫外線（よりエネルギーの低い紫外線）を吸収し,地表の生命にダメージを与える紫外線が届

Topic　フロンガス◆

　1930年代に人工的につくり出されたクロロフルオロカーボン類（CFC類）は,フロンガスともよばれ,塩素,フッ素,炭素からなる化合物の総称である.1970年代になって,この気体がオゾン層を破壊していることが次第にわかってきた.フロンガスは非常に安定な物質で,分解されることなく成層圏に達する.オゾン層で,フロンガスに紫外線が照射されると,フロンに含まれる塩素原子と炭素原子の結合が開裂し,原子状塩素 Cl•（塩素ラジカル）が発生する.

Cl• の発生　　$CFCl_3$（フロン）+紫外線
　　　　　　　　　$\longrightarrow CFCl_2• + Cl•$　　(1)

　この塩素ラジカルはオゾンと反応して,一酸化塩素になり,オゾン層を破壊する.

オゾン層破壊　　$Cl• + O_3 \longrightarrow ClO + O_2$　　(2)

　生成した一酸化塩素はオゾンの生成過程で発生した原子状酸素と反応して,再び塩素ラジカルが再生される.

Cl• の再生　　$ClO + O• \longrightarrow Cl• + O_2$　　(3)

　再生された塩素ラジカルは再びオゾンと反応してオゾン層を破壊する.(2)(3)の反応が,塩素ラジカル Cl• 1個に対して10万回程度くり返され,急激にオゾンが減少していくのである.

図 2-12　オゾンの共鳴

かないようになるのである．

ほかに，このような共鳴構造をとる分子の例として，二酸化硫黄（亜硫酸ガス），ベンゼンなどがある．

2.2　イオン結合

食塩（塩化ナトリウム）は共有結合ではなく，イオンが結びついてできている．どこが違うのかを確かめよう．

◆ 2.2.1　イオンとイオン結合

水素を除くアルカリ金属（Li, Na, K, Rb, Cs, Fr）とハロゲン元素（F, Cl, Br, I）はどちらも原子価は 1 であり，水素分子と同様な共有結合を形成するように思われる．しかし，結合後，安定なヘリウム原子と同じ電子配置をとる水素分子と異なり，アルカリ金属原子やアルカリ土類金属原子は，共有結合後，八隅子則を満足せず，共有結合は形成されない．アルカリ金属原子のいちばんエネルギーの高い電子の軌道は前章で述べたように ns^1 であり，わずかなエネルギーを与えると，この電子がアルカリ金属元素から放出されて**陽イオン**となり，希ガス元素と同じ電子配置となる．

一方，ハロゲン元素の電子配置は ns^2np^5 であり，電子を得るとエネルギーを放出して**陰イオン**となり，安定な希ガス元素と同じ電子配置となる（ns^2np^6）．すなわち，アルカリ金属原子は陽イオンとなり，ハロゲン原子は陰イオンとなって，静電引力によりお互いに引き合い，結晶を形成する（**図 2-13**）．この静電引力によって生じた結合のことを**イオン結合**とよぶ．この結合は軌道と軌道との重なりによって生じる結合でないために，結合に方向性はない．アルカリ金属陽イオンとハロゲン陰イオンが交互に互いに引き合っている．

例としてナトリウム金属 Na と塩素ガス Cl_2 からできる塩化ナトリウム NaCl について考えてみよう．ナトリウム金属は非常に活性の高い物質で，水が存在すると発火する非常に危険な物質である．一方，塩素は淡黄色を帯びた気体分子であり，毒ガスとして知られている．ナトリウムはわずかなエネルギーを得ると，電子を放出してナトリウムイオンとなる．そして，塩素は，ナトリウム原子から放出された電子を受け取り，塩素イオンとなり，エネルギーを放出する．その結果，この 2 つの物質を反応させると，光を放

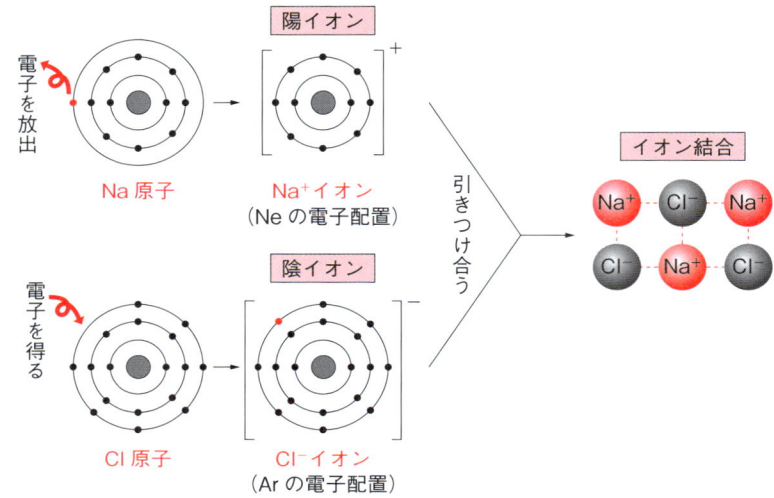

図 2-13 イオンとイオン結合

ち,熱を発生させて大きなエネルギーを放出しながら,白い結晶が生じる.危険で毒性の高い2つの物質から生命に必要不可欠な物質である塩化ナトリウム NaCl(食塩)が生成するのである[*11].反応式は次式で表される.

$$2\,\mathrm{Na} + \mathrm{Cl}_2 \longrightarrow 2\,\mathrm{Na}^+ + 2\,\mathrm{Cl}^- \longrightarrow 2\,\mathrm{NaCl} \tag{2.1}$$

この反応で Na 原子の電子配置 $1s^2 2s^2 2p^6 3s^1$ から1個の電子が失われ,Na^+ となり,希ガスであるネオン原子 Ne と同じ電子配置 $1s^2 2s^2 2p^6$ をもつようになる[*12].一方,Cl 原子の電子配置は $1s^2 2s^2 2p^6 3s^2 3p^5$ で,1個の電子を得ることにより Cl^- となり,希ガスであるアルゴン原子 Ar と同じ電子配置 $1s^2 2s^2 2p^6 3s^2 3p^6$ をもつようになる.したがって,ナトリウムイオン Na^+ も塩素イオン Cl^- も極めて安定なイオンとなる.

◆ **2.2.2 イオン結晶**

ナトリウム陽イオン Na^+ と塩素陰イオン Cl^- は静電引力でお互いに引き合い,イオン結合する.イオン結合には方向性がないため,分子を形成せず,陽イオンのまわりに複数の陰イオンが,陰イオンのまわりに複数の陽イオンが取り囲んで,**図 2-14** に示すように,規則正しく配列したきれいな結晶を形成する.イオン結合でできた結晶のことを**イオン結晶**という.**図 2-15** に示したように,岩塩から得られる塩化ナトリウム結晶は無色透明である.

[*11] 海水の主成分は塩化ナトリウムである.海水の塩分濃度は約 3.5% で,海の水を淡水化すると,約 7% の濃い塩分濃度の海水が放出され,海水濃度が上がってしまう.海水濃度が上がると海に棲む生物に影響が出たり,漁場が被害を受けたりすることになる.そこで,排出される濃い塩分濃度の海水から塩化ナトリウムや塩化マグネシウムなどの塩を取り出し,もとの海水濃度に戻して海に流してやれば,環境問題は起きない.そのような技術がすでに確立している.

[*12] 電子配置 $1s^2 2s^2 2p^6 3s^1$ とは,電子が 1s 軌道に2個,2s 軌道に2個,2p 軌道に6個,3s 軌道に1個入っていることを表す.つまり,軌道名のアルファベットの前の数字は主殻を表し,アルファベットの右肩の小さな数字は電子数を表す.

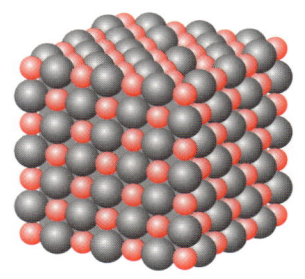

図 2-14 塩化ナトリウムの結晶
赤：Na^+，グレー：Cl^-

図 2-15 塩化ナトリウムの結晶

2.3 金属結合

身のまわりにたくさんある金属は，また別の結合によってできている．金属独特の特徴を生み出す，そのしくみを見ていこう．

水素 H を除く 1 族元素および 2 族元素，3〜12 族に属する元素は，単体ですべて金属として存在している．また，ホウ素 B を除く 13 族元素のアルミニウム Al，ガリウム Ga，インジウム In，タリウム Tl，14 族のスズ Sn，鉛 Pb，15 族のビスマス Bi，16 族のポロニウム Po も金属として存在している．これら金属の原子間に働いている化学結合は，共有結合でもイオン結合でもなく，**金属結合**とよばれる．

金属結合では，原子が電子を放出して陽イオンとなり，放出された電子が原子間を自由に動き回ることによって原子と原子の間に静電引力が引き起こされ，結合力が生じる．その様子を**図 2-16** に示した．ここで，自由に動き回っている電子のことを**自由電子**という．

金属結合では，自由電子が金属全体に広がっており，特定の原子間結合は共有結合やイオン結合ほど強くはないが，全体として硬い結晶をつくるものが多い．イオン結晶は外部からの力で破壊されやすいのに対して，金属結合は一般に均一な結合であるので，金属結晶は展性や塑性に富んでいる．ま

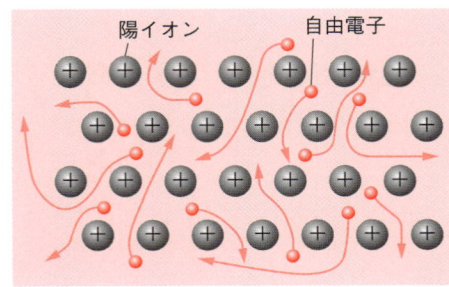

図 2-16 金属結合

た，金属内の自由電子の存在は，金属が電気を通しやすいという性質をもたらす．詳しくは第9章であらためて説明する．

2.4 配位結合

非共有電子対が関与した結合に配位結合というものがある．この結合は共有結合と似ているが，その違いを理解しよう．

配位結合は共有結合に似ているが，生成のしかたが共有結合と異なる．共有結合では2つの原子が1個ずつ電子を出し合って結合電子対を形成し，結合が起こる．配位結合の場合には一方の原子またはイオンが1つ以上の非共有電子対をもっていて，この電子対を，相手の原子またはイオンと共有するときに生じる．この場合，配位結合形成前の原子またはイオンは不対電子をもたないので，安定な化学種である．したがって，配位結合形成後の結合の強さは，一般に共有結合に比べ強くない．

配位結合の例としてアンモニアと水素イオンから生成するアンモニウムイオンについて考えてみよう．アンモニア NH_3 のルイス構造は，**図2-4**で示したように，非共有電子対を1対もっており，この2個の電子を，窒素原子Nと電子をもたない水素イオン H^+ とが共有することによって，**図2-17**に示すように共有結合と同様な結合が生じる．

アンモニウムイオン NH_4^+ は，確かに3つの共有結合と1つの配位結合から成り立っているが，結果としての4つのN–H結合はまったく同じである．しかしながら，結果としての結合はすべて同じでも，アンモニウムイオ

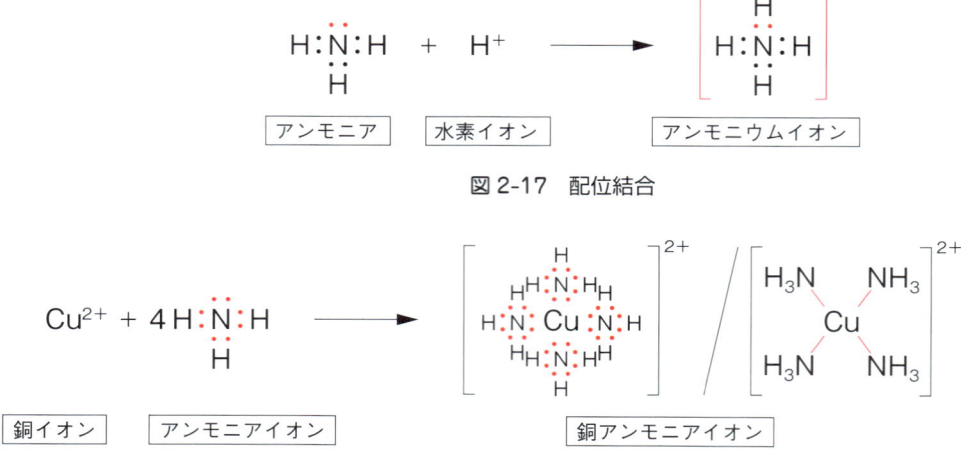

図2-17 配位結合

図2-18 配位結合によって形成される銅アンモニアイオン

ンはやはり3つの共有結合と1つの配位結合からできているのである．なぜなら，アンモニウムイオンの分解反応において，1つのN–H結合が開裂するとき，$H_3N\cdot$ と $H\cdot$ ではなく，$H_3N:$ と H^+ になり，配位結合が切断するからである．この開裂に要するエネルギーはそれほど大きくない[*13]．

また，図2-18に示すような金属錯体（第9章参照）とよばれる化合物も配位結合によって形成される[*14]．

このように，銅イオン Cu^{2+} のような遷移金属イオンとアンモニア NH_3 のような非共有電子対をもった分子やイオンが配位結合によって結合し，銅アンモニアイオン $Cu(NH_3)_4^{2+}$ のような配位化合物を生成する（第9章で詳しく取り扱う）．

[*13] それに対して，気体のアンモニアのN–H結合が開裂するのには，大きなエネルギーを必要とし，共有結合が切れることになる．

[*14] 遷移金属元素と窒素原子などの非共有電子対をもつ有機化合物が配位結合によって複雑な金属錯体を形成すると，多孔性錯体ができる．これはたくさん孔の開いた箱のような形をしており，その箱の中に別の分子を入れることができる．孔の開いた材料としては活性炭が有名だが，このような配位結合を取り入れた多孔性錯体は，活性炭のような分離や吸着作用のほかに，分子・イオンの選択貯蔵，ナノ合成容器（非常に小さな化学合成実験器具），触媒，センサーなどへの応用が期待されている．

練習問題

Q1 第2周期15族の窒素原子の価電子数，原子価，およびルイス構造式を書け．

Q2 元素Aを中心元素とする右の分子①〜⑩から，八隅子則を満足しないものを選べ．ただし，：は非共有電子対，線（―）は結合電子対を表す．

Q3 ケイ素Si，リンP，硫黄S，塩素Clは，それぞれ14族，15族，16族，17族元素である．その水素化合物をそれぞれ化学式で書け．

Q4 次の（a）〜（h）の結合は，① 共有結合，② イオン結合，③ 金属結合，④ 配位結合のどの結合様式をとるか，番号で答えよ．

(a) 塩化カリウムの K–Cl 結合
(b) 水分子の O–H 結合
(c) アンモニウムイオンの H_3N-H^+ 結合
(d) エチレン分子の C=C 結合
(e) 単体チタンの Ti–Ti 結合
(f) 銅アンモニアイオンの $Cu^{2+}-N$ 結合
(g) 単体マンガンの Mn–Mn 結合
(h) 硫化鉄（II）の Fe–S 結合

Q5 フロン CF_3Cl は紫外線を吸収して塩素ラジカルを発生する．塩素ラジカルは次の式①および式②の反応をくり返すことにより，オゾン層を破壊する．式①②の正味の反応を書け．

① $Cl\cdot + O_3 \longrightarrow ClO\cdot + O_2$
② $ClO\cdot + O\cdot \longrightarrow Cl\cdot + O_2$

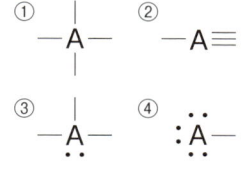
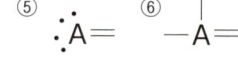

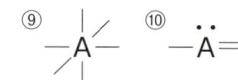

第3章 分子の形

3.1 sp³ 混成軌道
3.2 sp² 混成軌道
3.3 sp 混成軌道
3.4 共鳴構造
3.5 電気陰性度と極性分子

地球温暖化と温暖化ガス

Introduction

呼吸以外で物質を燃やして，二酸化炭素を地球上に発生させる生物は人間だけである．二酸化炭素の発生は，18世紀の産業革命以降，量と質において以前とまったく異なる状況を呈するようになった．それまで燃料は木材中心であった．木材（植物）は，光合成により空気中の二酸化炭素と水からデンプンやセルロースを合成し生育する．それを燃やして二酸化炭素を発生させても元に戻るだけ，つまり，炭素が地球表面の環境中を循環するだけだったのだ．

図 3-1 に南極の氷床コアから求めた過去 40 万年間の空気中の二酸化炭素濃度と温度の関係を示す．40 万年間，二酸化炭素濃度は 300 ppm を越えたことがなかったが，2011 年では 391 ppm となっている．この濃度は産業革命以前の平均的な値とされる 280 ppm に比べて 40 % も増加している．人間活動による二酸化炭素濃度上昇について否定する人はいない．

問題は二酸化炭素濃度と温度の関係である．図 3-1 を見る限り，二酸化炭素濃度と温度の間には相関関係がある．しかし，二酸化炭素濃度の増減が温度の増減の原因であるのか，温度の増減が二酸化炭素の増減の原因であるのかはわからない．その解明には今後の研究を待たねばならない．

二酸化炭素濃度の上昇が地球を温暖化させるメカニズムは図 3-2 のように考えられている．このメカニズムは，温室のガラスが太陽光線を透過させ地表を暖め，さらに発生した赤外線を通さないことによって温室内が室外より非常に暖かくなる原理と同じことから「温室効果」とよばれる．そして，赤外線を吸収して温室効果を引き起こす気体を「温暖化ガス（温室効果ガス）」とよぶ．水蒸気も温暖化ガスであるが，量が人為的に増えることはない．人為的に増加している二酸化炭素だけが温暖化ガスとして注目を浴びている．

では，二酸化炭素分子が赤外線を吸収する原理は…といえば，それが，本章で学ぶ分子の形と極性に関係しているのである．分子の形や極性は，第 1 章で学んだ原子軌道と第 2 章で学んだ化学結合をさらに進めて考えていくことになる．

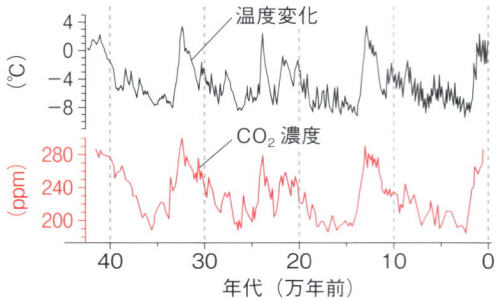

図 3-1　過去 40 万年間の CO_2 濃度と温度変化

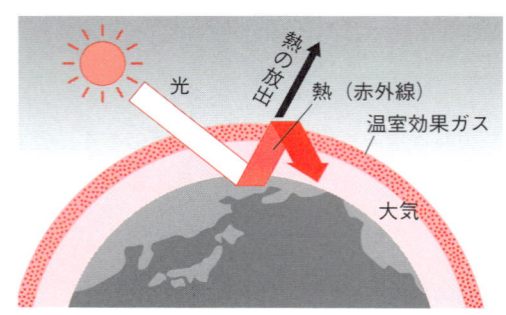

図 3-2　地球温暖化のメカニズム

3.1 sp³ 混成軌道

ルイス構造式からは分子の形はわからない．分子の形を知るには原子の電子配置を考えてみる必要がある．

◆ 3.1.1 パウリの排他律とフントの規則

炭素原子の電子配置は $1s^22s^22p^2$ である．その 2s 軌道と 2p 軌道のエネルギーと軌道に入っている電子を示した軌道図が**図 3-3** である．この図で四角で囲んだ部分は軌道を表し，2p 軌道のほうが 2s 軌道より軌道のエネルギーが高いことが示されている．また，2p 軌道は等しいエネルギーの軌道が 3 つあり，それぞれ p_x, p_y, p_z と表す．p 軌道は**図 1-4**のような亜鈴型をしており，3 つの p 軌道はそれぞれ，直交座標の x 軸，y 軸，z 軸に沿っている．炭素原子の価電子数は 4 であり，s 軌道と p 軌道に 4 個の電子が入る．1 つの軌道に電子は 2 個入ることができるので，s 軌道に 2 個，p 軌道に 2 個入る．

電子は自転しており，この自転のことを**スピン**とよぶ．スピンには 2 つの方向が考えられ，1 つの軌道に 2 個の電子が入るとき，必ずスピンの向きを違えて入る．すなわち，同じ向きのスピンの電子が 2 個，1 つの軌道に入ることはない．これを**パウリの排他律**とよぶ（**図 3-4a**）．これは電子がもっている性質で，厳格にこの原理が成り立っている．

図 3-3 では，2 個の電子が s 軌道に入るとき，パウリの排他律により 2 個の電子のもつスピンは異なることを矢印で示している．

軌道エネルギーの等しい 3 つの p 軌道に，残り 2 個の電子が入るとき，1 つの軌道に 2 個一緒に入ると電子と電子の反発が大きいため，2 個の電子は分かれて入る．そして，スピンの向きは同じ方向にそろっているほうが，エネルギー的に安定となる．この規則を**フントの規則**という（**図 3-4b**）．

図 3-3 では，残り 2 個の電子がフントの規則に従って，スピンをそろえて，3 つの p 軌道のうち 2 つに 1 個ずつ入っている．

◆ 3.1.2 メタン CH₄ 分子の形と sp³ 混成軌道

炭素は 14 族元素であることから，価電子数は 4 であり，原子価は 4 となる．炭素と 4 つの水素原子が共有結合で結ばれた**メタン** CH_4 [*1] は，**図 3-5** に示したようなルイス構造式で表せる．しかし，**図 3-3** で示した電子配置では，s 軌道は非共有電子対となり，不対電子は p 軌道に存在する 2 個の電子ということになり，炭素の原子価は 4 ではなく，2 になってしまう．

メタンの構造を s 軌道と p 軌道から説明できないという問題を解決したのは，ライナス・ポーリング（Linus Pauling）であった．彼は，s 軌道と p

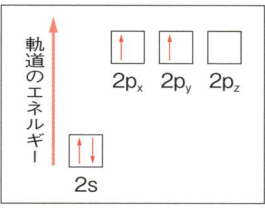

図 3-3 炭素原子の軌道図

(a) パウリの排他律

(b) フントの規則

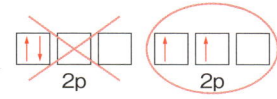

図 3-4 パウリの排他律とフントの法則

*1 メタンは天然ガスの主成分で，エネルギー源の重要な位置を占める．地表に放出されるメタンは，主に牛や羊などの呼吸やげっぷに含まれ，これだけで放出量の 25% にもなる．メタン産生菌などの働きにより沼地などでも多く発生する．メタンは温暖効果ガスの 1 つであり，二酸化炭素の約 21 倍の温室効果があるとされる．牛がげっぷをすると地球が温暖化するという話があったが，実際には，二酸化炭素の大気中の含有率 0.0391% に対して，メタンの大気中の含有率はわずか 0.00022% で，メタンの温暖化に対する影響は二酸化炭素の約 9 分の 1 となる．

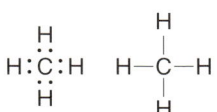

図 3-5 メタンのルイス構造式

軌道を混ぜ合わせた**混成軌道**という概念を提案した．

第1章でも言及したが，電子は粒子としてではなく，波としてふるまっており，s軌道やp軌道という名称から受けるイメージとは異なっている．太陽系では惑星の軌道上を惑星がそのとおり運動している．しかし，s軌道やp軌道にはあらかじめ電子が存在する枠のようなものがあるわけではない．フルートの音色が管楽器内で複雑な音の波として生み出されるように，電子は原子のまわりに定在波[*2]として存在している．炭素は，原子だけのときにはs軌道とp軌道が別々の軌道として存在するが，水素原子が近づいてきて炭素－水素結合が生じ，新たな分子を形成すると，エネルギーが比較的近いs軌道と3つのp軌道が混ざり合った新しい4つの軌道をつくる．すなわち，s軌道やp軌道とは異なる新しい波が形成されるのである．このときできる新しい波を**sp³混成軌道**[*3]という（図3-6）．

*2 定常波ともいう．波長・振動数・振幅・速さが同じで進行方向が逆向きの2つの波が重なり合うことによってできる波．波形が進行せずその場に止まって振動しているように見える．

*3 「sp³」とはs軌道と3つのp軌道ということを表す．後で出てくる「sp²」はs軌道と2つのp軌道ということを表す．

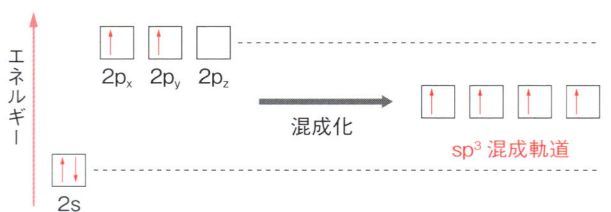

図3-6 炭素の原子軌道の混成化とsp³混成軌道

1つの2s軌道と3つの2p軌道が混成して，これら2つの軌道エネルギーの中間の位置に，エネルギーの等しい4つの新しいsp³混成軌道ができる．4つの価電子はエネルギーの等しい4つのsp³混成軌道に，フントの規則に従ってスピンをそろえて1個ずつ入り，原子価は4となる．この4つのsp³混成軌道は等価であり，この軌道に入った電子は互いに反発するので，その形は3次元空間を4等分する正四面体をつくる（図3-7）．このようにして，メタン分子CH_4は，炭素原子核を中心とし，正四面体の頂点方向にのびた4つのsp³混成軌道と水素原子の間で共有結合がつくられた正四面体の構造をとる．各sp³混成軌道間の角度は等しく109.5°となる．そして，共有結合の結果，4つの結合電子対ができ，八隅子則を満足する．sp³混成軌道はルイス構造に矛盾しておらず，むしろルイス構造より実際の化学結合を説明するのに適している．このように，混成軌道の概念を導入することにより，さまざまな分子の形を説明できるのである．

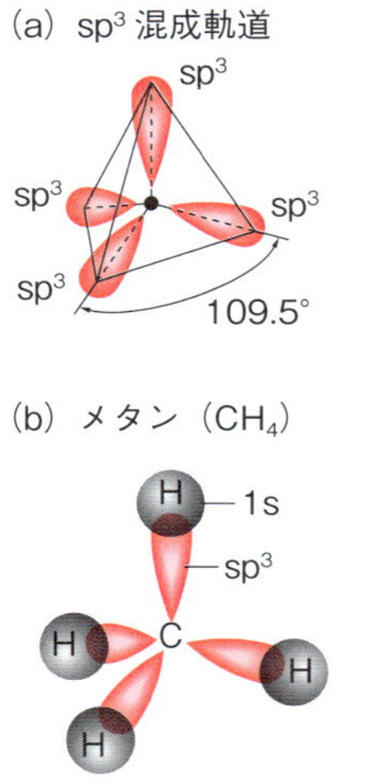

(a) sp³混成軌道

(b) メタン（CH_4）

図3-7 sp³混成軌道とメタン分子の形

◆ 3.1.3 アンモニアNH_3分子の形

B，C，N，OおよびF原子の化学結合には，2s軌道と2p軌道の両方が関与するので，これらの元素がつくる分子は混成軌道の概念を使って理解で

きる．前項では，炭素原子の水素化合物であるメタンについて述べた．次に，窒素原子の sp³ 混成軌道を見ていく．

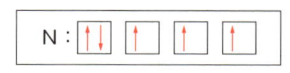

窒素は 15 族元素であるので，価電子数は 5 である．したがって，4 つの等エネルギーをもった sp³ 混成軌道に 5 個の電子を入れると，まず最初の 4 個の電子は炭素と同じように，スピンをそろえて入る．そして，残り 1 個の電子がスピンを逆にして入る．そうすると，非共有電子対が 1 つと不対電子が 3 個できる（図 3-8a）．この 3 個の不対電子が水素原子とそれぞれ共有結合をして，**アンモニア** NH₃ をつくる（図 3-8b）．アンモニア分子では sp³ 混成軌道の正四面体構造のうち，1 つが非共有電子対となって，残り 3 つが水素原子と結合電子対をつくる．したがって，窒素原子を 1 つの頂点とする三角錐型となる．アンモニア分子の H－N－H の結合角は 107.3° で，sp³ 混成軌道の角度 109.5° よりわずかに小さい．非共有電子対には原子が結合していないために，この sp³ 混成軌道のマイナス性は，原子が結合している他の 3 つの sp³ 混成軌道のマイナス性より大きい．そのため，結合軌道どうしの反発よりも，非共有電子対の軌道と結合軌道との反発が大きくなる．その分，結合軌道どうしの間の角度が狭くなり，H－N－H の結合角は 109.5° より小さくなる．

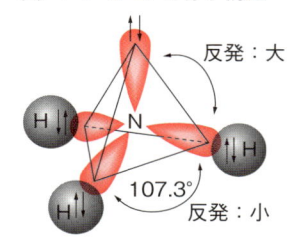

◆ 3.1.4 水 H₂O 分子の形

酸素原子に sp³ 混成軌道を適用すると，アンモニアと同様に水の分子構造が説明できる．酸素は 16 族元素であるので，価電子数は 6 である．したがって，sp³ 混成軌道に 6 個の電子が入り（図 3-9a），2 つの非共有電子対と，2 個の不対電子ができる．この 2 個の不対電子が水素原子とそれぞれ共有結合して，**水** H₂O をつくる（図 3-9b）．したがって，水分子は直線分子ではなく折れ曲がった結合をしている[*4]．H－O－H の結合角は 104.5° で，アンモニアの結合角よりさらに狭い．これも，アンモニア分子と同様に説明できる．非共有電子対の軌道のマイナス性はプラスの水素原子核と結合した結合軌道のマイナス性より大きい．したがって，混成軌道間のマイナス性による反発は，非共有電子対の軌道間が最も大きく，非共有電子対の軌道と結合軌道との反発がその次に大きく，結合軌道どうしの反発は最も小さくなる．このため，H－O－H の結合角が小さくなるのである．

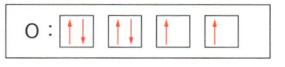

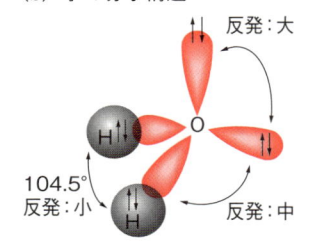

◆ 3.1.5 炭化水素 CₙH₂ₙ₊₂ の分子の形

メタン分子 CH₄ の炭素は sp³ 混成軌道をつくり，メタン分子は正四面体構造となる．では，炭化水素において，炭素原子と水素原子の比が 1：4（H/C＝4）よりも水素原子が減少した場合，どんな分子になるであろうか．

図 3-10 に H/C＝3 のときの炭化水素，**エタン** C₂H₆ の分子の形を示した．

(a) 窒素原子の sp³ 混成軌道

(b) アンモニアの分子構造

図 3-8 窒素の sp³ 混成軌道とアンモニア分子の形

(a) 酸素原子の sp³ 混成軌道

(b) 水の分子構造

図 3-9 酸素の sp³ 混成軌道と水分子の形

[*4] 水道水をゆっくり出し，しずくになって途切れないように，細い水の流れをつくる．ここに，下敷きかゴム風船をこすって静電気を発生させ近づけると，細い水の流れは曲がって，静電気を発する物体に引き寄せられる．この現象は，水分子が極性をもつことを表している．それは，水分子が直線ではなく，図 3-9 のような折れ曲がった形であることに起因する（3.5.2 項参照）．

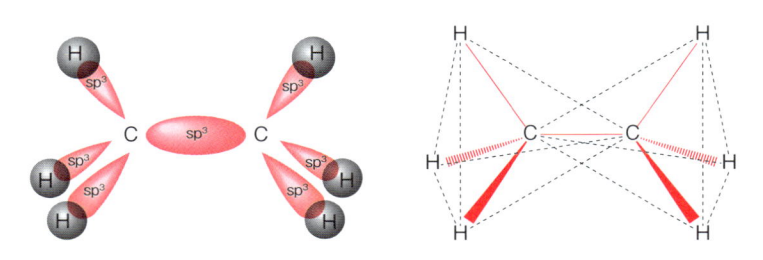

図 3-10　エタン分子の形

炭素1個に対して水素原子が3個だと，メタン分子を形成するのに水素原子が1個足りない．したがって，図3-6 に示した4つのsp^3混成軌道のうち，3つまでは水素原子と共有結合が形成でき，残ったsp^3混成軌道に不対電子が1個残ることになる．そこで，2つの$H_3C\cdot$において，残ったsp^3混成軌道が重なり合い，不対電子を1個ずつ出し合い，炭素ー炭素間で共有結合がつくられ，エタン分子ができる[*5]．図3-10 右のように2つの正四面体の頂点部分が重なり合った形をしている．

H/Cの値が2より大きい炭化水素分子C_nH_{2n+2}は，いくつもの炭素ー炭素結合が生じ，すべて単結合で結合する．そして，正四面体が重なり合った角度で複雑な分子がいくつもつくられる[*6]．

*5　H/C=4のとき，メタンが形成され，H/C=3のとき，エタンが形成されると述べたのは，あくまで便宜的なものである．実際の合成はそれほど単純ではなく，きちんとした化学反応式を書くことができ，物質のもつエネルギー条件（第5・6章で述べる熱力学の条件）を満足する必要がある．たとえば，メタンは炭化アルミニウムと水との反応，あるいは酢酸ナトリウムと水酸化ナトリウムとの反応で生成する．エタンは実験室で，酢酸の電解による酸化で生成する．

*6　C_nH_{2n+2}で表される炭化水素を一般に飽和炭化水素という．もうこれ以上，結合した炭素は水素と結合できないという意味である．このような炭化水素分子中の炭素原子はすべてsp^3混成軌道を形成している．飽和炭化水素だけでも非常に種類は多く，直鎖状分子や枝分かれした分子など，さまざまな分子が存在する．炭素原子が1000個以上もつながるポリエチレン分子もある（第11章参照）．

3.2　sp^2混成軌道

第2章で二重結合という化学結合を見てきたが，それを説明するには，sp^3混成軌道ではなく，sp^2混成軌道という考え方が必要になる．

◆ 3.2.1　三フッ化ホウ素BF_3分子の形

ホウ素Bは，13族元素に属するので，価電子数は3である．混成軌道は電子が存在して初めて形成される．したがって，ホウ素原子は基本的に4つのsp^3混成軌道を形成せず，s軌道とp軌道2個が混成化し，あらたに3つの**sp^2混成軌道**をつくる（図3-11）．ここにホウ素の3個の価電子がスピンをそろえて1個ずつ入る．混成しなかった1つのp軌道は元のエネル

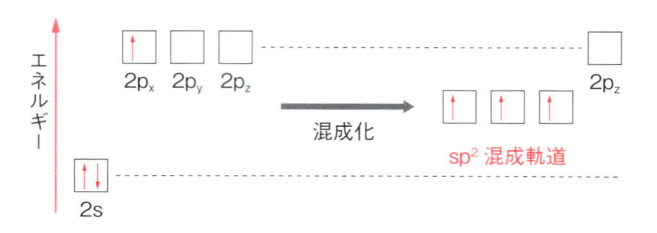

図 3-11　ホウ素の原子軌道の混成化とsp^2混成軌道

の位置に空のまま残る．

フッ素Fは17族元素で価電子数が7であり，3つの非共有電子対と1個の不対電子が存在する．この1個の不対電子が水素原子同様，共有結合を1つつくることができる[*7]．このフッ素原子が，図3-11に示したホウ素の3つのsp^2混成軌道の不対電子と共有結合して，**三フッ化ホウ素**BF_3を形成する[*8]．sp^2混成軌道は1つの平面を3分割する形，すなわち正三角形の形をとる（図3-12a）．そして，正三角形型の分子BF_3のF－B－Fの結合角はsp^2混成軌道がつくる角度120°と同じになる（図3-12b）．

[*7] 3個の不対電子は水素原子と共有結合してモノボランBH_3となると思われるが，実際にはBH_3は安定に存在しない．

[*8] 三フッ化ホウ素は常温で無色，不燃性の気体で，毒性がある．目や粘膜などを侵す．p型半導体（第9章参照）の作製時に重要な添加剤となる．また，高分子化合物を得るための重合反応を開始させる試薬としての働きがあるほか，有機化合物の化学反応における触媒としても働く．

(a) sp^2混成軌道　　(b) 真上から見たBF_3分子の形

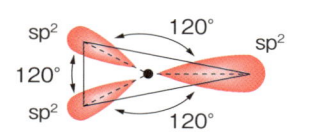

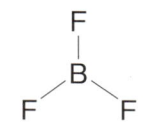

図3-12　sp^2混成軌道と三フッ化ホウ素分子の形

◆ 3.2.2　エチレンC_2H_4分子の形

3.1.5項で，炭素原子と水素原子の比が1：3（H/C=3）であるエタンC_2H_6について説明したが，さらに水素原子の数が減り，炭素原子と水素原子の比が1：2（H/C=2）となる分子に，**エチレン**C_2H_4がある．エチレンはルイス構造では図3-13aに示したように，二重結合をもつ．では，エチレンの分子の形はどのように考えればよいだろうか．

(a) ルイス構造式

(b) 炭素原子のsp^2混成軌道

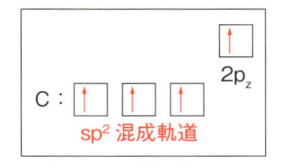

(c) sp^2混成軌道へのσ結合

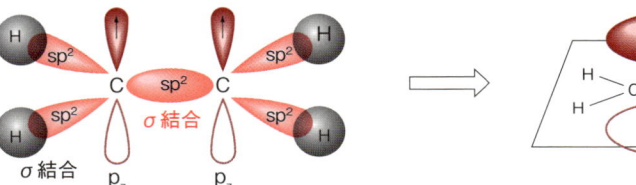

(d) p_z軌道どうしのπ結合

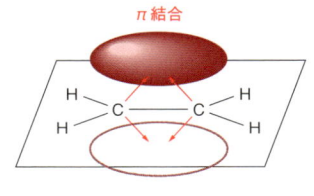

図3-13　エチレン分子の形成

2つの炭素Cでsp³混成軌道を考えると，炭素原子1つに2つの水素原子が共有結合し，さらに2つの炭素原子どうしが共有結合で結ばれると，どうしても共有結合ができないsp³混成軌道が1つでき，ここに不対電子が残る．この残ったsp³混成軌道は共有結合による安定化が得られない．したがって，エチレンではs軌道と2つのp軌道が混成化したsp²混成軌道がつくられ，残されたp_z軌道に不対電子が残る．この状態を図3-13bcに示す．この残されたp_z軌道は，炭素原子の原子半径が比較的小さいため，重なり合い，新たな結合をつくる（図3-13d）．こうして二重結合ができる．

通常のC—H結合やC—Cの単結合を**σ結合**（σ：シグマ）といい，図3-13dのような結合を**π結合**（π：パイ）という[*9]．σ結合では，共有結合にもとづく軌道の重なりはC—H結合およびC—C結合の軸上にある．これに対して，π結合では隣り合うp_z軌道が軸上ではなく，軸の上方および下方で重なり，新たな定在波をつくっている．この波の中央部分に電子が集まり，この方向に炭素原子核が引かれるためπ結合が生じるのである．π結合はC—C結合軸の外側に張り出しているため，σ結合より他の分子との反応性が高いという性質がある．

*9 炭素原子と同族のケイ素原子では，原子半径が大きいため，p軌道が重ならずπ結合を生じない．したがって，Si＝Si結合は安定ではない．

3.3 sp 混成軌道

sp混成軌道とは，その名からわかるように，s軌道と1つのp軌道が合わさったものである．三重結合はこれで説明することができる．

◆ 3.3.1 水素化ベリリウム BeH_2 分子の形

ベリリウムBeは2族元素であるので，価電子数は2で，原子価も2である．したがって，2個の水素原子と結合して，**水素化ベリリウム**BeH_2を形成する[*10]．この分子の形を考えてみよう．ベリリウムでは，1つのs軌道と1つのp軌道で混成化させた**sp混成軌道**ができ，残り2つのp軌道には電子は入らず，空軌道となる（図3-14）．

BeH_2分子はsp混成軌道に電子が1個ずつ入り，水素原子と共有結合を

*10 水素化ベリリウムは通常，白色固体であるが，気相の水素化ベリリウム分子は直線分子であることが確認されている．

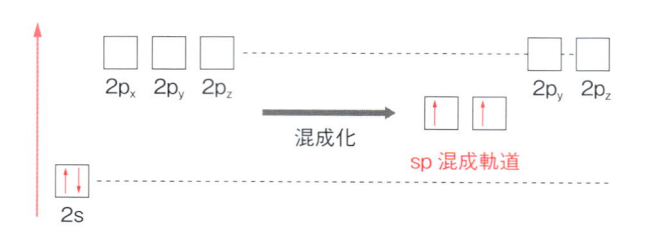

図 3-14 ベリリウムの原子軌道の混成化と sp 混成軌道

(a) sp 混成軌道　　　　　　(b) BeH₂ 分子

図 3-15　sp 混成軌道と水素化ベリリウム分子の形

してつくられる．したがって，BeH_2 分子の形は sp 混成軌道の形に依存する．sp 混成軌道の形は図 3-15 のように，2 つの sp 混成軌道が一直線になるので，結合角 H−Be−H は 180° となり，BeH_2 は直線分子となる．

◆ 3.3.2　アセチレン C_2H_2 分子の形

炭化水素において，エタン C_2H_6（H/C＝3）やエチレン C_2H_4（H/C＝2）よりも，さらに炭素原子に対する水素原子の数が減り，H/C＝1 となる炭化水素に**アセチレン** C_2H_2 がある[*11]．アセチレンは，ルイス構造式から三重結合をもっている（図 3-16a）ことがわかるが，4 つの原子がどのように配置されているかは，エチレン分子と同様に考えることができる．

炭素原子の原子軌道のうち，s 軌道と 1 つの p 軌道が混成して，図 3-16b に示したような 2 つの sp 混成軌道を形成する．炭素原子の 4 個の価電子は，まず 2 つの sp 混成軌道に 1 個ずつ配置され，残り 2 個は残った 2 つの p 軌道（p_y，p_z 軌道）にそれぞれ 1 個ずつ配置される．図 3-16c に示すように，2 つの sp 混成軌道に入った不対電子のうち，1 個は水素原子の s 軌道にある不対電子と共有結合を形成し，C−H 結合（σ 結合）をつくる．残り 1 つの sp 混成軌道の不対電子は，もう 1 つの炭素原子がつくる sp 混成軌道の不

*11　アセチレンは常温で気体で，褐色のボンベに保存する．酸素を入れて完全燃焼させると，3000℃ 以上の炎が得られ，鉄（融点 1538℃，沸点 2862℃）を溶かすことができるので，溶接に使用される．三重結合があるため反応性に富み，さまざまな物質を合成する原料となる（10.2.3 項参照）．近年，白川英樹がアセチレンをモノマーとする重合反応よりポリアセチレンを合成し，導電性を示す初めてのプラスチック材料を開発し，2000 年にノーベル賞を受賞した．

(a) アセチレンのルイス構造式　　(b) 炭素原子の sp 混成軌道

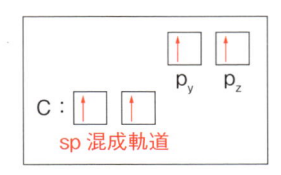

(c) sp 混成軌道への σ 結合　　(d) p_y，p_z 軌道どうしの π 結合

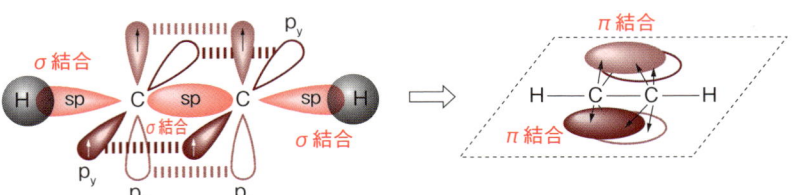

図 3-16　アセチレン分子の形成

対電子と共有結合を形成し,C—C 結合(σ結合)となる.そして,残された 2 つの p 軌道には,不対電子が 1 個ずつ入っている.今,C—C 結合軸を x 軸とすると,2 つの p 軌道のうち,1 つは y 軸方向に伸びており(p_y 軌道),もう 1 つは z 軸方向に伸びている(p_z 軌道).炭素原子の原子半径は比較的小さいため,この p_y および p_z 軌道は,隣の炭素原子に存在する p_y および p_z 軌道とそれぞれ重なり合い,2 つの共有結合(π結合)が形成される.1 つの σ 結合と 2 つの π 結合とで,合わせて三重結合となり,アセチレン分子は H,C,C,H の 4 つの原子が一直線上に並ぶ直線分子の構造をとる[*12].

◆ **3.3.3 二酸化炭素 CO_2 分子の形**

八隅子則を満足する中心原子が sp^2 混成軌道をもつ場合,通常,その原子は二重結合を形成する.それでは,sp 混成軌道をもつ場合,その原子はいつもアセチレンのような三重結合を形成するのだろうか.実は,三重結合を形成しないで,二重結合を 2 つつくる場合がある.

二酸化炭素は分子式が CO_2 で,炭素 C の価電子が 4,O の価電子が 6 であることから,総価電子数は 16 となり,この数を使って八隅子則を満足させてルイス構造式を書くと,**図 3-17a** のように,中心の C は二重結合を 2 つもつ.二酸化炭素の分子の中心の C は sp 混成軌道を形成し(**図 3-17b**),sp^2 混成軌道を形成している 2 つの酸素原子 O と σ 結合を形成する(**図 3-17c**).2 つの O の残り 4 つの sp^2 混成軌道には非共有電子対が入る.そして,最後に残った O と C の p_y および p_z 軌道の重なりによって,2 つの π 結合が生じる(**図 3-17d**).**図 3-17cd** には π 結合を含む平面を点線で描い

[*12] アセチレンよりさらに水素原子が減少し,0 になった場合,C_2 分子はできるのであろうか.この場合,ルイス構造では C—C 結合が四重結合なら,八隅子則を満足する.しかし,s 軌道どうしの σ 結合と,残りの 3 つの p 軌道による π 結合は,p_x 軌道が軸上に存在するために同時に形成できない.したがって,sp 混成軌道がすぐに形成され,不対電子が 2 個となるため,C_2 分子は通常,O_2 や N_2 のように安定に存在できない.

(a) 二酸化炭素のルイス構造式

(b) 炭素原子の sp 混成軌道と酸素原子の sp^2 混成軌道

(c) sp 混成軌道と sp^2 混成軌道の σ 結合

(d) p_y, p_z 軌道どうしの π 結合

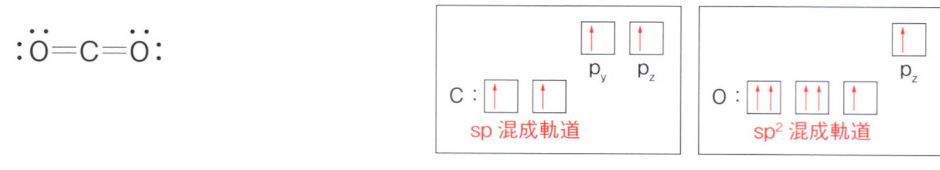

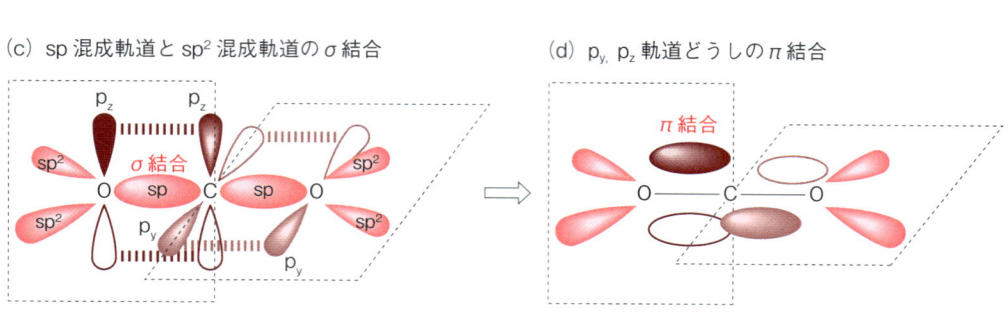

図 3-17 二酸化炭素の分子の形成

たが，2つのπ結合は同一平面上にない．以上のように二酸化炭素は，中心炭素原子がsp混成軌道を形成するため，直線分子となる．

3.4 共鳴構造

第2章で学んだオゾンの共鳴構造は，混成軌道の考え方を用いると，違った見方ができ，そのしくみがよくわかる．

◆ 3.4.1 オゾン O_3 分子の形

2.1.7項で述べたように**オゾン** O_3 分子は二重結合と単結合からなる．この2つの結合は共鳴していて，端にある2つの酸素原子は等価である．これを混成軌道で置き換えて考えてみる．中心の酸素原子は sp^2 混成軌道をとり，両端の酸素原子では，二重結合を形成している酸素は sp^2 混成軌道，単結合を形成している酸素は sp^3 混成軌道を形成していると考えると，ルイス構造との対応関係がつく（図3-18a）．

しかし，**共鳴構造**は，sp^2 混成軌道と sp^3 混成軌道が共鳴によって変化すると考えるよりは，すべての酸素が sp^2 混成軌道をとると考えると，理解しやすい（図3-18b）．まず，sp^2 混成軌道どうしで共有結合により，O—O単結合をつくる．残った合計5つの sp^2 混成軌道には非共有電子対が入る．そして最後に残された3つの p_z 軌道が重なり合い，p_z 軌道間に4電子が分布する．これにより共鳴構造における2つの極限構造の中間的な結合[*13]がイメージできる．中心酸素原子における結合角は117°で sp^2 混成軌道の角度120°より少し小さい．これは，中心酸素における結合電子対間の静電反発が，結合電子対と非共有電子対間の静電反発より小さいことから理解できる（図3-19）．このように，オゾン分子は折れ曲がった形をしており，水分子 H_2O の形と似ているが，あきらかに結合様式が異なることがわかる．

[*13] この結合のことを三中心四電子結合という．

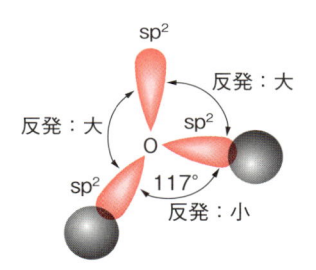

図3-19 オゾン分子の中心角

(a) 共鳴による変化を表したルイス構造式と対応させた場合

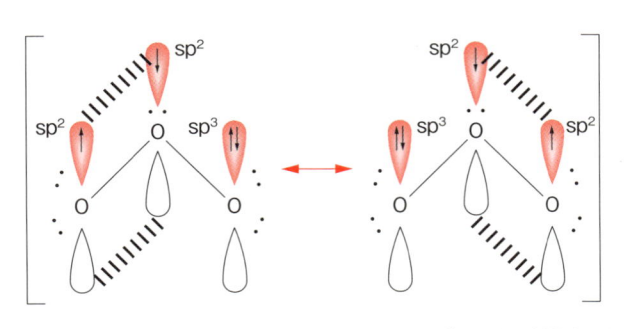

(b) すべての酸素が sp^2 混成軌道をとると考えた場合

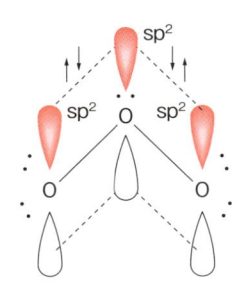

図3-18 オゾンの共鳴構造と混成軌道

◆ 3.4.2 ベンゼン C_6H_6 の形

ベンゼンは C_6H_6 で表され，そのルイス構造式は**図 3-20a 左**に示すように二重結合と単結合が3つずつ組み合わさった環状構造をしている[*14]．この式から，6つずつ存在する水素および炭素原子はそれぞれ等価であることがわかり，実際と一致する．しかしながら，炭素原子間の各結合は二重結合と単結合からなっており，この2種類の結合は等価ではなく，実際と一致しない．そこで，**図 3-20a 右**に示したように二重結合と単結合の組み合わせを入れ替えた構造を考え，これら2つの構造を極限とする共鳴構造によって，結合の等価を説明することができる．

さらに，混成軌道を使ってベンゼンの構造を説明すると理解しやすい．ベンゼン分子中の6個の炭素原子がすべて sp^2 混成軌道をつくった場合，**図 3-20b** に示すように sp^2 混成軌道どうしで共有結合をつくり，C が正六角形につながる**ベンゼン環**ができあがる．外側に向いた残りの sp^2 混成軌道と水素原子の s 軌道は共有結合し，C－H 結合ができる．sp^2 混成軌道はすべて同一平面上にあるので，すべての原子は同一平面上に存在する．そして，最後に残った6個の p_z 軌道は互いに腹の部分で重なり合い，C－C σ 結合の六角形の上下に環状の π 結合が生じ，6個の電子がこの環を回っていることになる．これで，すべての C－C 結合が等価であることが理解できる．

> [*14] ベンゼンは，発電の原理である電磁誘導を発見した物理学者マイケル・ファラデーによって1825年に発見された．ベンゼンの六員環構造は1865年にドイツの有機化学者ケクレによって提唱され，ケクレ構造ともいわれる．ケクレは夢の中で1匹の蛇が自分の尾を咬んでぐるぐる回っている夢（異説には6人の小人が手をつないでぐるぐる回っている夢）を見て思いついたといわれている．

(a) ベンゼンの共鳴構造

(b) ベンゼン分子の形成

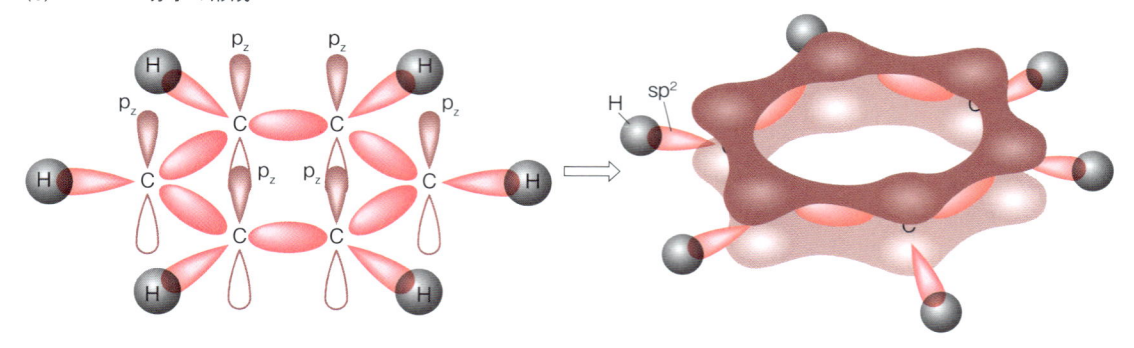

図 3-20 ベンゼンの共鳴構造と分子の形

3.5 電気陰性度と極性分子

分子の形は分子がもっている物理的性質や化学的性質に大きな影響を与えている．それは電気的な偏りによって，共有結合が必ずしも電子を等しく共有しないことから生じている．そのしくみを見ていこう．

◆ 3.5.1 電気陰性度

結合している原子が異なる場合，それぞれが出し合った電子は等しく分けられるわけではなく，電子を引きつけやすい原子のほうに偏って存在するため，その原子は電気的に陰性（マイナス性）を帯びる．もう一方の原子はその分の電子を失うため，陽性（プラス性）を帯びる．

化学結合が生じる場合，その結合においてどの程度電子を引きつけるかについての度合いを示した指標に，**電気陰性度**というのがある．これは，ポーリングが結合エネルギーの実測値から割り出したもので，図3-21に示した．

2つの原子の結合を考えた場合，族が同じで周期が小さければ，結合電子と原子核の距離は小さくなるので，電子が引きつけられやすくなる．したがって，族が同じで周期が小さいほど，電気陰性度は大きい．また，同じ周期で考えると，族が大きくなると原子番号が大きくなり，原子核の陽子の数が大きくなるため，電子を引きつけやすくなる．したがって，同一周期で族数が大きくなればなるほど，電気陰性度の値は大きくなる．

水素は，電子を1個得るとK殻が満たされHe原子と同じ電子配置となれるため，電子を引きつけやすく，比較的大きな値2.1をもつ．しかし，第2周期以降では，アルカリ金属は電子を1個失うと安定な希ガスの電子配置

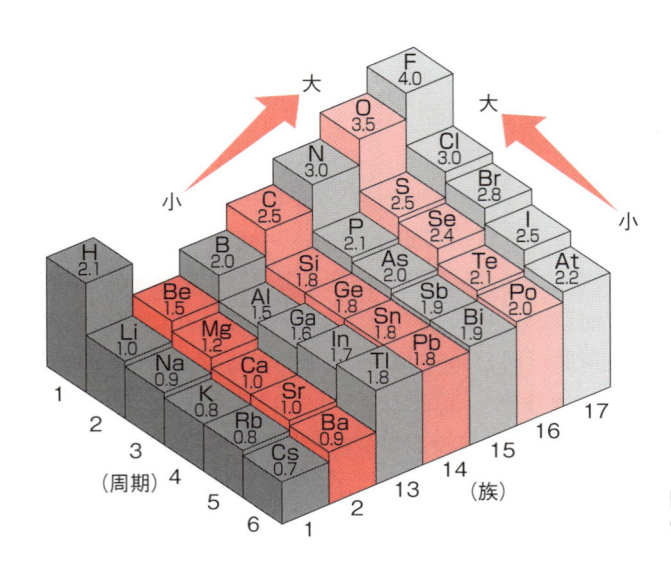

図3-21 電気陰性度

となるので陽イオンになりやすく，最も電気陰性度が低い．すべての原子のうちで第7周期1族フランシウム Fr が最も低い電気陰性度0.7をもつ．

電子があと1個増えると s, p 軌道が満たされるのは17族元素のハロゲンである．しかも，同一周期内では結合電子は最も大きな原子番号であるハロゲン原子に最も強く引きつけられやすくなるため，第2周期17族元素であるフッ素が最も大きい電気陰性度4.0をもつ．

なお，18族元素である希ガス元素では通常，安定な化合物を形成しないので，結合が生じず，電気陰性度そのものの考え方が適用できない[*15]．

*15 クリプトン Kr やキセノン Xe については化合物が知られており，その電気陰性度はそれぞれ3.0, 2.6となっている．

◆ 3.5.2 極性分子

同じ原子が結合した2原子分子（同核2原子分子）は，2つの原子がもつ電気陰性度は必ず等しいので，その共有結合において，出し合った結合電子は必ず等しく分けられ，極性をもたない分子（**無極性分子**）となる．O_2 や N_2 は無極性分子であり，分子どうしが引き合う**分子間力**は極めて弱いため，常温で気体として存在している．

異なる原子間の共有結合では，電気陰性度の大きい原子がより電子を引きつけて電気的にマイナス性を帯び，電気陰性度の小さい原子がプラス性を帯びる．つまり，異なる2つの原子が結合した分子（異核2原子分子）は，電気陰性度の差に応じて**極性分子**となる．

3原子以上からなる分子では，結合が2つ以上になるので，それぞれの結合がつくる極性を合わせた極性が分子の極性となる．

図3-22に二酸化炭素と水の極性を示した．二酸化炭素は2つの C=O 二重結合からなり，その電気陰性度は C:2.5, O:3.5 であるため，炭素がプラスに，酸素がマイナスに帯電し，C=O 二重結合は分極している．しかし，CO_2 の分子の形は，3.3.3項で説明したように直線分子である．したがって，2つの結合の極性は打ち消し合って，分子の極性はなくなる．すなわち，二酸化炭素は無極性分子である．一方，水分子は2つの O-H 単結合からなり，その電気陰性度は O:3.5, H:2.1 であることから，O がマイナスに，H がプラスに帯電する．さらに，折れ曲がった形をしているので，2つの O-H 単結合の極性が合わさって**図3-22b** の赤い矢印で示したような極性が水分子に現れることになる．この極性のことを**双極子モーメント**とよぶ．+ と → を組み合わせた記号で示され，矢印はプラスからマイナスに向かって書く．無極性の二酸化炭素分子は，分子間力がきわめて弱く，常温で気体である[*16]．一方，有極性の水分子は，分子間力が強く，常温で液体である．

このように分子の形と分子の双極子モーメントには密接な関係が生じる．**図3-7**に示したメタン分子 CH_4 では，C-H 結合はその電気陰性度がそれぞれ，2.5 と 2.1 でほんのわずかしか極性をもたない．さらに，正四面体構

*16 分子は，分子間力による相互作用よりも運動エネルギーのほうが大きいと，通常，気体状態で存在する．温度が下がって，運動エネルギーが減少すると，分子間力が束縛力となって，どこかで分子の運動を止める．これが液化（凝集ともいう）という現象で，気体分子は分子間力によって互いに引き合って液体になる．分子に極性があると，プラスとマイナスが引き合って，双極子-双極子相互作用の分子間力が大きくなるので，より高い温度で液体になりやすい．極性のない分子は双極子-双極子相互作用がないので，温度をかなり下げてやらないと液化しない．

3.5 電気陰性度と極性分子

(a) 二酸化炭素

電気陰性度

3.5　2.5　3.5
O＝C＝O

極性なし

(b) 水

3.5
O
2.1 H　　H 2.1

双極子モーメント

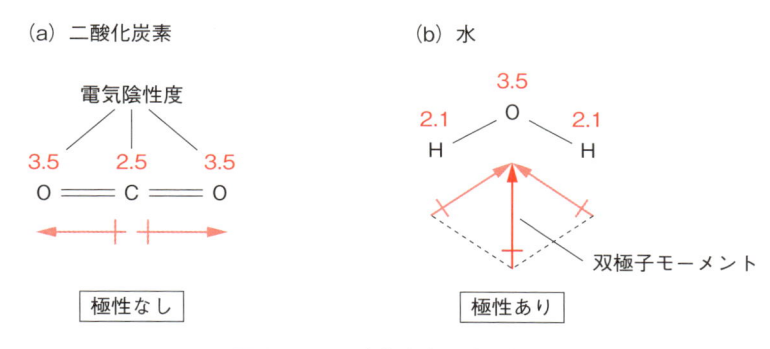

極性あり

図3-22　二酸化炭素と水の極性

造をしているので，その極性はつり合って，無極性となる．これに対して，**図3-8**に示したアンモニア分子 NH_3 では，N–H 結合はその電気陰性度が 3.0 と 2.1 と比較的大きな差があり，極性をもつ．そして，さらに，極性が打ち消し合う形ではないため，水分子同様，双極子モーメントをもつ．

Topic　CO_2 以外の温暖化犯人説

二酸化炭素 CO_2 が温暖化の原因物質であることに疑問をもっている科学者も，少数派だが存在する．この議論を正しく理解するためには，否定派の主張が温暖化 CO_2 犯人説に対して，「肯定しているか強くは否定していない部分」と「否定している部分」とに分ける必要があるだろう．

否定派が肯定もしくは強く否定していない部分
1. CO_2 は産業革命以降，増加している．すなわち，CO_2 増加は人為的なものである．
2. CO_2 やその他の温暖化ガスが赤外線を吸収し，温室効果をもたらすメカニズムそのもの．

否定派が否定している部分
1. 必ずしも CO_2 濃度が増加したから，温度が上昇したとは考えられない．過去のデータでは，温度が上昇したので CO_2 濃度が増大したと考えられる場合がある．すなわち，原因と結果が逆である．
2. 地球は温暖化よりは，むしろ寒冷化している．
3. CO_2 の温暖化のメカニズム自体は否定しないが，過大評価しすぎている．

そのほかにもさまざまな議論が専門家の間でなされてきたが，はっきりとした結論は出ていない．しかし，温暖化 CO_2 犯人説をとる専門家が提出しているデータは非常に多い．懐疑派の多くは，肯定派のこのデータに対して反論しているものが多いが，懐疑派が正しいことを証明するには，やはり温暖化の真犯人を見つけて突きつけるべきだろう．懐疑派は，太陽活動（黒点），宇宙線，紫外線や太陽風などの自然変化を温暖化の原因に挙げているが，これとても，さらなる観測データが必要で，今のところ懐疑派が肯定派を打ち負かす状況にはほど遠い．ただ，懐疑派の意見を取り入れてそれが誤りであったときと，肯定派の意見を取り入れてそれが誤りであった場合を比べると，前者のほうが地球環境のダメージははるかに大きい．なぜなら，前者の場合，温暖化に対して，人間は何の対策もしなくなるからである．

◆ 3.5.3 分子の振動と赤外線の吸収

太陽光のうち，赤外線は，分子の振動と同じ周波数をもっている．そのため分子が振動すると，赤外線が吸収される．吸収された赤外線は，分子の振動と共鳴して振動を活発にし，分子の温度は高くなる．そのため，赤外線は熱線とよばれる．

二酸化炭素やメタンは無極性分子であるが，結合には極性があるため，結合の対称性が崩れて双極子モーメントが変化するため，分子が揺れ動き，赤外線を吸収する．3原子以上の分子ならば，必ずこのことは生じる．

二酸化炭素が赤外線を吸収し，温室効果ガスとして働くのは特別なことではない．問題になっているのは，本来ならば，地下に眠っていた化石燃料を人間が取り出して燃焼したために発生した二酸化炭素が増えすぎたということであり，それが原因で地球温暖化が危惧されているのである[*17]．

> ミニTopic
>
> *17 同じ原子2個が結合した分子（同核二原子分子）はまったく極性が存在せず，赤外線を吸収しない．したがって，空気中に非常に多く含まれる窒素ガス N_2 や酸素ガス O_2 は温暖化ガスとはならず，3原子以上の気体分子が赤外線を吸収することになる．二酸化炭素やメタンなどのほかに，温室効果ガスとして，一酸化二窒素 N_2O，トリフルオロメタン CF_4 などのパーフルオロカーボン類 PFC，六フッ化硫黄 SF_6 などが知られている．しかし，二酸化炭素の増加量が圧倒的に大きく，地球温暖化の問題の解決には，やはり二酸化炭素の排出を削減するしかない．

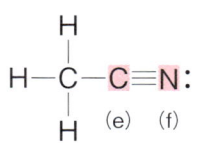

練習問題

Q1 BF_3 の中心元素は sp^2 混成軌道で説明できる．BF_3 分子の形を図で示せ．

Q2 下図にメタン CH_4 の中心原子 C の原子軌道の混成化を示した．軌道図の枠中に電子スピンを表す矢印↑または↓を書き入れて図を完成させよ．（s 軌道にはあらかじめ電子スピンの矢印が入れてある．）

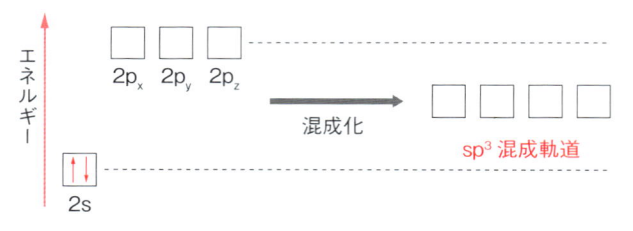

Q3 左図の酢酸とアセトニトリルの分子のルイス構造式から，(a)～(f) の色をつけた部分の原子の混成軌道が，① sp 混成軌道，② sp^2 混成軌道，③ sp^3 混成軌道 のいずれであるか，番号で答えよ．

Q4 次の①～⑥の分子から無極性分子を選び，番号で答えよ．電気陰性度は，H：2.1，C：2.5，N：3.0，O：3.5，S：2.5，Cl：3.0 とする．
① 二酸化硫黄 SO_2 ② 硫化水素 H_2S ③ クロロホルム $CHCl_3$
④ アセチレン $HC≡CH$ ⑤ アンモニア NH_3 ⑥ 四塩化炭素 CCl_4

Q5 炭酸ガスが温室効果ガスとして作用するメカニズムを説明せよ．

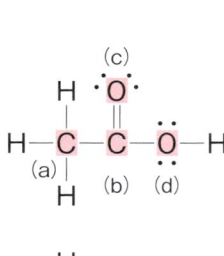

第4章 物質の三態

4.1 水の状態図
4.2 溶液の濃度
4.3 溶液の状態図

水 問 題

Introduction

水は化学的に見ると極めて異常な物質である．水の分子量は，酸素や窒素の分子に比べてずっと小さいにもかかわらず，酸素や窒素が気体であるのに対して，水は常温で液体になり，0℃以下では固体となる．また，固体が液体より軽く，液体の水は4℃で最も重い．表面張力は水銀の次に大きく，イオンなどを大量に溶解できるなど，ほかの液体にはない性質をもつ．

この化学的に異常な液体である水は，地球上におよそ14億 km^3 もの膨大な量が存在する．しかし，そのほとんどの水は図4-1に示すように海水として存在し，淡水は約2.5%しかない．さらに，地下水・湖沼・河川など，生活に利用できる淡水となると，地球上の水の約0.8%しかない．

これらの水はダイナミックに循環しているが，その循環は海水からの水の蒸発と降雨によりもたらされるもので，場所，季節，年および長期的気候変動により偏りが生じる．また，地下水は長い時間を経てたまった水であり，一度に大量に使うと不足し，農耕地の不毛化が起こる．中東，エジプト，インド等でこの問題が深刻化している．したがって，地表に存在するすぐに利用可能な水は，0.02%の湖沼および河川の水資源だけである．それも化学物質等で汚染されたりすると農業用水にも飲料水にも使えず，無駄に海水に戻ってしまう．このように，膨大に存在するように見える水資源も，実は限りがあるのである．

日本は，夏の一時期をのぞけば，水不足には見えない．しかし実は，外国から非常に大量の水（年間約800億 m^3）を輸入している．もちろん，生の水をそのまま輸入しているのではない．日本は食料の6割以上を外国から輸入しているが，その食料を生産するのに，実は大量の水が使われているため，間接的に水を輸入していることになるのだ．つまり日本は，食品を生産する外国の水資源に依存しているわけである．このような水のことを仮想水（バーチャルウォーター）という．

限りある水資源を有効に使うためには，持続可能な水利用システムを世界的規模で構築する必要がある．飲料水の確保のために，海水の淡水化技術の発展も望まれる．こうした最新技術を発展させる観点からも，「水とは何か」について知る必要がある．本章では，その基礎となる水素結合，物質の三態および溶液の性質などを学ぶ．

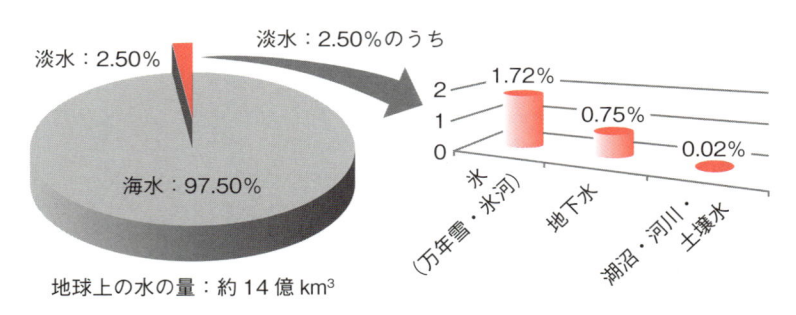

図4-1 地球上の水の分布

4.1 水の状態図

水は，液体の水，水蒸気，氷と状態を変える．その変化において，他の物質とは違う際だった性質をもつ．それはどんなものかを見ていこう．

◆ 4.1.1 水素結合

フッ素 F，酸素 O，窒素 N の電気陰性度はそれぞれ 4.0，3.5，3.0 とほかの元素に比べて高い（図 3-21 参照）．これらの原子と水素原子の共有結合は，電気的な偏りが大きく，結合の分極が非常に大きくなる[*1]．そのため，F—H⋯F，O—H⋯O，N—H⋯N の分子間の⋯部分で**分子間力**が働く．この分子間力は特にほかの分子間力よりも強いことから，**水素結合**とよばれている．

水 H_2O の場合，$H_2O⋯H—O—H⋯OH_2$ と 2 本の水素結合ができることになる．しかも，水分子は 3.1.4 項に示したように折れ曲がった形をしていることから，水分子には穏やかな水素結合の連鎖ができあがる（図 4-2）．これが，水という物資に特異的な性質を与えている．室温で液体であり，0℃ で固体になり，氷が水に浮くのも，アイススケートで氷の上を滑ることができるのも，この水分子に働く水素結合によるものである．

窒素と水素による水素結合も自然界では重要な働きをしている．DNA は生命活動において，特に重要な分子であるが，DNA が二重らせんを構成していることは，今では誰もが知っているであろう．この二重らせんを形成する力は，N⋯H の間の水素結合によるものである（第 12 章参照）．

◆ 4.1.2 水の蒸気圧

手のひらにのせた水滴を口で吹いても水はほこりのように舞い上がらない．水分子は運動をしているが，水素結合の束縛力のほうが大きいため，お互いに引き合い，液体状態になっているからである．しかし，われわれはコップの中に存在する水がいつの間にかなくなっていることを経験する．これは，水面の水分子が水素結合の束縛力を逃れ，空気中に気化して拡散したためである．図 4-3 のような装置を使うとそれを確かめることができる．

フラスコ内をまず真空にし，フラスコを遮断して密閉する．このとき，フラスコの左部分の圧力計は 0 mmHg[*2] である．そして，十分時間が経過し液体の温度が t℃ になる．液体の水分子は温度が高くなればなるほど，分子運動が激しくなり，分子間力（水では水素結合）から逃れ，フラスコの真空部分に気体分子として放出される．放出された気体分子はフラスコ内の液体以外の空間に拡散し，圧力を示す．気体分子の数が増大すればするほど，この圧力は増大する．一方で，気体分子は液体分子との分子間力（水では水素

[*1] リチウムやナトリウムなどアルカリ金属元素は，水素より電気陰性度が小さく，さらに分極が大きくなるので，共有結合ではなく，イオン結合となってしまう．

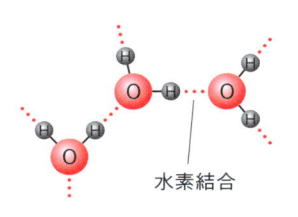

図 4-2 水分子の水素結合

[*2] 水銀柱の長さ（mm）で圧力を表した単位．760 mmHg＝1 atm（気圧）＝101.3 kPa＝1013 hPa

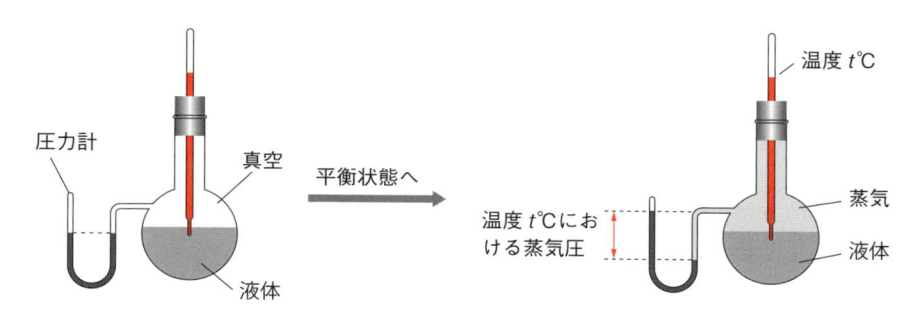

図 4-3　温度 t℃における蒸気圧の測定原理

結合）で引きつけられて，また液体状態になる．気体から液体への液化速度は，気体分子の数，すなわち圧力に依存する．したがって，液体から気体への**気化**速度と気体から液体への**液化**速度はあるところでつり合い，液体と気体の間で**平衡状態**となる．

$$液体 \underset{液化}{\overset{気化}{\rightleftarrows}} 気体$$

この平衡状態における圧力のことを温度 t℃における液体の**蒸気圧**という．

◆ **4.1.3　蒸気圧曲線**

いろいろな温度で蒸気圧を測定して，グラフ化したものを**蒸気圧曲線**という．図 4-4 に水，エタノール，ジエチルエーテルの蒸気圧曲線を示した．水の蒸気圧曲線では，温度が上がるにつれ蒸気圧が次第に増大している．温度上昇とともに水分子の運動が激しくなり，分子間に働く水素結合に打ち勝って，気体となる分子数が多くなるためである．

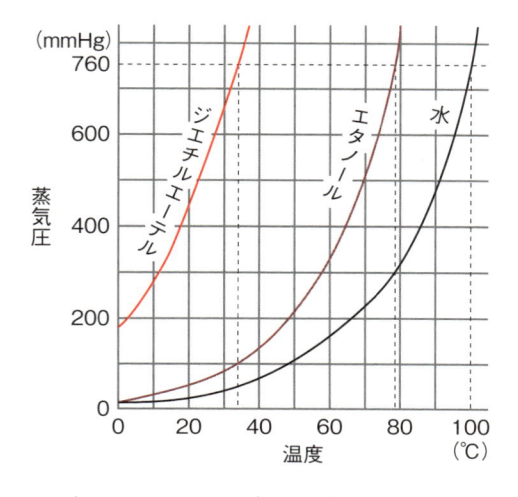

図 4-4　水，エタノール，ジエチルエーテルの蒸気圧曲線

温度がさらに上昇して，100℃に達したとき，蒸気圧は大気圧と等しい760 mmHgになる．図4-3のような密閉した容器中では特別な現象は起きないが，フラスコ上部の栓を抜いて開放すると，わずかの加熱で蒸気圧が大気圧より大きくなるため，液体内部からも気化する**沸騰**が起こる．1気圧（760 mmHg）での水の沸点は100℃である．外気の圧力が変化すると沸点も変化する．たとえば，外気の圧力が500 mmHg（0.658気圧）のとき，沸点は92℃となることも図4-4からわかる．逆に，外気の圧力を約150気圧まで高めると，沸点は約300℃まで高まる[*3]．

次に，エタノールの蒸気圧曲線を見ると，水より蒸気圧が常に高いことがわかる．エタノール分子の分子間力が水より弱く，気化しやすいためである．ジエチルエーテルでは水，エタノールの蒸気圧より常に高くなっている．ジエチルエーテルは，さらに分子間力が弱いことを示している．

図4-5に水，エタノールおよびジエチルエーテルの化学構造を示した．水素結合が可能な部位はO—H結合の部分で，分子間で水素結合を形成する．水分子は分子内に2つの水素結合部位をもつのに対し，エタノールでは1つの水素結合部位しかない．このため，エタノールの分子間力は水の分子間力より弱く，蒸気圧が増す．ジエチルエーテルには水素結合部位はなく，分子間力が著しく弱い．そのため，蒸気圧も非常に高くなる．蒸気圧の増大は，蒸気圧が大気圧の760 mmHgに達する温度を低下させるため，エタノールおよびジエチルエーテルの沸点は，それぞれ78℃，35℃と低い．

> ミニTopic
> [*3] 富士山頂（約0.64気圧）でお湯を沸かすと，お湯は90℃ぐらいにしかならない．火力・原子力発電所では圧力を約150気圧まで高め，沸点300℃にしてノズルから蒸気を噴出させると，圧力が急に低下し，噴出速度が増加する．この蒸気をタービンに当てると，勢いよく回り，高出力の電力が得られる．現在では，さらに圧力を高め，沸点600℃まで上げるタービンもある．

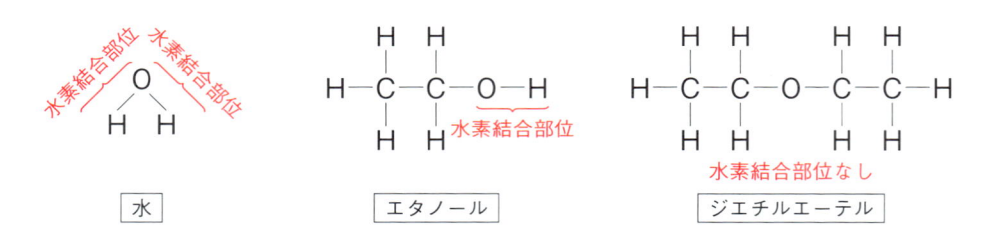

図4-5 水，エタノール，ジエチルエーテルの水素結合部位

◆ 4.1.4 融解と昇華

液体の温度がどんどん低下すると，液体分子の運動エネルギーは次第に減少し，ついには分子がきれいに並び，**結晶**を形成し始める．液体分子の運動エネルギーは固体になることで停止し（**凝固**），熱エネルギーを放出する．熱エネルギーを外部から取り去ると，結晶が成長する．熱エネルギーを取り去ることをやめると，放出された熱エネルギーは固体中で停止していた分子に吸収され，分子が動き出し，固体分子は溶けて液体になる（**融解**）．

固体と液体の平衡状態では，凝固速度と融解速度がつり合っている．

$$固体 \underset{凝固}{\overset{融解}{\rightleftarrows}} 液体$$

温度をさらに低下させると，この平衡は左に移動し，すべての液体が固体になる．そのとき，上に示した平衡はなくなってしまう．液体がすべて固体になってしまうと，液体－気体状態間の平衡もなくなり，下記に示すように固体状態と気体状態の平衡が成り立つ．

$$固体 \underset{昇華}{\overset{昇華}{\rightleftarrows}} 気体$$

固体から直接気体になる現象を**昇華**という．また，気体から直接固体になる現象も昇華という[*4]．

◆ 4.1.5 水の状態図

図 4-6 に水の**状態図**を示した．これは，気体，液体，固体間の平衡状態における温度と圧力の関係を示したグラフである．曲線 AT は蒸気圧曲線を表し，BT は固体－液体状態間の平衡を表す曲線で，**融解曲線**という．曲線 CT は固体－気体状態間の平衡を表す曲線で，**昇華曲線**とよぶ．

1013 hPa（1気圧）での**沸点**は 100℃ で，**融点（凝固点）**は 0℃ である．曲線 AT，BT および CT が交わっている点 T は**三重点**とよばれる．密閉したフラスコ内の水をいったん凍らせ，真空にする．その後，密閉した状態で熱を加えると，氷が溶け，フラスコ内に氷，水，水蒸気の3つの状態が同時に存在するようになる[*5]（**図 4-7**）．この状態の間，温度は 0.01℃，蒸気圧は 6.1 hPa の値を示し続ける．

図 4-6 に示した水の状態図において，他の液体とは異なる特徴がある．それは，融解曲線 BT の傾きが負であることである．他の液体では正の傾きをもつ．イメージしにくいが，この傾きが負であることは，固体である氷の密度が液体である水の密度より小さいことに起因している[*6]．アイススケー

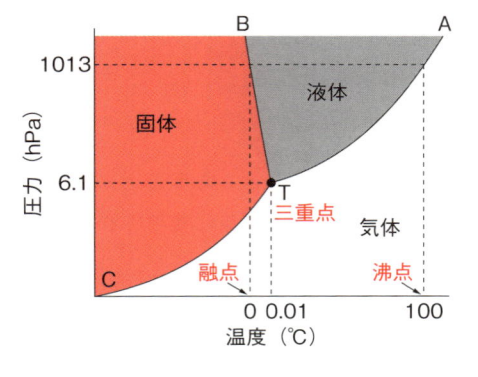

図 4-6 水の状態図

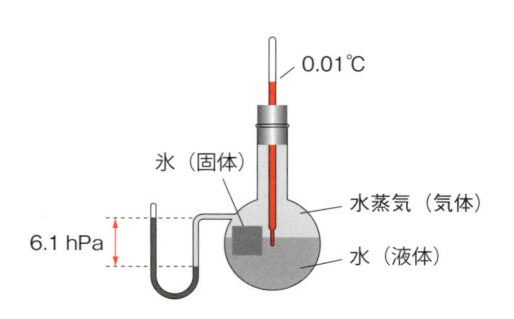

図 4-7 水の三重点の状態

*4 インスタントコーヒーやインスタントラーメンなどの製造に使われているフリーズドライ製法は，この現象を利用したもので，固体－気体状態間の平衡状態から，徐々に気体を取り去ることで，液体状態を経ないで乾燥させる方法である．

*5 空気が含まれない容器の中で氷と水と水蒸気が存在するというのは，固－液平衡，気－液平衡および固－気平衡のすべてがつり合っている状態である．つまり，三重点では，固体から気体，気体から固体への昇華速度，固体から液体への融解速度，液体から固体への凝固速度，液体から気体への気化速度，気体から液体への液化速度がすべてつり合う．

*6 氷の密度が水の密度より小さいことは，地球環境に大きな影響を与える．もし，氷の密度が水の密度より大きいと，寒い冬に湖の水が水面で冷やされ，氷は沈み，底の方から凍る．すると，湖の水はすぐにすべて氷になり，水中に生きている魚や昆虫などの生物は死に絶えてしまう．しかし，実際には，氷は水より軽いので水面に浮かび，水面付近の水だけが凍る．氷は固体なので対流せず，断熱効果が高いので，湖の水すべてが凍ってしまうことはない．さらに 4℃ の水が最も密度が高いため，湖の底は 0℃ ではなく，4℃ が維持され，生物が生きながらえることができる．

トで滑ることができるのは，アイススケートのエッジに全体重がかかり，氷に大きな圧力がかかったとき，融解曲線の傾きが負であるため，固体状態から液体状態に移動し，氷が溶けて滑るようになるからである．これが，他の液体のように正の傾きであるならば，圧力をかけても，固体から液体にはならず，滑ることはできないであろう．

4.2 溶液の濃度

水はいろいろな物質を溶かすが，溶かした後の液体のことを**溶液**とよぶ．溶液中に溶けている物質のことを**溶質**といい，溶質を溶かしている水のような媒体を**溶媒**という（図4-8）．そして，どのくらい溶質が溶けているかの度合いを示すのが**濃度**である．濃度にはいろいろあるが，扱う対象によってこれらを使い分けよう．

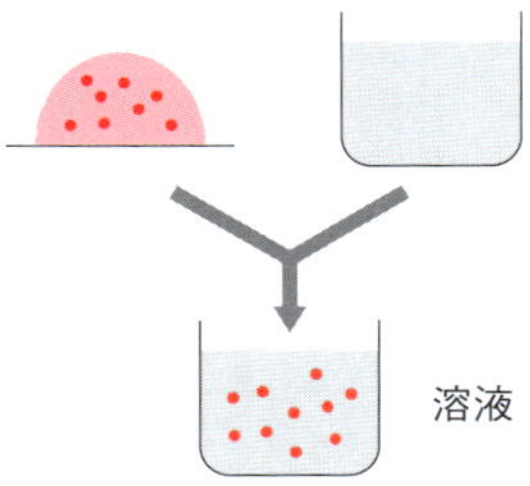

図4-8 溶液，溶質，溶媒

◆ 4.2.1 モル濃度

溶液1L中に溶けている溶質の物質量（mol）を**モル濃度**という．その定義は式（4.1）で与えられる．濃度の単位mol/Lを単にM（モーラー）と表すときもある．

$$\text{モル濃度 (mol/L)} = \frac{\text{溶質の物質量 (mol)}}{\text{溶液の体積 (L)}} \tag{4.1}$$

この濃度は一定体積中に存在する溶質分子どうしが衝突する確率に比例するため，反応速度論や化学平衡における溶質濃度に使用される（第6章参照）．また，4.3.4項で説明する浸透圧の現象にも使用される．

◆ 4.2.2 質量モル濃度

溶媒1kgに溶けている溶質の物質量（mol）を**質量モル濃度**という．定義は式（4.2）で与えられる．

$$\text{質量モル濃度 (mol/kg)} = \frac{\text{溶質の物質量 (mol)}}{\text{溶媒の質量 (kg)}} \tag{4.2}$$

式（4.2）において，溶液1kgではなく，溶媒1kgであることに注意する．質量モル濃度は4.3節の沸点上昇や凝固点降下の現象に使用される．

◆ 4.2.3 モル分率

溶液中に含まれる化学種を成分1, 2, 3, ……, i, ……とした場合，全体の物質量（mol）の合計に対する各成分の物質量（mol）の分率をその成分の**モ**

ル分率という．各成分の物質量を n_1, n_2, n_3…とし，i 成分の物質量を n_i とすると，i 成分のモル分率 x_i は次式で表される．

$$x_i = \frac{n_i}{n_1+n_2+n_3+\cdots+n_i+\cdots} = \frac{n_i}{\sum_{k=1}^{k} n_k} \tag{4.3}$$

A，B 二成分系の場合，A を溶媒，B を溶質とすると，その溶液中の溶媒のモル分率 x_A，溶質のモル分率 x_B，は式（4.4）で表される．

$$x_A = \frac{n_A}{n_A + n_B} \quad x_B = \frac{n_B}{n_A + n_B} \quad (x_A + x_B = 1) \tag{4.4}$$

この濃度は，理論的な取り扱いのなかで使われることが多い．

◆ **4.2.4　質量パーセント，ppm**

これらの濃度は特に物質量が重要でないとき，濃度の濃さを溶液に対する質量比で示すときに使用される．**質量パーセント（％）**は，溶液の質量に対する溶質の質量比をパーセント表示した濃度である．また，**ppm** は parts per million の略で，百万（10^6）分の 1 という意味になり，百万分率ともいわれる．これらは，それぞれ，式（4.5）（4.6）で表される．

$$質量\% = \frac{溶質の質量}{溶液の質量} \times 100 \tag{4.5}$$

$$ppm = \frac{溶質の質量（mg）}{水溶液の質量（kg）} \fallingdotseq \frac{溶質の質量（mg）}{水溶液の体積（L）} \tag{4.6}$$

希薄水溶液の場合，1 L ≒ 10^6 mg であるので，ppm ≒ mg/L が成立する．ただし，正確を期して ppm ではなく，mg/L と表記されることもある[*7]．

4.3　溶液の状態図

溶液には溶質の種類によらず，溶けている溶質の物質量にのみ依存する性質がある．この性質のことを束一的性質とよび，本節で扱う蒸気圧降下，沸点上昇，凝固点降下，浸透圧などにあてはまる．

◆ **4.3.1　蒸気圧降下**

ある温度で平衡状態にある気一液界面（気体と液体の境界面）では，気化速度と液化速度がつり合って等しくなっている．気体から液体への液化速度は気体状態の分子数に比例するので，蒸気圧に比例することになる．もし，気化速度が倍になれば，液化速度も倍になり，蒸気圧も倍になる．

---

*7　環境中の微量成分を表すのに，mg/L（ppm）を使うことが多い．工場排水中の有害物質には，排出基準が水質汚濁防止法にもとづいて定められている．たとえば，毒物であるヒ素およびその化合物は 0.1 mg/L 以下，カドミウムおよびその化合物は 0.1 mg/L 以下，水銀およびアルキル水銀は 0.005 mg/L 以下，アルキル水銀化合物は検出されないことなどとある．このように，現在の排出基準は厳しく，たいていは 1 mg/L 以下である．毒性が低く比較的排出基準の緩い物質としては，ホウ素およびその化合物の 10 mg/L，フッ素およびその化合物の 8 mg/L，アンモニア，アンモニア化合物などの 100 mg/L などがある．

図4-9に示したように，ある温度での水（純溶媒）の蒸気圧をP^*とする．不揮発性の溶質分子のモル分率$x_{溶質}$が0.2である水溶液を考えたとき，水溶液中の水のモル分率$x_{水}$は0.8となる．このとき，液体から気体の気化速度は，一定体積中に占める水分子が減った分だけ遅くなり，水（純溶媒）の場合の0.8倍の速度になる．水溶液の蒸気圧Pも水の蒸気圧P^*の0.8倍になる．

図4-9 水溶液の蒸気圧

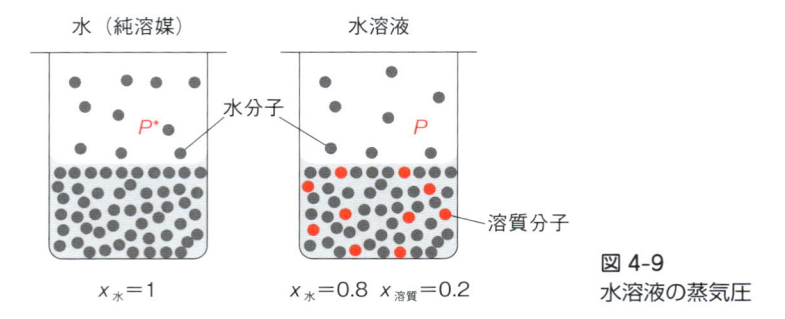

一般にある温度での溶液の蒸気圧Pと水の蒸気圧P^*の関係は，溶液中の水のモル分率を$x_{水}$とすると，式(4.7)のようになる．

$$P = x_{水} P^* \tag{4.7}$$

この関係を**ラウールの法則**という．溶媒のモル分率$x_{水}$は$0 < x_{水} < 1$であるので，$P < P^*$となり，水溶液の蒸気圧は必ず水（純溶媒）の蒸気圧より低くなる．すなわち，不揮発性の溶質が溶けた溶液の蒸気圧は必ず降下する．この現象を**蒸気圧降下**という．また，式(4.8)に示すように**蒸気圧降下度**ΔPは溶質のモル分率$x_{溶質}$に比例する．

$$\Delta P = P^* - P = P^* - (1 - x_{溶質}) P^* = x_{溶質} P^* \tag{4.8}$$

◆ 4.3.2 沸点上昇

図4-10に水溶液の状態図を示した．ラウールの法則に従って，溶液の蒸気圧曲線（実線）は常に水の蒸気圧曲線（破線）より下にある．このことは，温度100℃のとき，水（純溶媒）の蒸気圧は1013 hPa（1気圧）に達するが，水溶液の蒸気圧は1013 hPaより低いことを意味している．水（純溶媒）では100℃で沸騰現象が起こるのに対して，水溶液では100℃で起こらず，さらに温度を上げないと沸騰現象は起こらない．図4-10を見ると，水溶液の蒸気圧曲線は，水の蒸気圧曲線から下に移動した分，1013 hPaの蒸気圧を示す溶液の温度は右の方に移動する．すなわち，水溶液の沸点は水の沸点より高くなる．この現象は**沸点上昇**とよばれる[*8]．

*8 とろみのあるナメコ汁のみそ汁を飲んで，唇がやけどしそうになった経験はないだろうか．また，中華料理で出てくる片栗を溶かした「あん」も非常に熱くなる．これらは，沸点上昇が起こっていると考えられる．水分を含んでいて100℃以上になっているのに液体のままで，湯気も激しくないので，それほど熱そうには見えない．それで，思いっきり口に入れて，アチチとなるわけである．沸点上昇によって料理に熱が通りやすくなり，しんなりとした料理ができあがる．

4.3 溶液の状態図

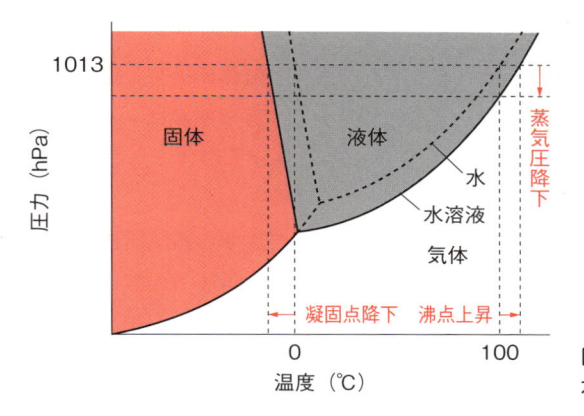

図4-10
水溶液の状態図

希薄溶液では，溶質のモル分率 $x_{溶質}$ は，下の式 (4.9) で導かれるように，質量モル濃度 m と比例関係にある[*9]．

$$x_{溶質} = \frac{n_{溶質}}{n_水 + n_{溶質}} \fallingdotseq \frac{n_{溶質}}{n_水} = \frac{n_{溶質}(\text{mol})}{w_水(\text{kg})/M_水(\text{kg mol}^{-1})} = mM_水 \quad (4.9)$$

ここで，$w_水$ は溶液中の水（溶媒）の質量，$M_水$ は水（溶媒）の分子量で，$0.018\ \text{kg mol}^{-1}$ であり，m は水溶液の質量モル濃度を表す．図4-10 において，蒸気圧曲線のずれ具合から蒸気圧降下度と**沸点上昇度**は比例することと，式 (4.8)(4.9) を合わせると，沸点上昇度 Δt は次のように溶液の質量モル濃度 m に比例し，溶質の種類によらない．

$$\Delta t = K_b m \quad (4.10)$$

K_b は**モル沸点上昇定数**という．表4-1 に，さまざまな溶媒の沸点とモル沸点上昇定数を示した．この値を用いると，与えられた質量モル濃度の水溶液の沸点上昇度を予測できる．また，沸点上昇度を測れば，式 (4.10) より，質量モル濃度を算出でき，溶媒の質量 $W(\text{g})$ と溶質の質量 $w(\text{g})$ がわかれば，次式より溶質の分子量 (M) を算出できる（図4-11）．

$$M = \frac{1000w}{mW}\ (\text{g mol}^{-1}) \quad (4.11)$$

表4-1 各種溶媒の沸点とモル沸点上昇定数 K_b，凝固点とモル凝固点降下定数 K_f

溶媒	沸点 (℃)	K_b (K kg mol^{-1})	凝固点 (℃)	K_f (K kg mol^{-1})
水	100	0.515	0.0	1.85
酢酸	118	2.53	16.7	3.90
四塩化炭素	76.8	4.48	−23.0	29.8
エタノール	78.3	1.22	−115	1.99
ベンゼン[*10]	80.1	2.53	5.53	5.12

※ K は絶対温度の単位ケルビン

[*9] 希薄溶液では $n_水 \gg n_{溶質}$ であるので，式 (4.9) では次の近似式を使っている．

$$n_水 + n_{溶質} \fallingdotseq n_水$$

また，水の物質量は次式で与えられる．

$$n_水 = \frac{w_水(\text{kg})}{M_水(\text{kg mol}^{-1})}$$

分子量は g mol^{-1} ではなく，kg mol^{-1} であることに注意する．

未知試料の質量測定 $w(\text{g})$
↓ ← 水（溶媒）で溶かす　水（溶媒）の質量 $W(\text{g})$
沸点上昇度の測定 Δt(℃)
↓ ← モル沸点上昇度 K_b (K kg mol^{-1})　式4.10
溶液の質量モル濃度の算出 m(mol kg^{-1})
↓ ← 式4.11
溶質の分子量の決定 M(g mol^{-1})

図4-11 沸点上昇度の利用

[*10] ベンゼンの分子量は比較的大きいが，無極性分子であるので，沸点は比較的低い．これは，分子間力が小さいことを示している．しかし，凝固点は高い．これは，凝固点が分子間力の大小だけでは決まらないことを意味する．液体と異なり，固体はきれいに並んで結晶をつくる．分子構造の対称性が高いほど，固体になるときに並びやすい．ベンゼンの分子構造は平面六角形の形をしており，対称性が非常に高く，結晶をつくりやすいため，小さな分子間力でも，あるいは高い温度でも凝固しやすいのである．

◆ 4.3.3 凝固点降下

図 4-10 の状態図では，水溶液も水も，固体と気体の接する部分はまったく同じである．すなわち，固-気平衡状態を示す昇華曲線は，水と水溶液では同一となる．それは，固体にも気体にも溶質分子が含まれないからである．

水溶液の蒸気圧曲線がラウールの法則に従って，水の蒸気圧曲線よりも下の方に移動すると，三重点の位置もまた，低温度・低圧力の方にずれる．したがって，融解曲線は三重点がずれた分だけ左にずれる．1013 hPa における水溶液の凝固点は水の凝固点より低下する．この現象を**凝固点降下**という[*11]．

この現象は**図 4-12** に示すように，蒸気圧降下と同じ考え方で理解できる．水（純溶媒）において，1013 hPa の圧力下では，一定体積あたりの凝固速度と融解速度は0℃でつり合って，固-液平衡状態となる．しかし，水溶液中では，溶質分子が存在する分だけ一定体積中の水分子の数が減少し，凝固速度が水だけのときよりも遅くなる．一方，固体部分には溶質分子が含まれないので，水も水溶液も固体の融解速度は同じである[*12]．したがって，0℃では，水溶液中の固体は融解して，液相になってしまう．0℃より下がると，水溶液中の水の凝固速度は大きくなり，固体の融解速度は小さくなる．そして，ある温度低下したとき，両者の速度は等しくなって，固-液平衡が形成される．このとき，低下した温度のことを**凝固点降下度**という．

式（4.12）に示すように，凝固点降下度 Δt は溶液の質量モル濃度に比例し，そのときの比例定数を**モル凝固点降下定数**（K_f）という．

$$\Delta t = K_f m \tag{4.12}$$

表 4-1 に示した凝固点とモル凝固点降下定数 K_f を用いれば沸点上昇と同様，溶液の質量モル濃度がわかると，式（4.12）から凝固点が推定できる．また，凝固点降下度の実測値より，沸点上昇と同様，式（4.11）を使って，溶質の分子量が決定できる．

---

*11　冬の寒冷地では自動車の冷却剤が凍ってしまうので，エチレングリコールなどを含む不凍液を冷却剤に使う．これは，水の凝固点降下を利用して冷却剤が凍らないようにするものである．また，冬の寒冷地での道路が凍結して危険であるので，塩化カルシウムを成分とする融雪剤を道路にまく．これも，凝固点降下を利用して雪や氷を融かしている．

*12　北極の氷山は溶質を含んでおらず，真水の氷である．残った海水は普通の海水より塩分濃度が濃くなり重くなるので，北極の海水の一部は，海底深く沈みこむ．沈み込んだ冷たい海水は海洋深層水となって，ベルトコンベアのようにゆっくり地球を2000年もかけて循環する．グリーンランド沖や南極海で沈み込んだ海洋深層水は，海底を流れ，海底の切り立った地形から湧き上がってくる．これを「湧昇」という．湧昇は赤道近くの暖かい海域に上がってくるが，栄養分豊富な海水のため良好な漁場をつくる．また，地球の温度を平均化させる働きもあり，海洋深層水は千年単位の地球の気候に影響を与えているといわれる．

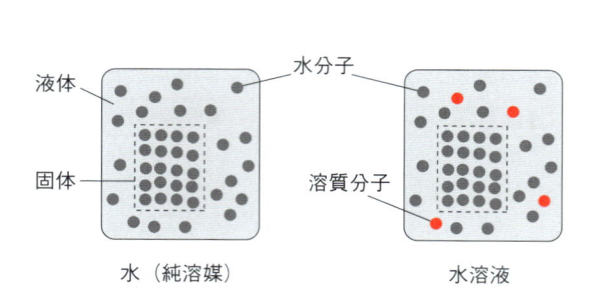

図 4-12　水溶液の凝固点降下

◆ 4.3.4 浸透圧

水溶液が示す特徴的な性質に浸透圧現象がある．これは，セロファンのような**半透膜**が水と水溶液を隔てている場合に生じる現象である．半透膜とはある一定の大きさ以上の分子を通さず，その大きさ以下の分子を通す膜のことをいう．たとえば，**図 4-13a** に示すように，半透膜は水分子だけを通し，溶質分子を通さない．この半透膜を隔てて，左に水（純溶媒），右に水溶液を置くと，半透膜を通過する水の透過速度は左から右のほうが，右から左方

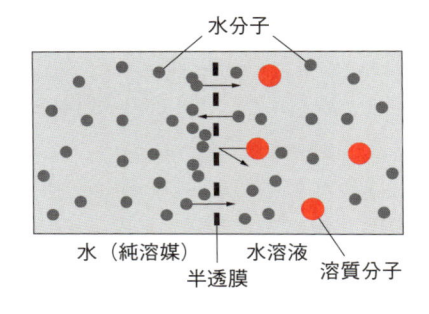

(a) 半透膜の性質　　(b) 浸透圧

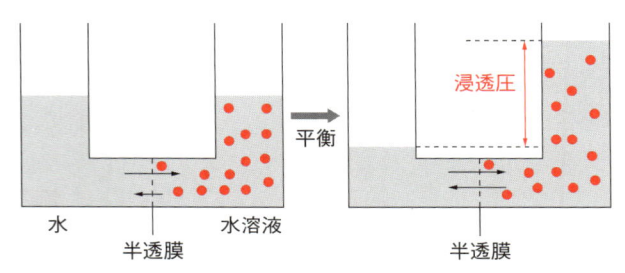

図 4-13　半透膜の働きと浸透圧の原理

Topic　　　　　　　　　　　　　　　　　海水の淡水化技術 ◆

　地球上の水の98%をも占める海水を淡水化することができれば，水不足は完全に解消するだろう．しかし，事はそう簡単ではない．海水を淡水化するには，大量のエネルギーを要するのである．淡水化技術のキーポイントはいかに低コストで大量の淡水をつくるかという点にある．

　現在，比較的大量の海水を淡水化する技術に「多段フラッシュ法」がある．**図4-10**において，水溶液の温度が上昇すると，液体領域にあった状態は，右方向に水平移動し，気体領域の状態になる．この気体状態は水溶液の不揮発性溶質を含まず，純粋な水の気体である．すなわち，水溶液（海水）の水が蒸発すると，純粋な水の気体ができ，それを液化すると純水として取り出すことができる．いわゆる蒸留法であり，これを多段式で行って海水を淡水化する．この方法を用いると日量最大100万トンの淡水化も可能である．しかし，水を蒸発させるのに大量のエネルギーが必要となり，エネルギー効率は極めて悪い．

　これに対して，近年，浸透圧現象を利用した海水の淡水化技術が注目を浴びている．浸透圧とは逆に，**図4-13b**の水溶液（海水）側から外部圧力をかけて，水溶液側の水位を下げてやると，水が水溶液側から純水側の方に移動し，水をきれいにすることができるというものである．半透膜を利用した濾過技術で，「逆浸透法」といい，海水の淡水化に応用されている．この技術はエネルギー効率が高いが，比較的小規模で，淡水の生産量は低かった．しかし，最近では日量1万トンを超える設備も増えてきた．ただし，この技術は前処理を必要とし，整備費も高価であるという課題がある．

向より大きい（図 4-13b 左）．時間が経過すると，しだいに左の水位が下がり，右の水位が上がる．水位に差が生じると，その圧力差だけ右から左への透過速度が増大し，あるところで左から右への透過速度と右から左への透過速度がつり合って，水位の変化は停止する．このときの圧力差を**浸透圧**（Π）[*13]といい，溶液のモル濃度 c（mol/L）に比例する．水溶液が希薄溶液のときには，次の式が成り立つ．

$$\Pi = cRT \tag{4.13}$$

*13 Π は，ギリシア文字の π の大文字で，「パイ」と読む．

この式を使うと，希薄溶液を用いて浸透圧を実測し，濃度 c を算出できる．このとき溶質の質量 w（g）と水溶液の体積 V（L）がわかっていると，溶質の分子量 M（g mol^{-1}）が式（4.14）で与えられる．

$$M = \frac{w}{cV} \text{（g mol}^{-1}\text{）} \tag{4.14}$$

●●●●●●●●●●●●●●●● **練習問題** ●●●●●●●●●●●●●●●●

Q1 次の①〜⑩の物質のうち，分子間で水素結合が働いているものをすべて番号で答えよ．
① ジエチルエーテル $C_2H_5OC_2H_5$　② エタノール C_2H_5OH
③ 水素 H_2　④ 水 H_2O　⑤ 酸素 O_2　⑥ クロロホルム $CHCl_3$
⑦ ベンゼン C_6H_6　⑧ アンモニア NH_3　⑨ ドライアイス CO_2
⑩ フッ化水素 HF

Q2 水の状態図（左図）に関して，(a)〜(d) の問いに答えよ．
(a) 領域 I 〜 III の状態はそれぞれ気体，液体，固体のいずれか．
(b) 1 気圧における点 A および B の名称を答えよ．
(c) 点 C の名称を答えよ．
(d) 圧力 5 hPa，温度 0.01℃のとき，水の状態を答えよ．

Q3 質量パーセント 96％の濃硫酸 H_2SO_4 のモル濃度を答えよ．ただし，この濃硫酸の密度（25℃）は 1.831 とする．

Q4 未知試料 0.100 g を量り取り，ベンゼン 10.0 g に溶かし，凝固点降下度を測定したところ，0.198℃であった．未知試料の分子量はいくらか．ベンゼンのモル凝固点降下度は 5.12 K kg mol^{-1} とする．

Q5 バーチャルウォーターについて，詳しく説明せよ．

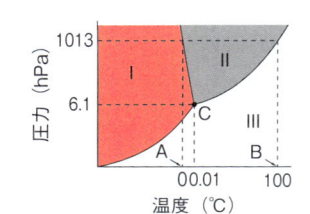

第5章 化学反応と反応熱

5.1 気体の性質
5.2 熱と熱力学第一法則
5.3 エンタルピー
5.4 ヘスの法則
5.5 結合エネルギー

エネルギー問題

Introduction

2011年3月の東日本大震災にともなう福島第一原子力発電所の事故は，エネルギー問題がまだ解決していないことを世界中に突きつけた．事故前の日本の電力エネルギー内訳は，火力発電が約6割，水力発電が約1割，原子力発電は約3割だった（**図5-1**）．事故後，原子力発電に頼らない可能性が議論された．

最も現実的なのは火力発電所の増設だろう．石炭や天然ガスをエネルギー源とする場合，おそらく経済的には問題ない．しかし，埋蔵量を現在の生産量で割った可採年数は，石炭100年，天然ガス45年で，枯渇は時間の問題である．石油は，可採年数が33年と短いうえに，価格の高騰で経済的な問題もある．さらに，火力発電による発電量を増やすと，第3章で扱った二酸化炭素の発生による温暖化という環境問題が浮上する．

水力発電は，発電所が存在する限り発電可能な自然エネルギーである．しかし，もはや自然を破壊して多くのダム建設をすることは社会的に困難で，その割合を高めることは難しい．

また，太陽光発電や風力発電などの自然エネルギーは，環境問題は比較的小さいが，いまだそのエネルギーの価格・供給量に問題がある．

そして，原子力発電は価格，供給量に問題はないが，致命的な事故の可能性や放射性廃棄物などの環境問題を抱えている．

このようにエネルギー問題は，経済的な問題，供給量の問題，環境問題の3つを含み，すべてを完全に満足するエネルギー資源はまだない．どれかを犠牲にして選択しなければならず，このことをエネルギー問題における「トリレンマ」という．

石油・石炭・天然ガスなどからエネルギーを取り出すためには，それらの物質を燃焼させた熱で水を沸騰させ，水蒸気がタービンを回す．タービンの回転運動がファラデーの電磁誘導により電気エネルギーをつくり，家庭などに送られる．

それでは，燃焼前の石油・石炭・天然ガスなどの物質にはエネルギーはないのかというと，実は，「化学エネルギー」という潜在的エネルギーをもっている．それが，化学反応によって出入りする反応熱として表れるのである．本章ではこうした化学反応とエネルギーの関係を学ぶ．

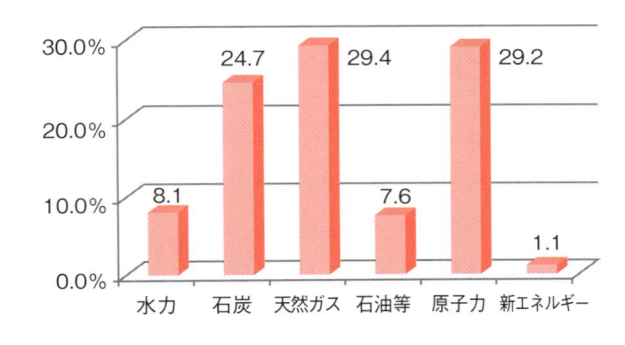

図5-1
日本の電力使用量に占める
エネルギー源の割合
（2009年）

水力 8.1 / 石炭 24.7 / 天然ガス 29.4 / 石油等 7.6 / 原子力 29.2 / 新エネルギー 1.1

5.1 気体の性質

気体状態では，分子が分子間力の束縛から逃れ，空間を自由に飛び回る．その性質は熱とエネルギーを考えるときの基本になる．

◆ 5.1.1 ボイルの法則

気体がもつ性質について，1661年，ロバート・ボイル（Robert Boyle）は，温度が一定で圧力を P，体積を V としたとき，次の関係があることを示した．

$$PV = \text{一定} \quad \text{または} \quad P_1V_1 = P_2V_2 = P_3V_3 = \cdots \tag{5.1}$$

ここで，1, 2, 3, … は，状態1，状態2，状態3，…を表す．この P と V の関係を**ボイルの法則**といい，グラフにすると，図5-2のようになる．

式 (5.1) の PV の単位は，$Pa \times m^3 = (N/m^2) \times m^3 = Nm = J$ となり，エネルギーの単位をもっている．よって，PV は気体がもつエネルギーと考えることができる．

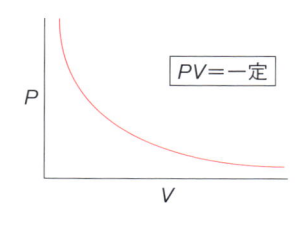

図5-2 ボイルの法則

◆ 5.1.2 シャルルの法則

シャルルの法則は気球乗りの冒険家，ジャック・シャルル（Jacques Charles）が1787年に発見した[*1]．気体の圧力が一定のとき，気体の体積 V は，式 (5.2) のように温度 t（℃）と一次関数の関係をもつことを示した．

$$V = V_0\left(1 + \frac{t}{t_0}\right) \tag{5.2}$$

ここで，V_0 は0℃のときの気体の体積を表している．式 (5.2) の関係を示すグラフを図5-3に示した．異なる気体A，Bでこの関係を見ると，0℃での気体AとBの体積 V_0 の値は異なるが，t_0 の値は等しく，$t_0 = 273.15$℃となる．そこで，-273.15℃を原点とし，摂氏（℃）と同じ目盛り間隔をもつ新しい温度目盛りを考える．この新しい温度目盛りのことを**絶対温度**といい，単位 K（**ケルビン**）で表す．0 K の温度を**絶対零度**といい，絶対零度より

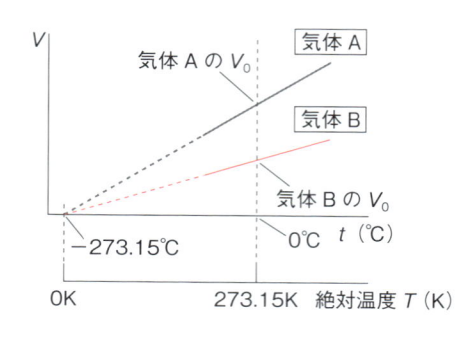

図5-3 シャルルの法則と絶対温度

[*1] ジャック・シャルルは，鉄を塩酸に溶かし，発生する水素ガスを集めて気球をつくり，それで空を冒険していた．そして，気温が低いと気球に集めた水素ガスの体積は小さく，浮力も小さくなって気球は高く上がらないことに気がついた．一方，温度が高いと水素ガスの体積は大きく，気球は高く上がる．これは，シャルルの法則が成り立つために起こった現象である．一方，大気中の空気が上昇気流となり，圧力減少と体積膨張が起こると（これを断熱膨張という），シャルルの法則とは逆に温度は低下する．また，空気が圧縮されると（断熱圧縮という），温度は上昇する．山間部では上昇気流が発生しやすく気温低下が起こりやすいなど，気象学においては，空気の流れによって起こる断熱膨張と断熱圧縮は重要である．

低い温度は存在しない*2. したがって, 水の凝固点 0℃ は 273.15 K に等しい.

シャルルの法則をこの絶対温度 T で表すと, 気体の体積 V は絶対温度 T に比例し, 式 (5.3) のように表される.

$$\frac{V}{T} = 一定 \quad または \quad \frac{V_1}{T_1} = \frac{V_2}{T_2} = \frac{V_3}{T_3} \cdots \tag{5.3}$$

*2 絶対零度では, 気体分子は止まっていて, 運動エネルギーは 0 の状態になる. 運動エネルギー 0 より小さい負のエネルギーというのは考えられないので, 絶対温度より低い温度, すなわち負の値をもつ絶対温度は考えられない.

◆ 5.1.3 アボガドロの法則

同一圧力, 同一体積, 同一温度のすべての気体に含まれる分子の数は等しいというのが, **アボガドロの法則**である. この法則は 1811 年アメデオ・アボガドロ (Amedeo Avogadro) が提案した. 分子の存在がまだ認められない時代の仮説であったため, しばらく忘れ去られていたが, 約半世紀後, 受け入れられるようになった. この法則は, 圧力と温度が一定のとき, 気体の体積 V は気体分子の物質量 n に比例することを示し, 式 (5.4) で表される.

$$\frac{V}{n} = 一定 \tag{5.4}$$

物質量 1 モルあたりの体積は, 分子間力や分子の大きさがないとすると, 気体の種類によらずほぼ等しく, 22.4 L である.

◆ 5.1.4 理想気体の状態方程式

分子間力がまったく働かず, かつ, 分子に大きさがないと仮定したときの気体を**理想気体**という. 理想気体について, ボイルの法則, シャルルの法則, アボガドロの法則を組み合わせると, 式 (5.5) が導かれる.

$$PV = nRT \tag{5.5}$$

ここで, R は**気体定数**といい, $R = 8.314 \, \text{JK}^{-1}\text{mol}^{-1}$ で与えられる. 式 (5.5) のことを**理想気体の状態方程式**とよぶ. 5.1.1 項でも述べたが, PV および nRT は理想気体がもっているエネルギーに対応する物理量である.

5.2 熱と熱力学第一法則

熱エネルギーをどのようにすれば利用可能な力に変えることができるのか. そのしくみを, 熱と仕事の出入りを手がかりに考えていこう.

◆ 5.2.1 運動エネルギーと熱エネルギー

ピッチャーがボールを投げるとき, ボールはある速度で運動して, キャッ

チャーまで到達する．このとき，ピッチャーから離れたボールに加わった力のベクトルと，ボール全分子に加わった力のベクトルがまったく同じ方向に向かっているため，ボールは1つの方向に向かって運動する（図 **5-4a**）．このときのエネルギーが**運動エネルギー**である．運動エネルギーは力のベクトルがそろっているので，工夫次第で回転運動に変換することが可能である．回転運動に変換できれば，自動車を動かしたり，タービンを回して電気エネルギーを得たりすることも容易である．

　では，**熱エネルギー**はどうだろう．ボールに熱エネルギーを加えると，ボールの温度は上昇し，ボールの分子の熱運動は激しくなる．この熱運動のベクトルは分子ごとにばらばらで，そのベクトルの総和は0である（図 **5-4b**）．すなわち，どんなに加熱してもボールは一方向に運動しない．熱エネルギーを回転運動などの機械エネルギーに変換するには，分子がばらばらの方向に運動しているエネルギーから，分子の運動方向がそろったエネルギーを取り出すことになり，そのために工夫した装置が必要になる．また，そのエネルギーの変換効率も高くないと容易に想像がつくだろう．

(a) ボールの運動　　　　(b) ボールの温度

運動エネルギー　　　　熱エネルギー

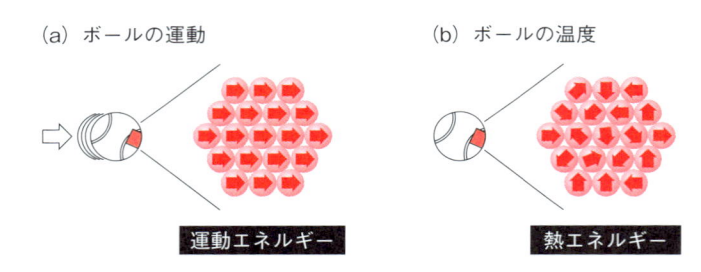

図 5-4　運動エネルギーと熱エネルギー

◆ 5.2.2　仕事と熱

　熱エネルギーを利用する装置について考えてみる．図 **5-5** に示したような断面積 S のピストンがあり，中に理想気体が入っている．ピストン内部の圧力は一定で，最初の状態1における理想気体の体積は V_1 である．ここに，熱量 q の熱エネルギーが加わると内部の温度は上昇し，シャルルの法則に従って，体積は V_2 になって，ピストンを距離 Δh だけ押し上げる．押し上げられたピストンは，力のベクトルがそろったエネルギーと考えることができる．すなわち，装置に熱エネルギー q（>0）を加えると，**仕事** w（<0）が外へ出て行くことになる[*3]．このようなピストンを使うと熱エネルギーから仕事を取り出すことができる．

　理想気体がなした仕事 w はピストンを上部に押し上げる力（圧力×断面積：PS）と押し上げた距離（Δh）の積で表される[*4]．

[*3] 一般に，熱力学では力学的エネルギーのことを，単に「仕事」という．

[*4] エネルギー(J)＝力(N)×距離(m)．J：ジュール，N：ニュートン

$$w = -PS \times \Delta h = -P \times (S\Delta h) = -P\Delta V \tag{5.6}$$

このように，仕事は，理想気体の圧力と体積変化の積で表され，ピストンからエネルギーが外に出て行くので，マイナスの符号をつける．

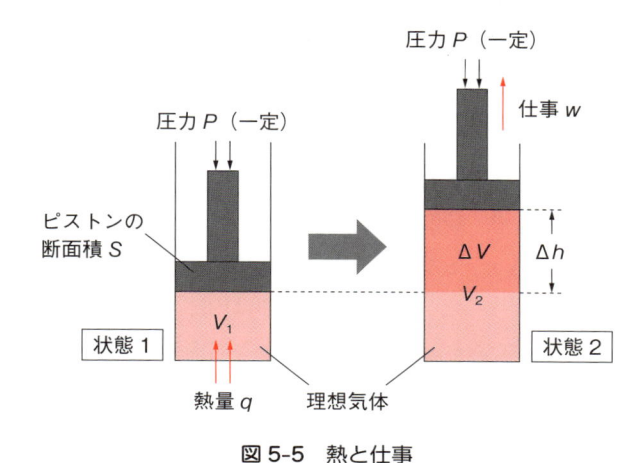

図 5-5　熱と仕事

◆ 5.2.3　系と外界

ピストンによって熱を仕事に変換する図 5-5 の装置をより一般的に考察すると，仕事と熱の関係を化学反応に応用できる．図 5-5 で，ピストン部分を**系**（system），系に熱量 q や仕事 w が出入りする部分を**外界**（surrounding）として，エネルギーの原理を考えてみよう（図 5-6）．

系は，図 5-5 のような装置である必要はない．フラスコ内の溶液中で起こる化学反応の場合，溶液が系であり，フラスコおよびフラスコ外が外界である．太陽系では太陽のまわりを回る惑星群を含むある領域を系とみなし，その領域外を外界ということができる．このように，考える対象を変えるだけで，いろいろな現象が起こっている領域を図 5-6 に即して考えることができる．系と外界の両方を足し合わせた部分を**孤立系**という．通常，孤立系の外側を考えることはせず，孤立系の外側は何もないと考える[*5]．

図 5-5 のピストンの装置を図 5-6 でもう一度考えてみると，系はピストン内部，外界はピストンおよびその周囲となる．この系から物質の出入りはなく，熱と仕事のエネルギーの出入りしかない．熱量 q のエネルギーが系に入ると，仕事 w が出てくる．系のエネルギーの増減で熱および仕事の符号をつけると，この場合，熱は外界から系に入るので，系のエネルギーは増大する．したがって，このときの熱量 q の符号は正である（$q > 0$）．この熱量が入ることによって，系内から外界に仕事 w が出て行くので，系のエネルギーは仕事の分だけ減少する．したがって，仕事 w の符号は負となる（$w < 0$）．

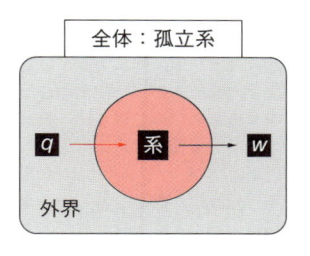

図 5-6　系と外界

[*5] エネルギー論において，系，外界および孤立系を理解することは非常に重要である．たとえば，地球を系とし，地球以外を外界とし，地球を含めた宇宙全体を孤立系と見なすことができる．太陽は外界であるので，外界から系に太陽光線としてエネルギーが注入される．エネルギーが注入されたままであると，系の温度は非常に高くなるが，系は赤外線で外界へエネルギーを放出しているので，系の温度が一定に保たれる．放出されるべき赤外線が系の中にある温室効果ガスによって吸収され，エネルギー放出量が減少すれば，系の温度が上昇する．このように，地球温暖化現象も系と外界を使って議論できる．

◆ 5.2.4 熱力学第一法則

系がもつエネルギーを系の**内部エネルギー**といい，記号 U で表す．変化が起こる前の状態 1 の内部エネルギーを U_1 とし，熱量 q が外界から系に流れ込み，仕事 w が系から外界に出て行った後の状態 2 の内部エネルギーを U_2 とすると，状態 1 から状態 2 への内部エネルギー変化 ΔU は次式で表される．

$$\Delta U = U_2 - U_1 \tag{5.7}$$

運動の方向がばらばらである熱量 q から運動の方向がそろっている仕事 w を取り出すのは，通常，効率が悪い．したがって，系に入った熱量 q は仕事 w の絶対値より大きく，$q>0$，$w<0$ なので，$q+w>0$ である．**エネルギー保存則**[*6] を適用すると，熱量と仕事の和は内部エネルギーの増加として系に蓄えられるはずである．逆に，熱と仕事と内部エネルギー変化だけを考えると，いかなる系の変化に対して，新たなエネルギーが生まれも消えもしない．すなわち，次の関係が成り立つ．

$$q + w - \Delta U = 0 \quad \text{または} \quad \Delta U = q + w \tag{5.8}$$

この関係を**熱力学第一法則**という．エネルギー保存則を証明することは不可能であるように，熱力学第一法則を証明することは不可能である[*7]．

式 (5.8) を使うと，測定可能な量である熱量 q と仕事 w から，測定不能な内部エネルギー変化を求めることができる．内部エネルギー U は通常，測定できないが，状態 1 および 2 で絶対的な値をもっている．このように，途中の経路に関係なく状態によって一意的に決まる物理量のことを**状態量**という[*8]．一方，熱量 q や仕事 w は外界から流出入するエネルギーで，系の状態によって決まらないので，状態量ではない．しかし，これらは測定可能量である．このように測定不能な状態量 U の状態 1 から状態 2 への変化 ΔU が，熱力学第一法則（式 5.8）により，測定可能量になる．

5.3 エンタルピー

化学反応によって反応熱が生じるとき，エネルギーはどう変化するのか．少し難しいが，エンタルピーという概念を学んで考えていこう．

◆ 5.3.1 定積過程と内部エネルギー

内部エネルギー変化を知るには式 (5.8) より，熱量 q と仕事 w を測定する必要がある．図 5-5 のような装置を使った状態変化ならば，比較的容易に仕事 w を求めることが可能であるが，一般的には仕事 w を測定で求める

[*6] エネルギー保存則はいろいろなエネルギー形態の間で成立している．物理学（力学）では，運動エネルギーと位置エネルギーの総和は常に等しいという法則となる．運動エネルギーの増加分が位置エネルギーの減少部分になり，両者の変化量の総和は常に 0 となる．熱力学の場合は，仕事，熱エネルギーおよび内部エネルギー変化の 3 つを考えるので少し難しい．熱エネルギーも仕事も系に出入りしたエネルギーであり，エネルギー保存則が成り立っているならば，その過不足が内部エネルギー変化に等しくなる．

[*7] 数学における公理に近い．

[*8] 圧力 P，体積 V，温度 T も状態量であるが，これらは測定可能量である．

ことは困難である．たとえば，フラスコ内で起こる化学反応において，仕事wを決定することは非常に困難である．そこで，仕事wを測定しなくても議論が進められる特別な条件を考える．

まず，体積が変化しない**定積過程**を考える[*9]．ここでは，$\Delta V=0$となる．式（5.6）より，定積過程における仕事wは0である．したがって，式（5.8）より，内部エネルギー変化は加えられた熱量qに等しくなる．

$$\Delta U = q \quad (ただし, \ \Delta V = 0) \tag{5.9}$$

熱量qは熱量計の温度を測定すれば求められる．つまり，定積過程では熱量を測定するだけで，内部エネルギー変化を決定できることを意味する．

◆ 5.3.2　定圧過程とエンタルピー

通常の化学反応は密閉系で行われることはほとんどなく，大気圧下の**定圧過程**で行われることが多い．定圧過程での仕事wは，式（5.6）で与えられる．これを式（5.8）に代入すると，式（5.10）になる．

$$\Delta U = (U_2 - U_1) = q - P\Delta V = q - P(V_2 - V_1)$$
$$(U_2 + PV_2) - (U_1 + PV_1) = q \tag{5.10}$$

U，P，Vは状態量なので，$U+PV$も状態関数である．そこで，新たな状態量を式（5.11）のように定義し，**エンタルピー** H（単位は$kJ \ mol^{-1}$）と名づける[*10]．

$$H = U + PV \tag{5.11}$$

式（5.10）はエンタルピーを使って次のように表すことができる．

$$\Delta H = H_2 - H_1 = q \tag{5.12}$$

エンタルピーは状態量であるが，Uを含んでいるので，測定不能量である．したがって，状態1と2のエンタルピーの絶対的な値を測定することは不可能であるが，定圧過程で起こる熱量変化はエンタルピー変化に等しい．

◆ 5.3.3　エンタルピーと反応熱

通常の化学反応は大気圧下，一定圧力のもとで行われる．このときに発生する**反応熱**は定圧過程での変化であるので，反応前後のエンタルピー変化に等しい．水の蒸発に伴う状態変化をまず考えてみよう[*11]．

$$H_2O（液） \longrightarrow H_2O（気） \quad \Delta H = 44.0 \ kJ \ mol^{-1} \tag{5.13}$$

この変化に伴う熱のことを**蒸発熱**といい，$44.0 \ kJ \ mol^{-1}$（25℃）である．

[*9] 定積過程とは，体積一定という条件下の変化を意味する．定積過程における化学反応の反応熱の測定を行う定積熱容量計を下図に示した．水，温度計，かくはん機を備えた熱容量計の中に，耐圧容器を入れる．点火装置を使って，中に入れた試料を燃焼させ，反応後に発生した熱エネルギーによって上昇した温度を測り，発生した熱エネルギーを得る．耐圧容器は体積変化を起こさず，仕事0と見なせるので，測定された熱エネルギーは耐圧容器中の試料と空気の部分の内部エネルギー変化に等しくなる．

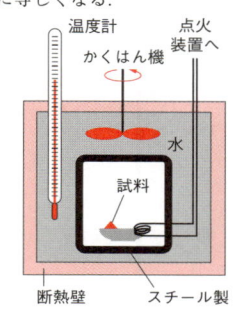

[*10] 定積過程における熱量測定で内部エネルギー変化がわかっても，実際の化学反応に適用できるのはわずかである．大部分の化学反応は，実験室でも化学工場でも大気圧下で行われ，定圧過程である．$(U_2+PV_2)-(U_1+PV_1)=q$という関係式は，左辺が状態量であり，右辺が測定可能量である．状態量は状態によって一意的に決まるので，反応前のU_1+PV_1と反応後のU_2+PV_2を，物質固有の値として想定できる．そこで，$U+PV$という量に対して，エンタルピーHという名称を与えた．エンタルピーはすべての純物質について想定可能であり，反応の前後におけるエンタルピーの差が反応熱となる．逆に，反応熱を測定すると反応前後のエンタルピー差がわかる．

[*11] 式（5.13）において，（液）は液体状態，（気）は気体状態を表す．

これは水（液体状態）から水蒸気（気体状態）への状態変化に伴う熱量であり，式（5.12）よりエンタルピー変化に等しい．この場合，水および水蒸気が系であるので，熱量が外界から系に加えられて，水が蒸発したことになる．したがって，系のエンタルピー変化は正の値をもち，式（5.13）のエンタルピー変化は $\Delta H = +44.0 \text{ kJ mol}^{-1}$ ということになる．

一般に，化学反応式において反応が左から右に進行するときが**発熱反応**だとすると，系から熱エネルギーが出て行くので，反応のエンタルピー変化は負（$\Delta H < 0$）となる．また，反応が**吸熱反応**であるときは，系に熱が入るので，反応のエンタルピー変化は正（$\Delta H > 0$）となる（**図 5-7**）．

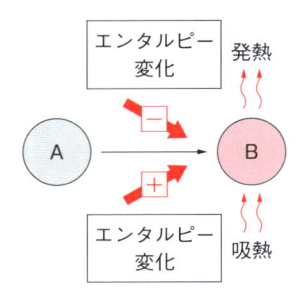

図 5-7 化学反応とエンタルピー変化

Topic　エアコンの原理

気体状態の物質 A を冷やして熱を奪うと，液化する（発熱反応）．逆に液体状態の物質 A を加熱して熱を与えると，気化する（吸熱反応）．

気体 → 液体　$\Delta H < 0$（発熱反応）
液体 → 気体　$\Delta H > 0$（吸熱反応）

この原理を利用したのがエアコンである．下図にエアコンの原理を示す．圧縮機を使って強制的に物質を圧縮して気体から液体にすると，熱が放出されて液体の温度は上昇する．また，膨張弁を使って強制的に膨張させ液体から気体にすると，熱が吸収されて気体の温度は低下する．これらを熱交換機に循環させて外気を冷やしたり暖めたりする．

同じエアコンで冷房も暖房もできる理由は，切換機を使って循環の向きを変えるからである．冷房では膨張弁で冷やされた気体を室内に導入し，室内を冷やす．暖房では，圧縮機で熱くした液体を室内に導入し，室内を暖める．室外の熱交換器は室内とは逆に，冷房では圧縮した暖かい液体を導入して熱を室外に捨てる．暖房では膨張させて冷やした気体を導入して，外部から熱を吸収する．

なお，こうした媒体物質として，以前は特定フロンガス（クロロ・フルオロ・カーボン）が使われていたが，オゾン層破壊の元凶と認定され，生産中止となった．現在は代替フロンや新冷媒が使われている．

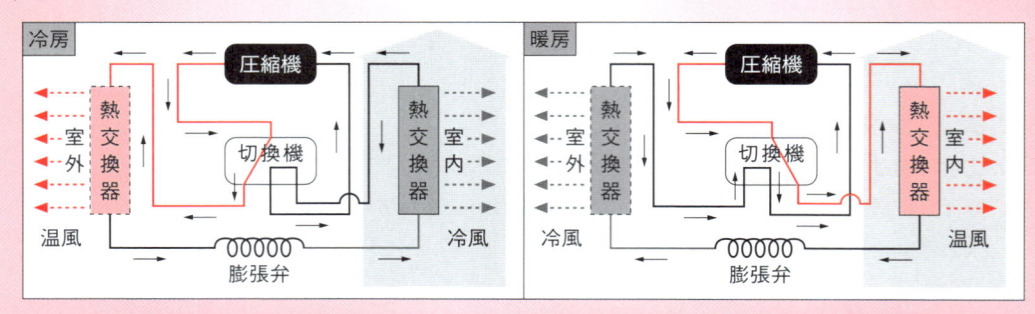

エアコンによる冷房と暖房

5.4 ヘスの法則

直接測ることができないエンタルピーの値だが，変化の前と後を考えると変化量がわかる．それを考えるときに大事なヘスの法則を学ぼう．

◆ 5.4.1 化学反応とヘスの法則

定圧過程で行われる化学反応に伴う熱の出入りは，すべてエンタルピー変化に等しくなる．5.3.2 項で述べたように，エンタルピーは状態量なので，状態 1 と状態 2 が決まってしまえば，H_1 と H_2 の値は決まってしまい，どのような道筋を通っても，2 つの状態の差 ΔH は常に等しい．これは，化学熱学におけるエネルギー保存則である．この法則を**ヘスの法則**という．

グラファイト[*12]の燃焼による二酸化炭素の生成に関して，図 5-8 に示すように 3 つの状態を考える．

[*12] グラファイトは炭素の単体である．炭素の単体にはほかに，ダイヤモンドやフラーレン C_{60} などが知られている．

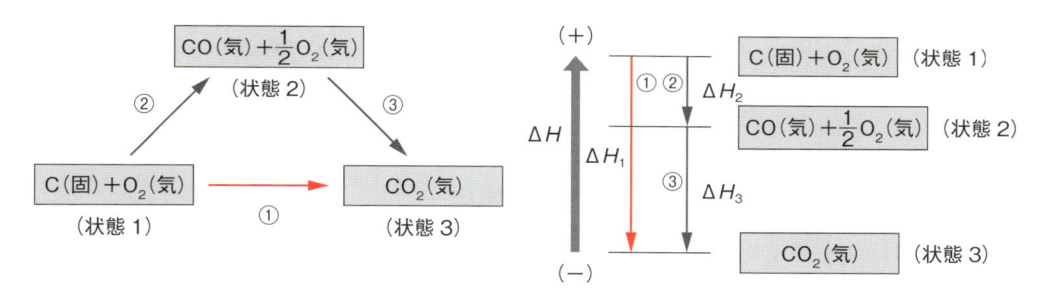

図 5-8 ヘスの法則（グラファイトの燃焼による二酸化炭素の生成）

状態 1 から状態 3 への変化には，過程①（赤い矢印）と，過程②③（状態 2 を経るグレーの矢印）の 2 つの道筋がある．状態 1, 2, 3 のエンタルピー H_1, H_2, H_3 は存在するが，値を求めることはできない．しかし，式 (5.12) を用いると，過程①②③に関して厳密な熱測定ができれば，エンタルピー変化 ΔH_1, ΔH_2, ΔH_3 を求めることができる．これら 3 つの過程を化学反応式で表し，エンタルピー変化を書き添えた式を**熱化学方程式**という[*13]．過程①②③の熱化学方程式は次のようになる．

① $C(固, グラファイト) + O_2(気) \longrightarrow CO_2(気) \quad \Delta H_1 = -393.5 \text{ kJ mol}^{-1}$
(5.14)

② $C(固, グラファイト) + \frac{1}{2}O_2(気) \longrightarrow CO(気) \quad \Delta H_2 = a \text{ kJ mol}^{-1}$
(5.15)

③ $CO(気) + \frac{1}{2}O_2(気) \longrightarrow CO_2(気) \quad \Delta H_3 = -283.0 \text{ kJ mol}^{-1}$
(5.16)

[*13] 高校の化学では，熱化学方程式は，たとえば式 (5.14) は発熱反応なので
$C(固) + O_2(気)$
$= CO_2(気) + 393.5 \text{ kJ}$
と表していた．この式の考え方は系ではなく実験者を中心に考えるので，熱の出入りを示す符号がエンタルピーと逆になる．ここでは，エンタルピー変化を化学反応式の後に示したものを熱化学方程式とする．

過程①はグラファイトを完全燃焼して，直接二酸化炭素を得る反応で，これは発熱反応である．したがって，系のエネルギーが失われるので，ΔH_1 にはマイナスの符号がついている．過程②の熱測定はかなり難しい．なぜなら，過程②だけを起こすことは不可能で，必ず，過程①を伴うし，また，過程②で発生した一酸化炭素が状態2にとどまらず，酸素と反応して過程③を通って状態3になる場合もある．したがって，過程②のエンタルピー変化 ΔH_2 を熱測定から決定することはできず，式（5.15）では $\Delta H_2 = a \text{ kJ mol}^{-1}$ とした．過程③では，純粋な一酸化炭素を燃焼させ，その熱測定を行うことによりエンタルピー変化 ΔH_3 を決定することができる．これらのエンタルピー変化の関係を図5-8右に示したが，ヘスの法則を適用することにより，3つのエンタルピー変化には次の簡単な関係が成り立つ．

$$\Delta H_1 = \Delta H_2 + \Delta H_3 \tag{5.17}$$

式（5.17）に実際の値を代入してみると次のようになる．

$$-393.5 = a + (-283.0) \text{ (kJ mol}^{-1}) \tag{5.18}$$

したがって，$\Delta H_2 = -110.5 \text{ kJ mol}^{-1}$ となる．

5.4.2 標準生成エンタルピー

温度 T，圧力 P が決まると，物質はすべてある決まったエンタルピーをもつ．温度や圧力は測定可能であるが，物質が本来もっているエンタルピー値は測定できない．しかし，もし物質がもつエンタルピーがわかると，それをもとにしてあらゆる化学反応のエンタルピー変化が計算できる．

そのために，まず標準となる温度と圧力を決める．温度 298.15 K（25℃），圧力 1 bar（10^5 Pa = 100.00 kPa）にある物質の状態を**標準状態**とよぶ．標準状態にある純物質[*14]がその物質を構成する単体[*14]からだけで生成されるときの化学反応のエンタルピー変化を，その純物質の**標準生成エンタルピー** ΔH_f° という[*15]．単体の標準生成エンタルピーは，0 kJ mol^{-1} である．標準状態におけるすべての純物質の絶対的なエンタルピーがわからなくても，純物質の標準生成エンタルピーを代用することによって，すべての化学反応の標準エンタルピー変化を計算することが可能である[*16]．

式（5.14）を見ると，C（固，グラファイト）も O_2（気）も単体であり，その標準生成エンタルピーは 0 kJ mol^{-1} であるので，CO_2（気）の標準生成エンタルピーは式（5.14）の反応のエンタルピー変化 ΔH_1 に等しい．したがって，$\Delta H_f^\circ [CO_2（気）] = -393.5 \text{ kJ mol}^{-1}$ となる．同様に，式（5.15）より CO（気）の標準生成エンタルピーは反応のエンタルピー変化 ΔH_2 に等しく，$\Delta H_f^\circ [CO（気）] = -110.5 \text{ kJ mol}^{-1}$ となる．この2つの生成エンタル

[*14] ただ1種類の元素からできている純物質を単体という．純物質はほかの物質がまじっていない単一の物質のこと．たとえば，酸素は単体でも純物質でもあるが，水は純物質であるが単体ではない．

[*15] ΔH_f° の記号において「°」は標準状態を，「f」は生成（formation）を表す．

[*16] すべての純物質の絶対的なエンタルピー H を想定することはできても，実際にその量を知ることはできない．技術が未熟だからではなく，原理的に知ることができないのである．知ることができるのは，反応前後のエンタルピー差だけである．しかし，純物質の絶対エンタルピー量の代わりになるものがあれば，反応前後のエンタルピー差を求めることができ，便利である．そこで，考えだされたのは，単体から化合物をつくるときに得られる反応エンタルピー差 ΔH_f° をその化合物の標準生成エンタルピーと定義し，純物質の絶対エンタルピーの代わりに使うことである．なお，単体から同じ単体をつくると，両者とも同じ状態なので，単体の標準生成エンタルピーは0となる．

ピーを使うと，式 (5.16) の反応の標準エンタルピー変化 ΔH_r° を次のように求めることができる．

$$\Delta H_r^\circ = \Delta H_f^\circ[CO_2(気)] - \left\{\Delta H_f^\circ[CO(気)] + \frac{1}{2}\Delta H_f^\circ[O_2(気)]\right\}$$
$$= -393.5 - \left(-110.5 + \frac{1}{2} \times 0\right) = -283.0 \text{ (kJ mol}^{-1}) \quad (5.19)$$

巻末の**付表7**に種々の物質に関して標準生成エンタルピー[17]を載せた．この表を使うといろいろな化学反応における標準エンタルピー変化を求めることができる．

[17] 単体であるC（グラファイト）やH_2などが0 kJ mol^{-1}であることに着目しよう．

5.5 結合エネルギー

物質がもつ化学エネルギーは，化学結合のなかに潜んでいる．化学エネルギーを利用するときの基本となる結合エネルギーについて知ろう．

◆ 5.5.1 原子化エンタルピー

単体をばらばらにした状態の原子の標準生成エンタルピーを特に，**原子化エンタルピー**という．これがわかると**結合エネルギー**[18]を求めることができる．**表5-1**に原子化エンタルピーを載せた．この値から各種結合エネルギーを求めることが可能である．H—H，O＝O，N≡N，および Cl—Cl の結合エネルギーは直接測定により求められ，それぞれ，436，499，941，243 kJ mol^{-1} である．これらの分子は同核二原子分子であるので，原子化エンタルピーのほぼ倍の値が結合エネルギーとなっている．酸素と窒素に関しては，二重結合 O＝O，三重結合 N≡N の結合エネルギーを表すことになる．

[18] 結合エネルギーとは，共有結合を切断してばらばらの原子にするときに必要なエネルギーのこと．

表 5-1 原子化エンタルピー ΔH_f° (kJ mol^{-1})

原子	原子化エンタルピー	原子	原子化エンタルピー
H	218	N	473
C	715	F	79.1
O	249	Cl	121
Br	112	I	107

※すべて気体状態の値

◆ 5.5.2 水素化合物の結合エネルギー

メタンの標準生成エンタルピーからC—H結合エネルギー，ΔH_b(C—H) を求めてみよう．ヘスの法則に従って，エネルギー概念図を表すと**図5-9**のようになる．巻末の**付表7**より，メタンの標準生成エンタルピーは ΔH_f°[CH$_4$(気)]＝-74.87 kJ mol^{-1} である．また，Cおよび4個のHの原子化エ

ネルギーは，表 5-1 の値になり，次の式のように表せる．

$$\Delta H_f^\circ[\mathrm{C}(気)] + 4\Delta H_f^\circ[\mathrm{H}(気)] = 715 + 4\times 218 = 1587 \,(\mathrm{kJ\,mol^{-1}}) \quad (5.20)$$

メタンの 4 本の C—H 結合は完全に等価であり，C—H の結合エネルギーの 4 倍がメタンから原子 C, H が生成する反応の標準エンタルピー変化に等しい．したがって，C—H の結合エネルギーは次のように求められる．

$$4\Delta H_b^\circ(\mathrm{C-H}) = \Delta H_f^\circ[\mathrm{C}(気)] + 4\Delta H_f^\circ[\mathrm{H}(気)] - \Delta H_f^\circ[\mathrm{CH_4}(気)]$$
$$\Delta H_b^\circ(\mathrm{C-H}) = \frac{1}{4}[1587 - (-74.87)] = 415 \,(\mathrm{kJ\,mol^{-1}}) \quad (5.21)$$

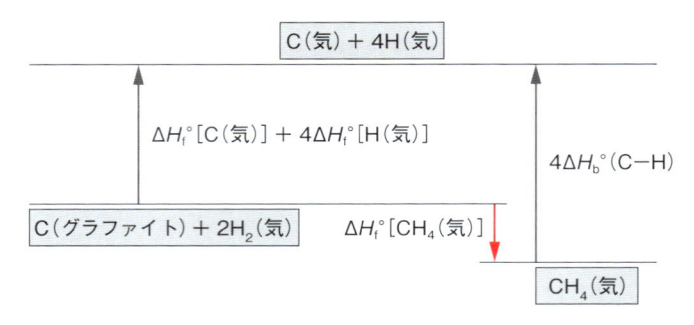

図 5-9 　C—H 結合エネルギー

O—H 結合や N—H 結合も，C—H 結合と同様に求めることができる．O—H 結合に関しては，水の標準生成エンタルピー $\Delta H_f^\circ[\mathrm{H_2O}(気)]$ を適用し，N—H 結合に関しては，アンモニアの標準生成エンタルピー $\Delta H_f^\circ[\mathrm{NH_3}(気)]$ を適用する．すると，O—H 結合は 463 kJ mol^{-1}，N—H 結合は 391 kJ mol^{-1} と求められる．

◆ 5.5.3　平均の結合エネルギー

C—C 結合や C=C 結合だけでできている分子はなく，いろいろな結合が合わさって，分子が形成されている．たとえば，エタン C_2H_6 とプロパン C_3H_8 を考えると，前者は C—H 結合が 6 本，C—C 結合が 1 本である．これに対し，後者は C—H 結合が 8 本，C—C 結合が 2 本である[19]．メタンと同様な計算を行い，それぞれの結合エネルギーの総和を求めることが可能である．それから，メタンの C—H 結合の本数の分の結合エネルギーを引いて，残った値を C—C 結合の数で割れば，C—C 結合エネルギーが計算できる．しかし，メタンの C—H がエタンやプロパンに適用できるという保証はない．そこで，いろいろな分子で C—C 結合の結合エネルギーを求め，その平均を C—C 結合エネルギーとみなす．このような平均の結合エネルギーを表 5-2 に示した．

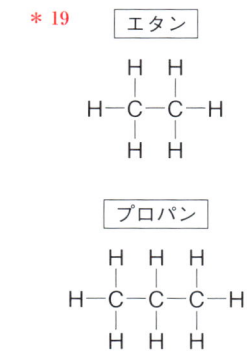

[19] エタン／プロパン（構造式）

この表を眺めると，単結合＜二重結合＜三重結合の順で結合エネルギーが大きくなっていくことがわかる（表5-2 太枠）．σ結合にπ結合が加わって結合が強くなると，結合エネルギーも大きくなるからである．

表5-2　平均の結合エネルギー $\Delta H_b°$（kJ mol^{-1}）

結合	$\Delta H_b°$	結合	$\Delta H_b°$	結合	$\Delta H_b°$	結合	$\Delta H_b°$
H－H	436	H－I	299	C－O	351	F－F	151
H－C	415	C－C	347	C＝O	724	Cl－Cl	243
H－N	391	C＝C	619	N－N	393	Br－Br	193
H－O	463	C≡C	812	N＝N	418	I－I	151
H－F	568	C－N	276	N≡N	941		
H－Cl	431	C＝N	615	O－O	142		
H－Br	366	C≡N	891	O＝O	499		

同核の結合（表5-2　赤字部分）では，H－H＞C－C，N－N＞O－O，F－Fとなっている．H－Hの結合エネルギーが大きいのは水素の原子半径が小さく結合電子を核が強く引きつけているためである．C－CやN－NではCとNの原子半径がHより大きいため結合エネルギーが小さくなり，さらにO－OやF－Fの結合エネルギーが小さいのは非共有電子対どうしの反発が生じているためである．

ハロゲン間の結合エネルギーは，Cl－Cl＞Br－Br＞I－I，F－Fの順番になり，F－Fの結合エネルギーが極端に小さい．これは，非共有電子対どうしの反発がFで最も大きいためである．Cl，Br，Iでは，原子半径が大きくなるため非共有電子対間の反発の影響がなくなり，原子半径が大きくなるにしたがって結合力が弱くなったと考えられる．

水素との結合（表5-2　グレー部分）で，H－C，H－N＜H－O＜H－Fとなっているのは，OとFの電気陰性度が大きいため，結合に双極子モーメントが生じ，その分，さらに結合力が強くなったためである．また，ハロゲン化水素において，H－F＞H－Cl＞H－Br＞H－Iとなっているのは，原子半径が大きくなって，結合力が弱くなったからであろう．

◆ 5.5.4　化学エネルギーの利用

化学反応においては，化学結合が切れたり，新たに生じたりする．結合の組み替えが起こると，表5-2に示した結合エネルギーを外部に放出したり，吸収したりする．石炭，天然ガス，石油を燃焼すると，酸素と反応して，種々の結合エネルギーが放出され，そのエネルギーを使って，われわれは電気エネルギーをつくり出したり，自動車を動かしたりしている．それが**化学エネルギー**というわけである．

反応後には，非常に標準生成エンタルピーの低い二酸化炭素が発生する．二酸化炭素を他の物質に誘導しようとしても，たいていの炭素化合物は二酸化炭素より高いエンタルピーをもっている．薄く大気中に広がった二酸化炭素を回収するには，利用したエネルギー以上のエネルギーを使わなければならないのである[*20]．

> ミニTopic
> *20 しかし，天然では，植物や光合成細菌が太陽エネルギーを使って，二酸化炭素と水のような低エネルギー物質をグルコースなどの高エネルギー物質に変換して，二酸化炭素を回収している．

練習問題

Q1 1.0 L の容器に入った気体の圧力を 25°C で測定したところ，1.50×10^2 (kPa) であった．この気体の入った容器の温度を 125°C にしたとき，圧力はいくらになるか．

Q2 ある系に熱エネルギー q，仕事 w が流入（正の値）あるいは流出（負の値）したときの内部エネルギー変化を ΔU とすると，これらの物理量の間に成立する関係式を示し，熱力学第一法則を説明せよ．

Q3 巻末付表7の標準生成エンタルピーを参照して，次の反応①〜③の標準エンタルピー変化をそれぞれ求めよ．
① メタンの燃焼　CH_4（気）＋ 2 O_2（気）⟶ CO_2（気）＋ 2 H_2O（気）
② テルミット反応　Fe_2O_3（固）＋ 2 Al（固）⟶ Al_2O_3（固）＋ 2 Fe（固）
③ アルミニウムの還元　2 Al_2O_3（固）⟶ 4 Al（固）＋ 3 O_2（気）

Q4 水 H_2O（気）の標準生成エンタルピー（**付表7**参照），水素 H（気）および酸素 O（気）の原子化エンタルピー（**表5-1**参照）より，O－H 結合の結合エネルギーを求めよ．また，同様にアンモニア NH_3（気）の生成エンタルピーおよび水素，窒素の原子化エンタルピーより N－H 結合の結合エネルギーを求めよ．

Q5 エネルギー問題に関する「トリレンマ」について詳しく説明せよ．

第6章 化学平衡と反応速度

6.1 エントロピー
6.2 エントロピーと熱力学第二法則
6.3 化学平衡
6.4 反応速度

物質循環

Introduction

　この地球上では，非常にたくさんの物質が絶えることなく消費・再生され，循環している．太陽エネルギーが地球上に降り注がれ，海洋の水は蒸発し，上空で冷やされ，雨となる．このような水の循環は非生物的な現象である．

　一方，酸素，炭素，窒素，リンなどの元素の循環においては，生物が重要な働きをしている．図6-1の赤い円が酸素循環，黒い楕円が炭素循環，グレーの楕円が窒素循環およびリン循環を表している．中央の四角い部分は，植物が光合成によって，水と二酸化炭素から炭水化物と酸素を生成する過程を示す．光合成で放出された酸素と炭水化物は，地表の多種多様な生物に取り込まれ，呼吸によって最終的に水と二酸化炭素に戻される．この物質循環が完全に維持されることにより，あらゆる生物は，太陽光エネルギーを生命活動のエネルギー源として生きているのである．

　太陽エネルギーや生物の活動を含む地球環境の完全な物質循環は，循環型の「化学平衡状態」と理解できる．それは，自発的に成り立ち，地球の環境を何億年も維持してきた．たとえ短期的・局所的に激しく変化しても，長期的あるいは地球規模で見ると，大きく一方向に変化し続けることはほとんどない．激しい火山活動で地球環境が一時的に激変しても，また元通りの姿に復元する．

　しかし，もし図6-1の点線に示したように，人間が人為的にある物質を循環系に流し込めば，バランスが崩れ，循環型化学平衡が別の平衡位置に移動する．その位置は，生物環境に適さない状態かもしれない．また，地球環境の物質循環は非常に緻密な生物的しくみで成り立っているため，人間がそのごく一部を壊しただけでも，平衡位置がずれ，環境全体の破壊につながりうる．

　個体数は少ないものの絶滅すると環境全体が破壊されてしまうキーストーン捕食者がいる．たとえば，1990年代に北太平洋沿岸でラッコが減少した．そのえさであるウニが繁殖し，多くの生物のよりどころであったジャイアントケープの仮根を食べ，海洋の楽園が失われてしまった．

　このような現象は，「必然的にある平衡の状態に落ち着く」という科学的原理にもとづく．この原理を理解すると，現在の地球環境はある種，必然的に実現されたものであることに気がつく．本章では，化学反応において，この科学的原理を考える．それは「エントロピーの法則」とよばれるものを理解するところから始まる．

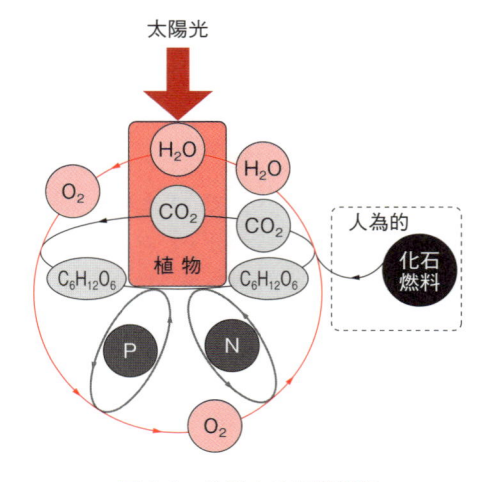

図6-1 地球上の物質循環

6.1 エントロピー

物質循環が自発的にある状態に戻ろうとする科学的原理は，エントロピーの法則によって理解できる．エントロピーの概念は，完全に理解するのは難しいが，意味を大づかみできるよう学んでいく．

◆ 6.1.1 エントロピーの2つの定義

エントロピー[*1]を完全に理解することが難しい大きな理由の1つは，定義式が2つあることだろう．通常の物理量は1つの定義式で表され，意味も理解しやすいものがほとんどである．しかし，エントロピーには2つの定義式があり，一方の式は，式の物理的な意味はわかるが，実際その式に従って，エントロピーの値を求めることができない．もう一方の式は，その式に従ってエントロピーの値を求めることはできるが，その物理的な意味はさっぱりわからない．したがって，両者を完全に理解して初めてエントロピーを理解できることになるが，それを理解するには，まるまる1つの講義が必要である．さらには，2つの定義式を理解しても，「木を見て森を見ず」のような状況が起こる．演習問題は解けるが，さて，エントロピーとは結局何であろうかと自問自答しても，しっくりこない．エントロピーの厳密な理解は，かなりの数学力を要し，本書の目的ではない．そこで，本書では，「木をあまり見ないで森を見る」という観点から，エントロピーを解説する．

◆ 6.1.2 気体の拡散と場合の数

1ヵ所を占めていた物質が，時間とともに拡散し，最後には均一な状態になることを，われわれはいつも経験している．砂糖をお湯に溶かすとき，時間を十分にかけると砂糖の分子は拡散し，均一な砂糖の水溶液ができる．

図6-2に示したように，体積$2V$の1つの容器のちょうど半分の位置に仕切り板をつくり，左にnモルの気体を入れ，右は真空状態にしておく．この仕切り板を取り除くと，左に存在していた気体分子は右に移動し，ついには，左右の気体分子は同じ物質量のところで平衡状態になるであろう[*2]．そして，もとの仕切り板のあったところから左側に$\frac{1}{2}n$ mol，右側に$\frac{1}{2}n$ molの分子が存在することは誰にもわかる．この誰にでもわかる現象を科学的に取り扱うには，場合の数を考える．

図6-3に示すような，気体分子の数が10個のときのそれぞれの拡散過程が起こる場合の数Wを計算してみよう．左から右にn個移動する場合の数は${}_{10}C_n$で表される[*3]．

$$n = 0 : {}_{10}C_0 = 10!/(10! \cdot 0!) = 1 \qquad n = 1 : {}_{10}C_1 = 10!/(9! \cdot 1!) = 10$$

ミニTopic

[*1] 部屋で生活する際，出した物をいちいち元の場所に片づければ，部屋はきれいな状態のままである．しかし，片づけをしないで生活を続ければ，おそらく部屋は乱雑になるであろう．このように，ものごとは必ず乱雑なほうへ進行する．この「乱雑さ」ということを科学的に議論するのに必要なのが，エントロピーの概念である．

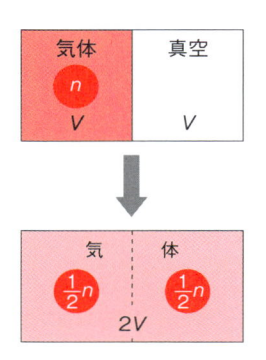

図6-2 気体の拡散

[*2] 互いに逆向きの過程があり，それが同じ速さで進んでいるとき，見かけ上，時間変化していない状態を平衡状態という．完全に止まっている状態と区別するために，動的平衡状態ともいう．分子レベル（微視的・ミクロ）では常に変化していても，肉眼レベル（巨視的・マクロ）では変化していない状態ともいえる．

[*3] 組み合わせの場合の数は次の公式で求められる．
$${}_nC_r = \frac{n!}{(n-r)! \cdot r!}$$
なお，$n!$ は正の整数nから1つずつ小さい整数を1まで掛けた積を表し，階乗という．
（例）$4! = 4 \times 3 \times 2 \times 1$

$n = 2：{}_{10}C_2 = 10!/(8!\cdot 2!) = 45 \qquad n = 3：{}_{10}C_3 = 10!/(7!\cdot 3!) = 120$

$n = 4：{}_{10}C_4 = 10!/(6!\cdot 4!) = 210 \qquad n = 5：{}_{10}C_5 = 10!/(5!\cdot 5!) = 252$

$n = 6：{}_{10}C_6 = 10!/(4!\cdot 6!) = 210$

場合の数は $n=5$ のとき，252 と最大になる．それを過ぎて $n=6$ になると場合の数は 210 と減少する．すなわち，均一化したとき，場合の数は最大値となり，ここで拡散は平衡に達するのである．別の言い方をすると，拡散は場合の数が大きくなる方向に進み，最大値で平衡に達する．

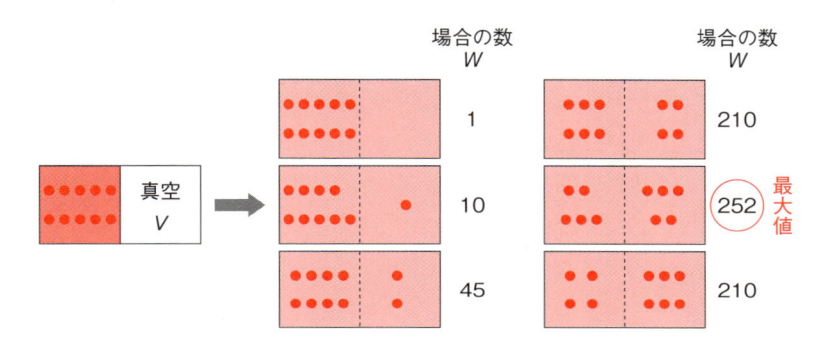

図 6-3 気体の拡散と場合の数

◆ 6.1.3 熱の拡散と場合の数

次に，熱と場合の数の関係を考えてみよう．4 原子分子からなる気体（理想気体として考える）に熱を加えて，加温する状況を考えてみる．このとき，加えられた熱はすべての分子に平均化され，1 つの分子の熱量に分子数を掛ければ全体の熱に等しくなるとする．熱エネルギーは連続したエネルギーのように見えるが，実は 1 個，2 個というように最小エネルギー単位（**熱量子**）の整数倍として認識できる[*4]．

そこで，1 つの 4 原子分子について，絶対零度から出発し，そこに最小エネルギー単位の熱量子を合計 0 個，1 個，2 個，3 個，……と分配していくとき，分配のしかたの場合の数はどのように増えていくか考えてみる．図 6-4 に簡単な 4 原子分子をモデル化した 4 つの箱を示した．熱量子の個数 n が合計 0（絶対零度）のとき，場合の数 W は 1 である．$n=1$ のときは，W は 4 である．これは，1 個の熱を 4 つの原子が分配するときの場合の数を意味している．さらに，$n=2$ では $W=10$，$n=3$ で $W=20$ という具合に，熱量子の増大とともに，分配のしかたの場合の数は飛躍的に増大する．

ここで，熱の拡散（熱拡散）における場合の数の変化を見てみる．8 個の熱量子をもった 4 原子分子 A（高温分子）と 0 個の熱量子をもった 4 原子分子 B（低温分子）を接触させて熱を拡散させると，高温分子から低温分子

[*4] エネルギーを 1 個，2 個と数えられる一塊のエネルギーとして考えることを「エネルギーの量子化」という．

6章 化学平衡と反応速度

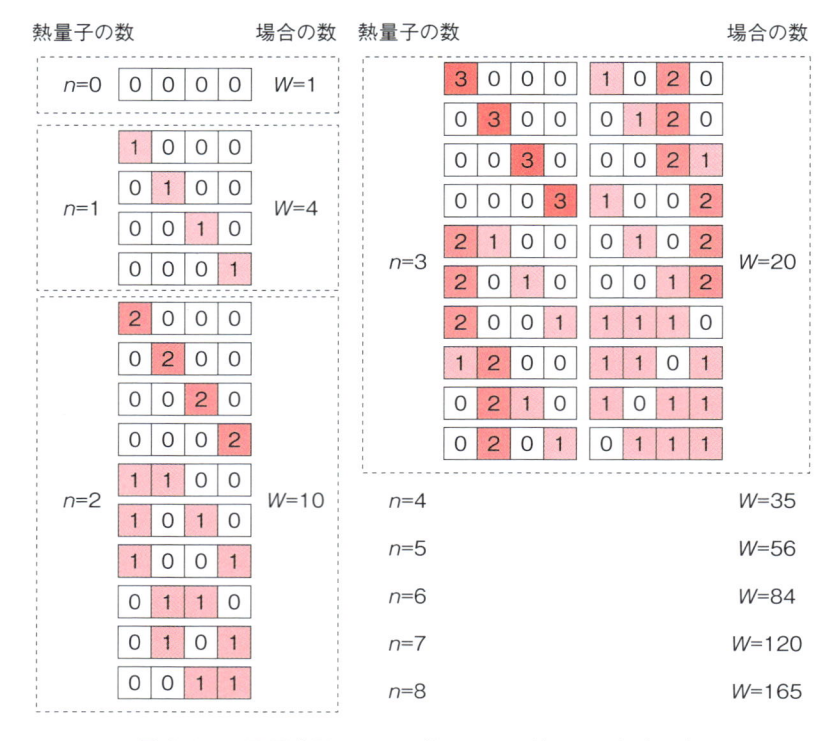

図6-4 4原子分子において分配される熱量子の場合の数

n	W
n=0	W=1
n=1	W=4
n=2	W=10
n=3	W=20
n=4	W=35
n=5	W=56
n=6	W=84
n=7	W=120
n=8	W=165

へ熱量子が移動し，同じ温度で平衡状態になる．その過程の場合の数は**表6-1**のようになる．熱拡散が起きると，分子Aの場合の数は減少し，分子Bの場合の数は増大し，全体の場合の数は増大する．4つの熱量子が移動したとき，分子A，Bの熱量子の数は等しくなり，全体の場合の数は最大となる．さらに熱量子が移動すると，全体の場合の数は減少する．熱拡散においても分子の拡散同様，熱の移動とともに場合の数が増大し，場合の数が最大のところで移動は止まり，平衡状態となるのである．

表6-1 熱拡散における場合の数の変化

移動した熱量子の数	分子A熱量子の数	分子B熱量子の数	場合の数の積	全体の場合の数
0	8	0	165×1=	165
1	7	1	120×4=	480
2	6	2	84×10=	840
3	5	3	56×20=	1120
4	4	4	35×35=	1225
5	3	5	20×56=	1120

※分子A・Bは4原子分子である．それぞれの場合の数は図6-4参照．

6.1.4 エントロピーと場合の数

熱運動は，ベクトルの向きも大きさもばらばらなので，図 6-4 で見たように温度が上がり熱量子の数が増えると，物質の状態の場合の数は増大し，エントロピーも増大する[*5]．つまり，状態の場合の数は物質がもっている「乱雑さ」を表しており，エントロピーを知ることにより，物質がもつ「乱雑さ」を評価することができる．表 6-1 における熱拡散では，分子 A と B の熱量子の数が $n=4$ で等しいとき，最も乱雑になり，エントロピーが最大となる．すなわち，エントロピー最大のところで，熱拡散は止まる．

ルートヴィッヒ・ボルツマン（Ludwig E. Boltzmann）は，熱と仕事において，すでに知られていた**エントロピー** S（単位は $J\,K^{-1}\,mol^{-1}$）と場合の数 W との間に次の関係があることを見出した[*6]．

$$S = k \ln W \qquad \left(k = \frac{R}{N_A}\right) \tag{6.1}$$

式 (6.1) で，k は**ボルツマン定数**といい，1 分子あたりの気体定数を表し，気体定数 R をアボガドロ定数 N_A で割った数である．

6.1.3 項における分子 A の場合の数を W_A，分子 B の場合の数を W_B とすると，それぞれのエントロピーは式 (6.2) で表される．

$$S_A = k \ln W_A \qquad S_B = k \ln W_B \tag{6.2}$$

分子 A と分子 B を合わせた全体のエントロピーは次のようになる[*7]．

$$S_A + S_B = k \ln W_A + k \ln W_B = k \ln W_A \cdot W_B \tag{6.3}$$

2 つの分子全体の場合の数 $W_A \cdot W_B$ を式 (6.1) に代入すると，式 (6.3) の右辺と等しくなる．すなわち，2 つの分子の状態の場合の数 $W_A \cdot W_B$ は，それぞれのエントロピーの和 $S_A + S_B$ に対応する．

このように，物質の状態の場合の数 W がわかれば，エントロピーを計算することができるが，W を直接測定する方法はない．したがって，式 (6.1) が物質の乱雑さを表すという意味はわかるが，この式からエントロピーを実際に求めることはできない．

6.1.5 温度とエントロピーの関係

ボルツマンのエントロピーの定義式 (6.1) が提案されるずっと以前から，エントロピーを定義する式が存在していた．熱力学の考察から，エントロピーの定義は式 (6.4) で与えられる[*8]．

$$dS = \frac{dq}{T} \tag{6.4}$$

[*5] 教室で学生がきれいに並んだ机に着席しているときは，学生の位置は固定されているので，「乱雑さ」はあまり大きくなく，エントロピーは比較的小さい．授業が終わって，学生がいっせいに席を離れると，学生は好きなところへ出かけるので，「乱雑さ」が大きくなり，エントロピーが増大する．このことは物質の状態にもあてはまる．固体は分子が移動しないので，「乱雑さ」は小さく，エントロピーは小さい．しかし，熱が加わって固体が解けて液体になると，エントロピーは大きくなる．さらに熱が加わって，液体が気体になると，「乱雑さ」はさらに大きくなり，エントロピーもさらに増大する．

[*6] $\ln = \log_e$ であり，自然対数を表す（補章 1.2 節参照）．

[*7] $\log a + \log b = \log ab$

[*8] 式 (6.4) で dS や dq の d は微小変化を表している．熱エネルギー dq が系に入ったとき，通常，温度 T は変化する．しかし，温度変化が無視できるほど，dq が小さければ，温度は T で一定であるとしてもよく，式 (6.4) が定義できる．したがって，dS および dq の微小変化とは，温度にほとんど影響を与えないほど小さいという意味になる．

6章 化学平衡と反応速度

この式の意味するところは，温度 T の物質に微少の熱量 dq が加えられたとき，物質のもつエントロピーの増加 dS は $\frac{dq}{T}$ となるということだが，$\frac{dq}{T}$ の意味がさっぱりわからないので，エントロピーの意味がわからない．

そこで，式 (6.1) と式 (6.4) の関係を考えてみる．式 (6.1) を場合の数 W で微分すると[*9]，次のように表せる．

$$\frac{dS}{dW} = \frac{k}{W} \qquad \text{または} \qquad dS = \frac{k\,dW}{W} \tag{6.5}$$

理想気体の状態方程式 $PV=nRT$ の PV は，n モルの気体がもつエネルギーと考えられる．アボガドロ数を N_A とすると，物質量 n の分子数は nN_A となるので，気体1分子あたりのエネルギーは次のように，kT に等しくなる．

$$\frac{PV}{nN_A} = \frac{R}{N_A}T = kT \qquad \left(k = \frac{R}{N_A}\right) \tag{6.6}$$

エネルギー kT の1個の分子がもつ状態の場合の数を W とし，この分子に，わずかな熱エネルギー dq が加わったとき，状態の場合の数の増加量を dW とする．1分子のエネルギー kT に対する加わったわずかな熱エネルギー増加量 dq の割合は，1分子の状態の場合の数 W に対するわずかな増加量 dW の割合に等しいであろう．すなわち，次のようになる．

$$\frac{dq}{kT} = \frac{dW}{W} \qquad \text{あるいは} \qquad \frac{dq}{T} = \frac{k\,dW}{W} \tag{6.7}$$

式 (6.7) と式 (6.4) を結びつけると，次の式が成立する．

$$\frac{dS}{k} = \frac{dq}{kT} = \frac{dW}{W} \qquad \text{または} \qquad dS = \frac{dq}{T} = \frac{k\,dW}{W} \tag{6.8}$$

これで，式 (6.4) におけるエントロピーの微小変化 dS は，熱エネルギーや場合の数の微小変化の割合に比例することがわかる．そして，精密に温度測定と熱測定を行うと，式 (6.4) より物質のエントロピーを求められ，エントロピーは決定可能量となる．

6.2 エントロピーと熱力学第二法則

状態がどちらに進んでいくかは，エントロピー増大の法則に従う．あらゆる現象に適用できる基本法則なので，しっかり理解しよう．

◆ 6.2.1 絶対零度のエントロピー

式 (6.4) を見ると，T が絶対零度に近づくほど，微少変化 dq に対して，dS の値が大きくなる．絶対零度に到達するとエントロピーの変化の絶対値は無限に大きくなるので，原理的に絶対零度には到達できない[*10]．

[*9] 場合の数 W で微分するということは，わずかな変化 dW に対して，エントロピーがどれだけ変化するかを求めるものである．$y = a \ln x$ を x で微分すると

$$\frac{dy}{dx} = \frac{a}{x} \quad \text{となる．}$$

[*10] 温度を下げるには，物質から熱エネルギーを放出させる必要がある．熱エネルギーを放出させると，物質のエントロピーは減少するが，それに見合うだけ外部でエネルギーを使う操作をしなければならない．絶対零度付近で絶対零度に到達するためには無限大のエントロピーを減少させなければならないが，1回の操作で減少させるエントロピーの量は決まっている．つまり，有限回の操作で無限大のエントロピーを減少させることは不可能であることを意味する．比喩的にいうと，振動している物体を止めるには，きわめて大きな完全に静止している物体と接触させて止めればよいが，そういうものが存在しないとすると，静止させることは不可能だということである．

6.2 エントロピーと熱力学第二法則

一方，式 (6.1) を使うと，絶対零度のエントロピーを考えることができる．絶対零度では，気体のエネルギーは0となり，完全に停止し，完全結晶となる．そのときの状態の場合の数は $W=1$ となり，式 (6.1) より絶対零度でのエントロピーが0となるとしても不都合はない．

しかし，絶対零度は原理的に決して到達できないので，これはあくまで仮定となる．絶対零度でのエントロピーを0と仮定すると，詳細な温度測定と熱量測定により，標準状態での物質のエントロピー（**標準エントロピー $S°$**）を決定できる（巻末**付表7**）．この値を利用すると標準生成エンタルピー変化と同様な取り扱いで，種々の反応における標準エントロピー変化を求めることができる（5.4.2項参照）．

◆ 6.2.2 熱力学第二法則

熱エネルギーは運動のベクトルがばらばらであるため，すべての熱エネルギーをベクトルがそろった仕事に変えることは困難である．もし，原理的に考えるならば，ばらばらになっているベクトルをすべて0にしてやれば，すべての熱エネルギーを仕事に変換することが可能になる．すなわち，絶対零度にしてやれば，熱エネルギーをすべて仕事に変換することが可能になるが，6.2.1項で指摘したように絶対零度には原理的に到達し得ない．それゆえ，熱エネルギーを100%仕事に変えることは不可能である．エネルギー効率100%のエンジンができると，外気から熱を奪って仕事に変えて永久に働くエンジンになる．これを**第二種永久機関**というが，熱力学第二法則により，存在しない．

エンジンは，高温（T_H）の熱源から熱エネルギー q_1 を取り入れ，そのうちのいくらか q_2 を低温（T_L）の熱源に捨て，そのエネルギーの差を仕事 w にかえることが可能である（**図6-5a**）．エンジンを作動し続ければ，高温の熱源の温度は低下し，低温の熱源の温度は上昇し，両者はそのうち等しく

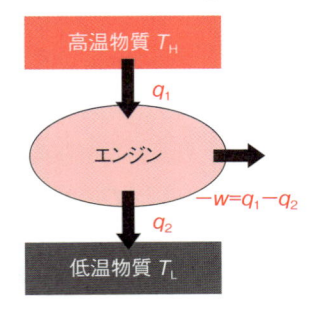

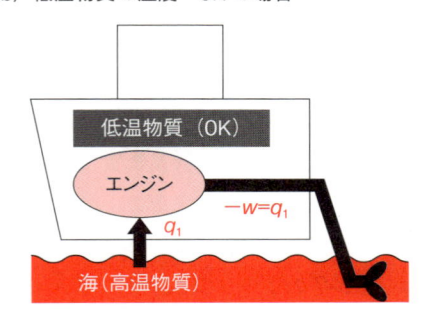

(a) 低温物質の温度＝T_L の場合　　(b) 低温物質の温度＝0K の場合

図6-5 熱エネルギーを仕事に変えるエンジン
q は熱エネルギー，w は仕事を表す．

なり，エンジンは止まる．しかし，熱エネルギーを100%仕事に変えることができれば（$-w=q_1$），低温の熱源に熱エネルギーを捨てることなく（$q_2=0$），高温の熱源から得た熱エネルギーを仕事に変えることが可能である．たとえば，海洋を航海する船が，海洋を高温の熱源として，海水から熱エネルギーを取り入れ，永久に動き続けることができる（図6-5b）．しかも，この論理は熱力学第一法則に反しておらず，エネルギーは保存されている．しかし，そんな現象はあり得ない．

また，図6-6のように，効率100%のエンジン（第二種永久機関）とヒートポンプを組み合わせると，他に何ら変化をおよぼさず，低温物質から高温物質に熱を移動させることができる．図6-6のような熱の移動が可能であるのは，左のエンジンの効率が100%であるとしたためであり，ひいてはエンジンの低温物質が絶対零度に到達しているとしたためである[*11]．

*11 熱エネルギーを仕事に変えるエンジンについて，技術面などは抜きにして思考上で考えた場合，その効率は，温度差にのみ依存し，
$$\eta = (T_H - T_L)/T_H$$
で表される．つまり，熱エネルギーを100%仕事に変える効率100%のエンジンを可能にするためには，上の式の値が1にならねばならない．それは，$T_L=0$，すなわち，低温物質が絶対零度でなければならない．しかし，絶対零度は原理的に不可能なので，第二種永久機関も実現不可能である．なお，第一種永久機関とはエネルギー保存則が成立しない永久機関のことをさす．

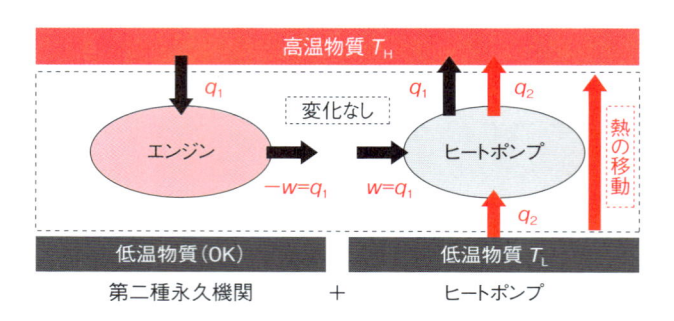

図6-6 第二種永久機関とヒートポンプを組み合わせたときの熱の移動
もし左のエンジンの低温物質の温度が絶対零度であった場合，エンジン効率100%，すなわち$w=q_1$となり，左のエンジンは第二種永久機関となる．これとヒートポンプを組み合わせると，他に何ら変化を起こさずに熱が低温物質から高温物質に移動できることになる．

「絶対零度に達することはできない」，「すべての熱を仕事に変えることは不可能である（**トムソンの原理**）」，「低温物質から高温物質への熱の自発的移動は起こらない（**クラウジウスの原理**）」というこれら3つの原理は表現が異なるだけで，同じ内容を意味している．この原理のことを**熱力学第二法則**という．

◆ 6.2.3 エントロピー増大の法則

熱は高温物質から低温物質には自発的に移動するが，低温物質から高温物質へは自発的に移動することはない．熱の移動はエントロピーの増減を意味するので，エントロピーで熱力学第二法則を表現できる．

図6-7のように高温物質（T_H）と低温物質（T_L）からなる孤立系を考える．孤立系であるこれらの物質の外界は存在しない．わずかな熱量qが高温物質から低温物質へ移動するとき，式(6.3)より，全エントロピー変化

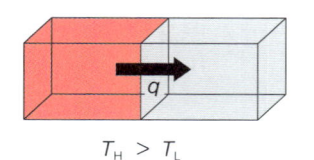

図6-7 孤立系での熱の移動
$T_H > T_L$

ΔS_T は，高温物質のエントロピー変化 ΔS_H と低温物質のエントロピー変化 ΔS_L の和になる．ただし，移動に伴う温度変化は無視できるとする．

$$\Delta S_\mathrm{T} = \Delta S_\mathrm{H} + \Delta S_\mathrm{L} = \frac{-q}{T_\mathrm{H}} + \frac{q}{T_\mathrm{L}} = \frac{q}{T_\mathrm{H} T_\mathrm{L}}(-T_\mathrm{L} + T_\mathrm{H}) \tag{6.9}$$

$T_\mathrm{H} > T_\mathrm{L}$ であるので，式（6.9）より，常に $\Delta S_\mathrm{T} > 0$ である．したがって，孤立系では，状態の変化は全エントロピーが常に増大する方向に自発的に移動する．これを**エントロピー増大の法則**という．熱力学第二法則の4つ目の表現は「孤立系のエントロピーは常に増大する」というものである．

6.3 化学平衡

化学反応がどちら向きに進むのかは，ギブズエネルギーの変化を調べることによってわかる．そうして反応は平衡状態にたどり着く．

◆ 6.3.1 ギブズエネルギー

図6-8のような孤立系を考える．系は定圧下にあり，化学変化など何らかの状態変化が起こった．このとき，わずかな熱量 q が外界から系に入ったとすると，孤立系のエンエントロピー変化は式（6.10）で与えられる．

$$\Delta S_\mathrm{univ} = \Delta S_\mathrm{surr} + \Delta S_\mathrm{sys} \tag{6.10}$$

外界のエントロピー変化は定圧過程では，式（6.4）と $\Delta H = q$ より

$$\Delta S_\mathrm{surr} = -\frac{q}{T} = -\frac{\Delta H_\mathrm{sys}}{T} \tag{6.11}$$

したがって，孤立系のエントロピーは次式で表される．

$$\Delta S_\mathrm{univ} = \Delta S_\mathrm{surr} + \Delta S_\mathrm{sys} = -\frac{\Delta H_\mathrm{sys}}{T} + \Delta S_\mathrm{sys} \tag{6.12}$$

両辺に $-T$ をかけると

$$-T\Delta S_\mathrm{univ} = \Delta H_\mathrm{sys} - T\Delta S_\mathrm{sys} \tag{6.13}$$

孤立系におけるいかなる変化も $\Delta S_\mathrm{univ} > 0$ であるので，$-T\Delta S_\mathrm{univ} < 0$ となる．$-T\Delta S_\mathrm{univ}$ は，系のエンタルピー変化 ΔH_sys とエントロピー変化 ΔS_sys を決定するだけで求められ，孤立系のエントロピーに対応した値である．そしてこれは，系の**ギブズエネルギー変化** ΔG_sys といい，状態変化が進行するかどうかがわかる値となる．一般に**ギブズエネルギー** G（単位 kJ mol^{-1}）は，次のように定義される[*12]．

$$G = H - TS \tag{6.14}$$

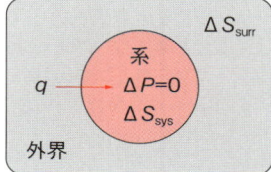

図6-8 定圧下でのエントロピー変化

[*12] 以前は，ギブズエネルギーのことをギブズの自由エネルギーとよんでいた．ギブズエネルギーの式 $\Delta G = \Delta H - T\Delta S$ のうち，ΔH は，系が外界から得たエネルギーに対応する．そして，$-T\Delta S$ は系内で熱として使われたエネルギーに対応し，決して外部に取り出して利用することができない．このことから，$\Delta H - T\Delta S$ すなわち ΔG は外部に取り出して利用可能なエネルギーと考えることができる．それで，以前はギブズエネルギーのことをギブズの自由エネルギーとよんでいたが，この概念を理解するのは難しいため，自由エネルギーという名称は次第に使われなくなった．

定圧・定温下での変化においては次のようになる．

$$\Delta G = \Delta H - T\Delta S \tag{6.15}$$

化学変化を含むある状態変化に対して，系の ΔH と ΔS の値より，ΔG が求まり，$\Delta G < 0$ ならば，この状態変化はエントロピー増大の法則（熱力学第二法則）に従う方向で，自発的に変化が起こる．$\Delta G > 0$ ならば，状態変化はエントロピー増大の法則に反する方向であり，自発的には進行しない．

これを進行させるには，図 6-8 の孤立系を系とし，さらにその外側に外界を形成させ，たとえば電気エネルギーや光エネルギーを系に注入すると，$\Delta G > 0$ から $\Delta G < 0$ に代わり，エントロピーの法則に従って，状態変化は進行することになる[*13]．

◆ 6.3.2 ギブズエネルギーと化学平衡（$\Delta G_r°=0$ の場合）

標準状態（1 bar, 25℃）においては，巻末付表 7 の標準生成エンタルピー $\Delta H_f°$ および標準エントロピー $S°$ の値から，標準生成エンタルピーのときと同様な方法（5.4.2 項参照）で，式（6.15）を使って，**標準生成ギブズエネルギー** $\Delta G_f°$ が求められる．

化学平衡[*14]において，**標準反応ギブズエネルギー** $G_r°$ を求めることは非常に重要な意味をもつ[*15]．まず，簡単な反応として，A⇌B というように A と B が生成される反応が平衡状態にある反応を考えてみよう．

もし，A および B の標準生成ギブズエネルギーが等しいとすると，

$$\Delta G_f°(A) = \Delta G_f°(B) \tag{6.16}$$

となり，標準反応ギブズエネルギー変化は

$$\Delta G_r° = \Delta G_f°(B) - \Delta G_f°(A) \tag{6.17}$$

で与えられるので，$\Delta G_r°=0$ となる．この場合，A の濃度 [A] と B の濃度 [B] が等しい（[A]=[B]）ときに，平衡に達することは容易に想像できる．このエネルギー図を図 6-9 に示した．

平衡定数は反応物の濃度に対する生成物の濃度比で表される．

$$K = \frac{[B]}{[A]} = 1 \tag{6.18}$$

6.1.2 項および 6.1.3 項で述べたように，平衡状態における場合の数は最大で，エントロピーも最大なので，$G=H-TS$ より，平衡時のギブズエネルギーは最小となる．したがって，平衡でないいかなるギブズエネルギーも平衡時におけるギブズエネルギーより大きい．平衡前の状態（G_i）と平衡状態（G_e）のギブズエネルギー変化を考えることによって，平衡前の状態から A

[*13] 光合成の反応は光エネルギーなくして，絶対に起こらない．それは，反応のギブズエネルギー変化が $\Delta G > 0$ となり，エントロピー増大の法則に反しているからである．しかし，外部から光エネルギーを取り入れると，孤立系は太陽まで広がり，エントロピーの増大を太陽が起こす．太陽まで含めたより広い孤立系では $\Delta G < 0$ となり，エントロピー増大の法則に従って，光合成は自発的に進行する．

[*14] 正反応と逆反応の速さが等しくなり，どちらにも進んでいないように見える状態のこと．

[*15] ある平衡反応を考えるとき，化学者はその平衡反応の平衡定数がどのような値をもつか知ろうとする．平衡定数とは，図 6-9 で示したように平衡時における反応物と生成物の濃度比である．濃度比と聞くと，特に重要とは思われないけれど，平衡定数は温度の関数を含んだ標準反応ギブズエネルギーと関係づけられる．標準反応ギブズエネルギーは反応が決まれば，一義的に決まるが，温度が一定ならば，平衡定数も一義的に決まることを意味している．平衡定数が一定でなければ，熱力学の法則が破れることを意味するので，平衡定数は絶対に成立する物理量なのである．

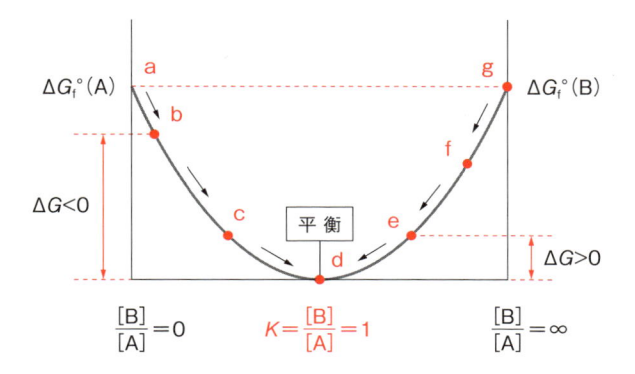

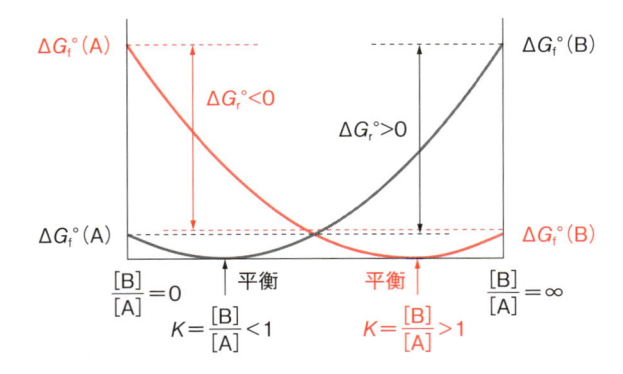

図 6-9 $\Delta G_f^\circ(A) = \Delta G_f^\circ(B)$ のときのギブズエネルギー

⇄B のどちらの方向に反応が進行するか予想できる．

$$\Delta G = G_i - G_e \tag{6.19}$$

図 6-9 の点 a，b，c においては $\Delta G < 0$ となり，平衡式 A⇄B の反応はさらに右方向に進行する．点 d の平衡時において，$\Delta G = 0$ となる．逆にいうと，$\Delta G = 0$ というのが平衡の条件になる．さらに，点 e，f，g においては $\Delta G > 0$ となり，反応は逆に左方向に戻される．

◆ 6.3.3 ギブズエネルギーと化学平衡（$\Delta G_r^\circ < 0$，$\Delta G_r^\circ > 0$ の場合）

反応式 A⇄B において，$\Delta G_f^\circ(A) > \Delta G_f^\circ(B)$ の場合と，$\Delta G_f^\circ(A) < \Delta G_f^\circ(B)$ の場合を考えてみる．ギブズエネルギーを図 6-10 に示した．

図 6-10 $\Delta G_f^\circ(A) \neq \Delta G_f^\circ(B)$ のときのギブズエネルギー

$\Delta G_f^\circ(A) > \Delta G_f^\circ(B)$ の場合，標準反応ギブズエネルギー変化は $\Delta G_r^\circ < 0$ となる．この場合（図 6-10 赤色で表示），生成物が有利であるため，平衡

位置は $K=1$ よりも生成物側に存在する（$K>1$）. また, $\Delta G_r^\circ > 0$ の場合（**図 6-10** グレーで表示）, 反応物が有利であるため, 平衡位置は $K=1$ より反応物側に存在している（$K<1$）. このように, 平衡の位置と標準反応ギブズエネルギー変化 ΔG_r° とは, 密接な関係があることがわかる.

◆ 6.3.4 ギブズエネルギーと化学平衡（$\Delta G_r^\circ \ll 0$, $\Delta G_r^\circ \gg 0$ の場合）

反応式 $A \rightleftarrows B$ に関して, 標準反応ギブズエネルギー変化が $\Delta G_r^\circ \gg 0$ の場合, 平衡の位置はほとんど反応物側にあるので, $A \to B$ の反応はまったく起こらない（**図 6-11** グレー線）[*16]. つまり, $A \to B$ の反応はエントロピー増大の法則に反するので, 自発的に起こることはない[*17]. $\Delta G_r^\circ \ll 0$ の場合, 平衡の位置はほとんど生成物側にあるので, $A \to B$ の一方向の反応しか起こらない（**図 6-11** 赤線）.

しかしながら, それらの反応が速やかに起こるか, ゆっくり起こるかは ΔG_r° の値だけでは決まらない. ΔG_r° が負の値で絶対値が十分大きいということは, 一方向の反応 $A \to B$ がエントロピー増大の法則に従っており, 自発的反応が可能であるといえるだけで, 化学反応が起こりやすい, すなわち反応速度が速いということとは, 別の問題なのである.

[*16] たとえば, $K \ll 10^{-2}$ または $K \gg 10^2$ のとき, **図 6-10** の平衡位置は概算で横軸の両端の 1/100 より端になる.

[*17] ただし, 外部からエネルギーを注入すれば, $A \to B$ の反応を起こすことは可能である.

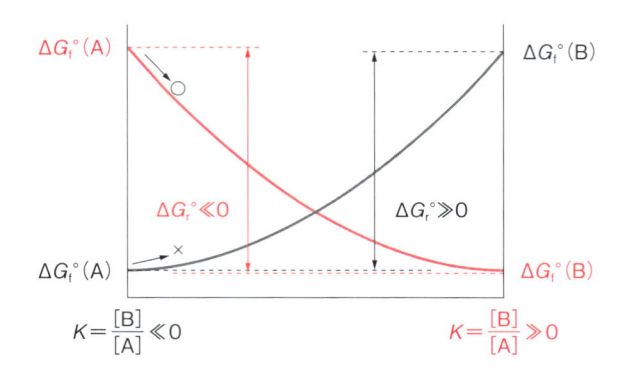

図 6-11 $|\Delta G_r^\circ| \gg 0$ のときのギブズエネルギー

6.4 反応速度

ここまでで, 化学反応がどちら向きに進み, どこでストップするのかを見てきた. 今度は化学反応の速さを決めるしくみに着目する.

◆ 6.4.1 一次反応と二次反応

化学反応は, 分子どうしが衝突することで起こる. **図 6-12a** に示すよう

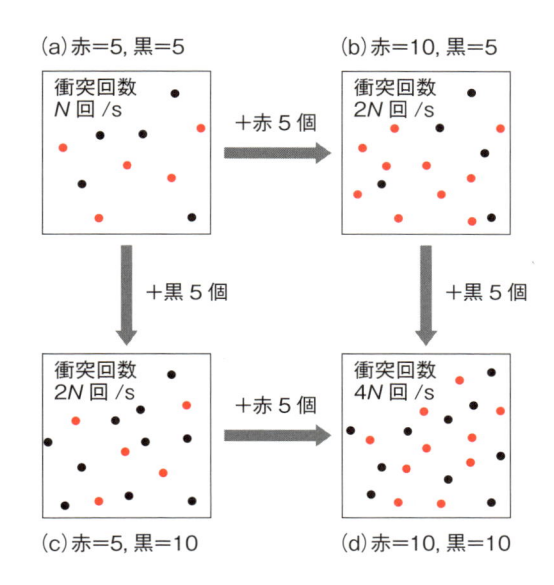

(a) 赤=5, 黒=5　衝突回数 N 回/s
(b) 赤=10, 黒=5　衝突回数 $2N$ 回/s
(c) 赤=5, 黒=10　衝突回数 $2N$ 回/s
(d) 赤=10, 黒=10　衝突回数 $4N$ 回/s

図 6-12　赤玉と黒玉の個数と衝突回数の関係

に，ある領域に赤玉 5 個，黒玉 5 個があり，赤玉と黒玉が衝突する回数を数えたら，N 回/s であったとする（前提条件）．

ここで赤玉を 5 個増やして合計 10 個にしたら，衝突回数はどうなるだろうか．元の赤玉 5 個が黒玉 5 個と衝突するのは N 回/s，加えた赤玉 5 個が黒玉 5 個と衝突するのは同じ N 回/s であろう．したがって，赤玉 10 個，黒玉 5 個の衝突回数は 2 倍になって $2N$/s となる（図 6-12b）．同様に，(a) の条件に黒玉を 5 個加えても，衝突回数は $2N$/s となる（図 6-12c）．さらに，(b) の条件にさらに黒玉 5 個を加えるか，(c) の条件に赤玉 5 個を加えると，赤玉 10 個，黒玉 10 個となるが，このときの衝突回数は，さらに 2 倍になって $4N$/s となる．このように，衝突回数は赤玉と黒玉の個数に比例して増えることがわかる．すなわち，次のように表せる．

$$\text{衝突回数} \propto [\text{赤玉の個数}] \times [\text{青玉の個数}] \tag{6.20}$$

図 6-12 の赤玉，黒玉を気体分子あるいは溶液中の溶質分子と考えると，化学反応も同様に考えることができる．

$$A + B \longrightarrow C + D \tag{6.21}$$

において，A と B が反応して A または B の濃度が変化する速度を**反応速度** v という．式 (6.20) の玉の数は，化学反応では一定体積中の物質量に対応するので，モル濃度に置き換えられ，v は A の濃度と B の濃度それぞれに比例する[*18]．

$$v = -k[A][B] \tag{6.22}$$

[*18] 反応によって，反応物の濃度 [A] および [B] は減少するので，マイナスをつける．逆に生成物の濃度 [C] および [D] は増加するので，C または D の濃度が変化する速度はプラスになる．

この反応速度は2つの濃度の積に比例するので，反応（6.21）は**二次反応**，式（6.22）は**二次反応速度**とよばれる．ここで，kは**二次反応速度定数**である．反応速度の単位は mol L^{-1} s^{-1} であり，[A][B]の単位は (mol L^{-1})^2 であるので，二次反応速度定数の単位は

$$\frac{\text{mol L}^{-1}\text{s}^{-1}}{(\text{mol L}^{-1})^2} = \text{L mol}^{-1}\text{s}^{-1} \tag{6.23}$$

となる．二次反応速度定数kには，濃度の逆数の単位が含まれている．

また，溶媒との衝突で，溶媒は反応しないが，物質が自己分解する場合もある．図6-11の赤線の場合がこれにあたる．このような場合，反応式は

$$\text{A} \longrightarrow \text{B} \tag{6.24}$$

で表され，Aの濃度が変化する速度をvとすると，反応速度vはAの濃度にのみ比例する．

$$v = -k[\text{A}] \tag{6.25}$$

式（6.24）のような反応のことを**一次反応**，式（6.25）を**一次反応速度**という．ここで，kは**一次反応速度定数**である．一次反応速度定数の単位は s^{-1} であり，濃度に関係する単位が含まれない．

◆ 6.4.2 触媒の働き

気体・溶液などの媒体の条件が同じならば，化学反応に関わる分子の衝突回数は物質の種類によらずほぼ同じである．衝突回数と気体分子や溶質分子の濃度は比例関係にあるので，各反応成分の濃度を 1 mol L^{-1} とすると，一次反応，二次反応を問わず，反応速度vは反応速度定数kに等しくなる．つまり，反応速度が反応によって異なるのは速度定数kの違いによるのである．速度定数kは1回の衝突で化学反応が起こる確率に比例し，そこには種々の因子が関係している．そのうち最も重要な因子が分子の衝突の運動エネルギーである．強く衝突すれば反応し，衝突が弱ければ反応しない．この運動エネルギーは熱エネルギーによるもので，温度と関係する．温度が高くなればkの値が大きくなり，反応速度が増大する．そして，kの値は，分子のもつエネルギー（**ポテンシャルエネルギー**）が，ある値を超えると急激に増大する．このエネルギー値のことを反応の**活性化エネルギー**という．

分子の衝突後，反応経路に沿ったポテンシャルエネルギーを図6-13に示した．前節に示した図は反応の進行とともに，すべての分子を考慮したギブズエネルギー変化を示したものであるが，図6-13では1個の反応分子について見ている．反応分子Aは衝突の過程でひずみ，エネルギー的に高い位置に押し上げられ，活性複合体という中間的な物質を形成する[19]．この活

[19] 2つの分子が衝突して，原子の結合の組み替えが起こるとき，反応物の分子の結合はひずみ，生成物の分子の結合は生まれておらず，やはりひずんでいる段階がある．このような反応物と生成物の中間的な構造を経て，反応は進行する．この中間的な構造した物質を活性複合体とよぶ．

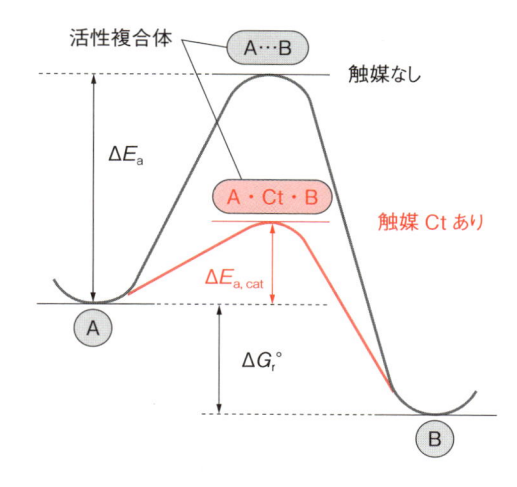

図 6-13
反応経路に沿ったポテンシャルエネルギー

性複合体を形成した化学種のみが分子 B を生成することができると考える（図 6-13 グレー線）．つまり，1 個の分子 A は，衝突後のごく短い時間の間で，図 6-13 で示したような活性化エネルギー ΔE_a を超えるポテンシャルエネルギーを経て，分子 B を生成する．活性化エネルギー ΔE_a が大きければ大きいほど，反応が起こりにくく反応速度定数は小さくなり，ΔE_a が小さければ小さいほど，反応は起こりやすく反応速度定数は大きくなる．

触媒とよばれる特別な物質を反応の間に介在させると，活性化エネルギー

Topic　三元触媒──自動車排気ガス浄化装置

自動車の排気ガス中には，炭化水素 HC，一酸化炭素 CO および窒素酸化物 NO_x が含まれ，そのまま放出すると公害の原因となる．これらの有毒物質は互いの酸化と還元（第 8 章参照）を組み合わせることで無毒化できる．現在では，プラチナ Pt，パラジウム Pd，およびロジウム Rh を使用した三元触媒という排気ガス浄化装置が使われている．装置は排気管部分に設置される．

$$[HC] + NO \longrightarrow CO_2 + H_2O + N_2$$
$$CO + NO \longrightarrow CO_2 + N_2$$
$$H_2 + NO \longrightarrow N_2 + H_2O$$

3 つの金属がもつ触媒作用により，排気ガス中に含まれる水素 H_2，炭化水素 HC，一酸化炭素 CO および一酸化窒素 NO が，上の式に代表される反応により，二酸化炭素 CO_2，水 H_2O，窒素ガス N_2 という無害な気体として排出される．

しかし，これらの気体を単に混ぜ合わせただけでは，活性化エネルギーが非常に高く，通常，反応は起こらない．三元触媒は気体をすばやく金属表面に吸着させ，金属表面でその気体の化学結合を金属との化学反応により切断し，そして最も熱力学的に安定な結合を生じさせ，CO_2，H_2O，N_2 として金属表面から遊離させる．

実際の排気ガスは，燃焼状況によって化学量論がきわめて複雑であり，必ずしも理想的にはならないが，有害な HC，CO，NO_x がほぼ無害化される．自動車の排気ガスによるスモッグは近年，日本ではほとんど起こっていない．

を低下させることができる．触媒が存在すると，激しい衝突は必要ではなく，分子Aと触媒との相互作用により，活性複合体が変化し，活性化エネルギー $\Delta E_{a,cat}$ は著しく低下し，低い温度でも，十分大きな反応速度をもつことができる．反応後，分子Bが生成すると，触媒は元の物質に戻り，再び分子Aと相互作用する．

生物の生体内で合成される酵素はこのような触媒作用をもっており，普通ならほとんど進行しないような反応がたやすく起こる[20]．図 6-1 に示した物質循環の作用の多くは生物が合成する酵素による触媒反応であり，エントロピー増大の法則と酵素の触媒反応に支えられている．われわれは循環系を破壊せず守っていくためにも，このような働きを理解する必要がある．

ミニTopic

[20] 酵素は生体がつくり出した触媒である．酵素分子の形は複雑で，まるで鍵と鍵穴のように特定の反応物（生物では基質という）の分子の形を認識して，結合させる．これを基質特異性という．そして，結合した部位に触媒反応が起こるための工夫されたしくみが仕込まれていて，活性化エネルギーを押し下げる．通常，1つの酵素は1つの反応にしか触媒の能力を発揮せず，これを反応特異性という．酵素は，生体内で効率的に作用するように作られている．これを生物から取り出して利用する場合は，pH，温度，基質の濃度，酵素の濃度によって，基質特異性や反応特異性などの触媒としての機能が変化する．

練習問題

Q1 熱力学第二法則を次の（a）（b）2つの表現で述べよ．
(a) トムソンの原理　　(b) クラウジウスの原理

Q2 次の①〜⑤の変化のうち，（　）内の物質のエントロピーが減少しているものを選び，番号で答えよ．
① 氷が解けて水になった．（水）
② コップの中の水が蒸発して，空になっていた．（水）
③ 鉄が赤くなるまで，鉄の温度を上昇させた．（鉄）
④ 冷たくひやしたコップの表面が水滴で曇った．（水）
⑤ ドライアイスの塊が小さくなった．（二酸化炭素）

Q3 巻末付表7の標準エントロピーを参照して，次の反応①〜③の標準エントロピー変化をそれぞれ求めよ．
① メタンの燃焼　CH_4（気）＋ 2 O_2（気）⟶ CO_2（気）＋ 2 H_2O（気）
② テルミット反応　Fe_2O_3（固）＋ 2 Al（固）⟶ Al_2O_3（固）＋ 2 Fe（固）
③ アルミニウムの還元　2 Al_2O_3（固）⟶ 4 Al（固）＋ 3 O_2（気）

Q4 Q3の反応①〜③に関して，下の（a）（b）の問いに答えよ．
(a) Q3の反応①〜③の標準ギブズエネルギー変化を求めよ．
(b) 標準状態でのQ3の反応①〜③は，熱力学的に有利であるか不利であるか，それぞれ答えよ．

Q5 自動車の排気ガス中の有害な物質を無害な物質に変える三元触媒について，3つの元素名と元素記号，触媒作用を書け．

第7章 酸と塩基

7.1 ブレンステッドの酸・塩基
7.2 酸塩基平衡
7.3 中和滴定
7.4 緩衝液

酸性雨

Introduction

三重県四日市市で 1960～1972 年に発生した「四日市ぜんそく」では，石油化学コンビナートから多量に排出された亜硫酸ガス（二酸化硫黄）など硫黄酸化物（SO_x）が原因で呼吸器疾患を発病する患者が急増し，死に至ることもあった．裁判は1972年に結審し，賠償金が支払われた．現在では，大気汚染防止法により排出基準が設けられ，また，脱硫した軽油の使用，酸化物浄化技術や脱硫技術の進歩などにより硫黄酸化物の大気中濃度は大きく改善された．

重度の大気汚染は，自然界にも大きな影響をおよぼした．それが「酸性雨」である．四日市ぜんそくは局所的だったが，酸性雨は非常に広範囲に広がり，湖や川にすむ生物や森林などの植物に大きな影響をおよぼす．酸性雨ができるメカニズムは，工場から排出された窒素酸化物や硫黄酸化物が大気中で酸化され，硝酸や硫酸となる．それが雨雲に吸収され，酸性となって広がる．雨雲は長距離を移動し，酸性の雨を降らせるのである．

酸性雨が最初に報告されたのは，産業革命の先進国，19世紀のイギリスであった．1950年代にはスウェーデンやノルウェーなど，北欧でも始まっている．この両国には汚染源はなく，イギリスやドイツが大量に石炭を使ったことから，ドイツで森林が破壊され，ついで北欧にも深刻な湖沼の環境破壊が観測されたのである．

このような国境を超える酸性雨は，日本でも観測された．図7-1 に 1991～1993 年の日本の雨の平均 pH（酸性度を表す値．7.2.3項参照）分布をイメージとして示した．この図を見ると，太平洋側より日本海側のほうが pH が低く，酸性度が高い．日本の工業地帯はほとんど太平洋側にあるので，汚染源が日本の工場にあるとは考えにくい．また，日本ではこの頃までに，脱硫装置の設置が進んでいた．つまり，1970年代の汚染源は確かに日本国内だったが，1990年代以降は，中国からの影響のほうが大きいと考えられる．日本海側の pH が低いのはそのためである．

酸性雨問題は，日本だけでなく国際的な取り組みのなかで解決していく必要がある．本章では，酸性とは化学的にはどんな現象であり，どう測定するのかなどといった基本的なしくみを学ぶ．

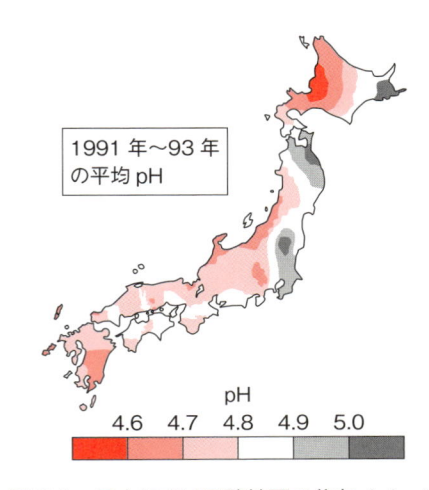

図7-1 日本における酸性雨の分布イメージ
Noguchi, I., Oshio, T., Matsumoto, M., Morisaki, S., Oohara, M., Tamaki, M., Hiraki, T., Fukuzaki, N., Kamimura, K. "Distributions of Precipitation Components in Japan". *Proceedings of International Conference on Acid Deposition in East Asia, Taipei, Taiwan* (1996) 194-203 より．

7.1 ブレンステッドの酸・塩基

酸性，塩基性という言葉を聞くことがあるだろう．まずは，酸，塩基とは，科学的にはどういうことを表しているのかを理解しよう．

◆ 7.1.1 酸・塩基とは何か

4章でも解説したが，水 H_2O は極めて特異な物質である．電気陰性度の大きな違いから水素と酸素の結合は分極し，酸素が少しマイナス性（$\delta-$）を帯び，水素が少しプラス性（$\delta+$）を帯びている．また，酸素原子には2対の非共有電子対（$:\ddot{O}H_2$）が存在しているため折れ曲がった形をしている．そして，水素と酸素が水素結合で引き合い，$HO-H^{\delta+}\cdots^{\delta-}:\ddot{O}H_2$（―は共有結合，…は水素結合を表す）においてO—H結合の開裂とH…Oの結合が起こり，H—O—Hの組み換えが分子間で絶えず起こっている（図7-2a）．

こういう水分子の水素と酸素のネットワークの中に，水素イオン H^+ が溶け込むと，ネットワークに取り込まれ（$H_2O-H^+\cdots:\ddot{O}H_2$），**ヒドロニウムイオン** H_3O^+ となる（図7-2b）．一方，**水酸化物イオン** OH^- も水に溶け込むと，ネットワークに取り込まれる（$HO^-\cdots H-OH$）（図7-2c）．

(a)

(b)

(c)

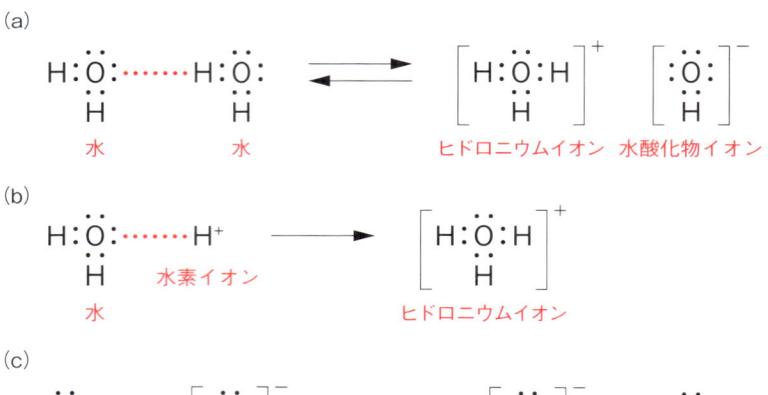

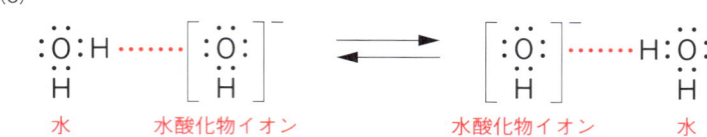

図7-2　水，ヒドロニウムイオン，水酸化物イオン

水溶液中にヒドロニウムイオン H_3O^+ の濃度が高いと**酸性**と認識され，水酸化物イオン OH^- の濃度が高いと**塩基性**（**アルカリ性**）と認識される[*1]．そして，ヒドロニウムイオンも水酸化物イオンも化学的活性が高く，さまざまな物質と反応するので，その量を知ることは極めて重要なのである．

*1 硝酸や硫酸などの強い酸が環境中に含まれると，酸性雨など，環境にダメージを与える．逆に，自然界によい影響を与える酸の仲間もある．それはリン酸である．リン酸は水素イオンを3個もつことができる3価の酸である．環境中では，生物のエネルギー代謝に不可欠なアデノシン三リン酸ATPや，遺伝子として重要なDNAなどの分子中にリン酸が含まれている．酸素，炭素，窒素は地球上に豊富に存在し，植物や菌によって炭酸同化作用（光合成）や窒素固定が行われ，物質循環が容易に起こる．しかし，リンはそれほど多く存在せず，生物が利用できるリン酸は限られる．この限られたリン酸供給の中で，生態系は成立しているので，人間活動により自然界ではあり得ない量のリン酸が供給されると，生態系のバランスが崩れ，赤潮やアオコが発生したりする．かつてはリン酸塩を含んでいた洗剤が規制対象になり，現在では無リンの洗剤が販売されるようになった．

◆ 7.1.2　共役酸・共役塩基

水素イオン H^+ は，裸のまま水中に存在することはない．何か媒介となる物質と結合している．それが，水分子である．図7-2bに示すように水分子の非共有電子対は水素イオンに配位結合して，ヒドロニウムイオンを生成する．生成したヒドロニウムイオン中の H^+ は，もともと別の物質がもっていたもので，その物質が酸であると考えられる．そこで，ヨハンス・ブレンステッド（Johannes Brønsted）は，「**酸**とは H^+ を与える物質であり，**塩基**は H^+ を受け取る物質である」と定義した．

定義としては非常に簡単であるが，この定義から生み出される内容は奥が深い．まず，この定義に基づいて炭酸における H^+ の授受（**酸塩基平衡**）を考えてみよう．二酸化炭素は水に溶解し炭酸を生成する[*2]．

$$CO_2(気) + H_2O(液) \rightleftharpoons H_2CO_3(aq) \tag{7.1}$$

*2 （気）は気体状態，（液）は液体状態，（aq）は水溶液を表している．

反応 (7.1) は水素イオンの授受を伴わないので，酸塩基平衡ではなく，二酸化炭素の水への溶解平衡である．雨水などの天然水は完全な中性の水ではなく，炭酸を含んでいる．そして，炭酸と水との間で，式 (7.2) に示すように水素イオンの授受を行う．

$$H_2CO_3(aq) + H_2O(液) \rightleftharpoons H_3O^+(aq) + HCO_3^-(aq) \tag{7.2}$$

右向きの反応では，炭酸 H_2CO_3 は水 H_2O に水素イオン H^+ を与えるので酸である．また，水 H_2O は炭酸 H_2CO_3 から H^+ を受け取るので塩基である．一方，左向きの逆反応を考えると，ヒドロニウムイオン H_3O^+ は炭酸水素イオン HCO_3^- に H^+ を与えるので酸である．炭酸水素イオン HCO_3^- はヒドロニウムイオン H_3O^+ から H^+ を受け取るので塩基である．

このとき炭酸 H_2CO_3 と炭酸水素イオン HCO_3^- を**共役酸塩基対**という．同様に，水 H_2O とヒドロニウムイオン H_3O^+ も共役酸塩基対である．また，言い方を変えると，炭酸 H_2CO_3 の**共役塩基**は炭酸水素イオン HCO_3^- であり，水 H_2O の**共役酸**はヒドロニウムイオン H_3O^+ である（図7-3）．

ブレンステッドの酸塩基の定義では，次式のように，必ず酸 HA と塩基 B が存在し，反応後，酸 HA は塩基 A^- となり，塩基 B は酸 HB^+ となる．

$$HA + B \rightleftharpoons HB^+ + A^- \tag{7.3}$$

酸 HA と塩基 A^- は共役酸塩基対であり，塩基 B と酸 HB^+ も共役酸塩基対である．酸 HA の共役塩基は A^- であり，塩基 B の共役酸は HB^+ である．逆に，塩基 A^- の共役酸は HA であり，酸 HB^+ の共役塩基は B である．

7章 酸と塩基

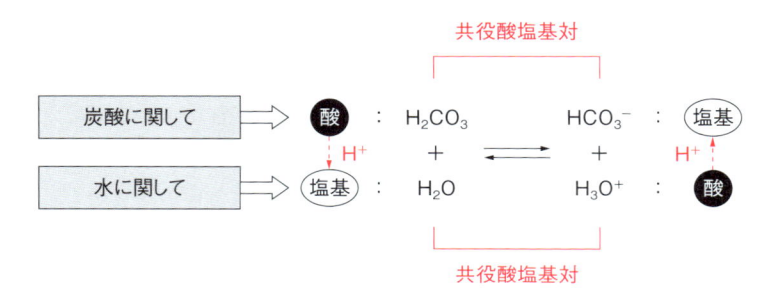

図7-3 共役酸と共役塩基
酸がH^+を放出すると共役塩基となり，塩基がH^+を受け取ると共役酸になる．

◆ 7.1.3 強酸・強塩基

　酸を水に溶かしたとき，溶かした量だけヒドロニウムイオンH_3O^+が生成する場合，その酸を**強酸**という．また，塩基を水に溶かしたとき，溶かした量だけ水酸化物イオンOH^-を生成する場合，その塩基を**強塩基**という．

　塩化水素ガスHClが水に溶けると**塩酸**になる．このとき塩酸は水にH^+を与えるので，酸である．一方，水はH^+を受け取るので，塩基である（式7.4）．

$$HCl(aq) + H_2O(液) \longrightarrow H_3O^+(aq) + Cl^-(aq) \tag{7.4}$$

　この反応の標準反応ギブズエネルギー変化は6.3.3・6.3.4項の$\Delta G_r^\circ < 0$，$\Delta G_r^\circ \ll 0$に対応し，塩酸はH^+とCl^-にほとんど**完全解離**するので[*3]，反応の矢印は$\rightleftharpoons$ではなく，$\longrightarrow$である．最初に仕込んだ塩酸はすべて水にH^+を与え，すべてH_3O^+になるので，塩酸は強酸である．強酸には塩酸のほかに硫酸H_2SO_4，硝酸HNO_3，過塩素酸$HClO_4$などがある[*4]．

　次に，**水酸化ナトリウム**$NaOH$を水に溶かすと，ナトリウムイオンNa^+と水酸化物イオンOH^-に完全解離する（式7.5）．OH^-はヒドロニウムイオンからH^+を受け取る（式7.6）ので，塩基である．

$$NaOH(aq) \longrightarrow Na^+(aq) + OH^-(aq) \tag{7.5}$$
$$OH^-(aq) + H_3O^+(aq) \longrightarrow H_2O(液) + H_2O(液) \tag{7.6}$$

　水酸化ナトリウムは水に溶解した量のすべてがOH^-を生成するので，強塩基である．

　また，**ナトリウムエトキシド**C_2H_5ONaを水に溶かすと，完全解離してエトキシドイオン$C_2H_5O^-$を生成する（式7.7）．エトキシドイオンは水からH^+を受け取るので塩基である（式7.8）．水はH^+を与えるので酸として働き，その共役塩基は水酸化物イオンOH^-である．

[*3] これ以降，「ほとんど完全解離」という表記をただ単に「完全解離」と表現する．厳密に言うと，酸塩基の解離反応で完全に解離しきってしまうことはない．平衡反応では，幾分かの反応物が戻ってくるためである．

[*4] H_2SO_4は，SとOとも16族元素で，価電子は6である．Sは$+6$，Oは-2となって八隅子則を満足させる．$S+O\times 4 = +6+(-2)\times 4 = -2$であるため，$SO_4^{2-}$となり，二つの水素イオンと結合する．同様に，$HNO_3$は，$N+O\times 3 = +5+(-2)\times 3 = -1$で$NO_3^-$となり，$HClO_4$は$Cl+O\times 4 = +7+(-2)\times 4 = -1$で$ClO_4^-$となる．

$$C_2H_5ONa(aq) \longrightarrow Na^+(aq) + C_2H_5O^-(aq) \qquad (7.7)$$

$$C_2H_5O^-(aq) + H_2O(液) \longrightarrow OH^- + C_2H_5OH(aq) \qquad (7.8)$$

エトキシドイオンは，加えた量だけ，OH^- ができるので強塩基である．

◆ 7.1.4 弱酸・弱塩基

酸や塩基を水に溶かしたとき，加えた酸や塩基のすべての量がヒドロニウムイオン H_3O^+ や水酸化物イオン OH^- を与えない場合，これらの酸や塩基のことを**弱酸・弱塩基**という．

酢酸 CH_3COOH を水に溶かすと，式 (7.9) のように解離する．酢酸は水に H^+ を与えるので酸であり，その共役塩基は酢酸イオン CH_3COO^- である．

$$CH_3COOH(aq) + H_2O(液) \rightleftharpoons H_3O^+(aq) + CH_3COO^-(aq) \qquad (7.9)$$

この反応の標準反応ギブズエネルギーは 6.3.3 項の $\Delta G_r^\circ > 0$ に対応し，平衡位置は右よりもむしろ左の方に位置するため，酢酸はわずかしか解離しない[*5]．したがって，酢酸は弱酸に分類される．

同様に**アンモニア** NH_3 を水に溶かすと，式 (7.10) のように解離する．

$$NH_3(aq) + H_2O(液) \rightleftharpoons OH^-(aq) + NH_4^+(aq) \qquad (7.10)$$

アンモニアは水から H^+ を受け取るので塩基であり，その共役酸はアンモニウムイオン NH_4^+ である．この場合も，溶かしたアンモニアの量の一部しか OH^- は生成しないので，アンモニアは弱塩基である．

[*5] 解離している割合を電離度という．0.1 M 酢酸の電離度は 0.013（$K_a = 1.8 \times 10^{-5}$ で計算した値）である．

7.2 酸塩基平衡

酸や塩基を水に溶かすとどうなるのだろうか．章の初めの文章に出てきた pH とは何を表すものかもここで学ぶ．

◆ 7.2.1 酸解離定数・塩基解離定数

酸や塩基の強さは，酸塩基平衡において，ある一定の溶かした酸または塩基の量に対して，ヒドロニウムイオン H_3O^+ または水酸化物イオン OH^- がどれだけ生成するかによる．したがって，酸の強さや塩基の強さを数量化するには，酸塩基平衡の平衡定数を考えればよい．

酸 HA の酸塩基平衡は次のように表せる．

$$HA(aq) + H_2O(液) \rightleftharpoons H_3O^+(aq) + A^-(aq) \qquad (7.11)$$

この平衡定数 K は次式で表される．

*6 水の濃度は1L中に含まれる水の物質量である。1Lは1000gなので、水の分子量18で割ると55.6 molとなる。したがって、水の濃度 $[H_2O]$ は、55.6 Mとなる。通常、酸の濃度は0.1 M以下を扱うことがほとんどで、0.1 Mの酸の添加によってすべての酸が反応したとしても、水の濃度は55.6 Mから55.5 Mへ変化するだけなので、平衡定数に与える影響は3桁以下であり、無視できる。

$$K = \frac{[H_3O^+][A^-]}{[HA][H_2O]} \tag{7.12}$$

この式で、水は溶媒であり、水の濃度 $[H_2O]$ は酸の濃度 $[HA]$, $[H_3O^+]$ や塩基の濃度 $[A^-]$ に比べ圧倒的に大きいため、平衡式 (7.12) において、水の濃度は一定と考えてよい*6. $K_a = K[H_2O]$ とおくと、**酸解離定数** K_a が次式で与えられる。

$$K_a = K[H_2O] = \frac{[H_3O^+][A^-]}{[HA]} \tag{7.13}$$

酸解離定数が大きければ大きいほど、酸HAは強い酸であり、小さければ小さいほど弱い酸である。

同様に、塩基Bの酸塩基平衡式 (7.14) において、**塩基解離定数** K_b は式 (7.15) で与えられる。

$$B(aq) + H_2O(液) \rightleftharpoons OH^-(aq) + HB^+(aq) \tag{7.14}$$

$$K_b = \frac{[OH^-][HB^+]}{[B]} \tag{7.15}$$

塩基解離定数が大きければ大きいほど、塩基Bは強い塩基であり、小さければ小さいほど弱い塩基である。

◆ **7.2.2 水の自己解離**

水は分子間で水素結合をしてネットワーク (HO–H$^{\delta+}\cdots^{\delta-}$:ÖH$_2$) を形成しており、水素と酸素の組み替えが起こっている。この組換えは式 (7.16) で示すような**水の自己解離反応**として知られている。

$$2\,H_2O(液) \rightleftharpoons H_3O^+(aq) + OH^-(aq) \tag{7.16}$$

この反応の平衡定数は**水の自己解離定数** K_w とよばれ、次式で与えられる。

$$K_w = [H_3O^+][OH^-] \tag{7.17}$$

表 7-1 水の自己解離定数 K_w

温度 (℃)	K_w
0	1.1×10^{-15}
15	4.5×10^{-15}
25	1.0×10^{-14}
35	2.1×10^{-14}
50	5.5×10^{-14}
100	4.9×10^{-13}

*7 正確には 1.01×10^{-14}

表 7-1 に水の自己解離定数を示す。温度が増大すると、水の自己解離定数 K_w の値も増大する。ここで、偶然にも温度25℃の K_w の値は、ちょうど 1.0×10^{-14} という値をもつ*7. 水に酸や塩基が含まれない場合、$[H_3O^+] = [OH^-]$ であるので、式 (7.17) より、

$$[H_3O^+] = \sqrt{1.0 \times 10^{-14}} = 1.0 \times 10^{-7}(M) = [OH^-] \tag{7.18}$$

となり、中性の水のヒドロニウムイオン濃度および水酸化物イオン濃度は 1.0×10^{-7} (M) である。

酸および塩基の解離平衡と水の自己解離平衡は，水溶液中ではどちらも同時に成り立つ[*8]．したがって，式 (7.13) (7.15) (7.17) はどれも成立する．ある酸 HA を水に溶かすと，その平衡式は式 (7.11) であり，酸 HA の酸解離定数 K_a は，式 (7.13) で表される．また，酸 HA に関して，その共役塩基は A^- であり，共役塩基 A^- の塩基解離定数 K_b は，平衡式 (7.19) より，式 (7.20) で与えられる．

$$A^-(aq) + H_2O(液) \rightleftharpoons OH^-(aq) + HA(aq) \tag{7.19}$$

$$K_b = \frac{[OH^-][HA]}{[A^-]} \tag{7.20}$$

酸とその共役塩基の解離定数の積を取ると，式 (7.13) (7.20) より，

$$K_a \times K_b = \frac{[H_3O^+][A^-]}{[HA]} \times \frac{[OH^-][HA]}{[A^-]} = [H_3O^+][OH^-] = K_w$$

$$K_a \times K_b = K_w \tag{7.21}$$

となる．この関係より，酸解離定数 K_a がわかると，その共役塩基の塩基解離定数 K_b は $\frac{K_w}{K_a}$ で与えられ，塩基解離定数 K_b がわかるとその共役酸の酸解離定数 K_a は $\frac{K_w}{K_b}$ で与えられる．

◆ 7.2.3 pH の定義

25℃でのヒドロニウムイオンの濃度領域に関して，高い濃度を 1 M であるとすると[*9]，そのときの水酸化物イオンの濃度は式 (7.17) より，$[OH^-] = \frac{K_w}{1} M = 1 \times 10^{-14}$ (M) となる．同様に，水酸化物イオンの濃度領域に関して，高い濃度を 1 M とすると，ヒドロニウムイオンの濃度は $[H_3O^+] = \frac{K_w}{1} M = 1 \times 10^{-14}$ (M) となる．通常，取り扱われるヒドロニウムイオンの濃度領域は 1×10^{-14} (M) から 1 M 程度であり，水酸化物イオンの濃度領域も同様である．このように広い濃度領域では，酸性や塩基性の度合いをイオン濃度で議論すると，表記が非常に煩雑になる．そこで，酸性や塩基性の度合いを示す指標として，式 (7.22) のように **pH** や **pOH** を定義し，これを使って酸性や塩基性を議論すると便利である[*10]．

$$pH = -\log[H_3O^+] \qquad pOH = -\log[OH^-] \tag{7.22}$$

水素イオン濃度の範囲 1×10^{-14} (M) 〜 1 M でべき数をとるとマイナスの値になってしまう．そこで，$-\log$ をとることによって，べき数のマイナスをプラス表記になるようにしている．そのほかの物理量 K_a，K_b，K_w に対しても，$-\log$ をとると，pK_a，pK_b，pK_w が与えられる．

[*8] 平衡定数が成立することは熱力学の法則からの要請であり，たとえ複数の平衡定数が絡んでいても，すべての平衡定数が成立する必要がある．もし，平衡があって，平衡定数が成立していなければ，熱力学の法則が破れたことを意味する．しかし，誰もそれを経験したことがない．

[*9] 水の濃度が 55.6 M であることを考えると，限界は 1 M 〜 10 M のところにある．濃くなると完全解離も起こらなくなる．

[*10] pH の語源はデンマーク語からきているが，英語では "power of Hydrogen" となる．ここで，power は「べき乗，累乗，指数」を意味する．pH は「ピーエイチ」または「ペーハー」と読む．

$$pK_a = -\log K_a \qquad pK_b = -\log K_b \qquad pK_w = -\log K_w \qquad (7.23)$$

式（7.17）の $K_w = [H_3O^+][OH^-]$ より

$$pK_w = -\log([H_3O^+][OH^-]) = -\log[H_3O^+] - \log[OH^-] \qquad (7.24)$$

25℃では，$K_w = 1.0 \times 10^{-14}$ であり，式（7.22）を代入すると

$$pK_w = -\log 10^{-14} = pH + pOH = 14 \quad (25℃) \qquad (7.25)$$

となる．また，式（7.21）より次の式が成立する．

$$pK_w = pK_a + pK_b = 14 \quad (25℃) \qquad (7.26)$$

酸性の度合いと pH の関係を図 7-4 に示す．中性の水の pH は 7 であり，これより低い pH は $[H_3O^+] > [OH^-]$ となって酸性を示し，pH の値が小さいほど酸性は強い．逆に pH > 7 のときは $[H_3O^+] < [OH^-]$ となって塩基性を示し，pH の値が大きいほど塩基性は強い．図 7-4 には身の回りの水溶液の pH も示した．図中，標準の雨の pH は 5.6 で，弱酸性を示す．これは，二酸化炭素が雨水に溶け込み，炭酸が生成しているためである．5.6 より低い pH を示す雨を **酸性雨** という．pH が 4.2〜4.4 を示す酸性雨は環境に大きな影響をもたらすことが予想される[*11]．

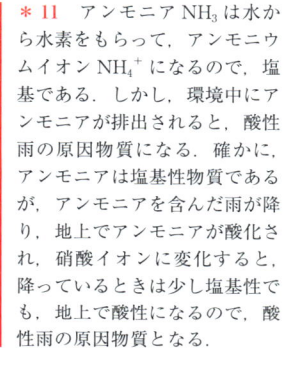

*11 アンモニア NH_3 は水から水素をもらって，アンモニウムイオン NH_4^+ になるので，塩基である．しかし，環境中にアンモニアが排出されると，酸性雨の原因物質になる．確かに，アンモニアは塩基性物質であるが，アンモニアを含んだ雨が降り，地上でアンモニアが酸化され，硝酸イオンに変化すると，降っているときは少し塩基性でも，地上で酸性になるので，酸性雨の原因物質となる．

Topic　pH 測定

水溶液の pH を測定する方法は主に 2 つある．1 つは pH 試験紙を使った簡易測定法であり，もう 1 つは pH メーターを使って精密に測定する方法である．pH 試験紙にはいくつもの種類が販売されているが，最も汎用なものは下図に示すようなロール状の紙テープになっている．適当な長さに切り，そこに調べたい水溶液をつけると，水溶液の pH に応じてテープの色が変色し，pH と色の対応から pH を判断することができる．この方法では 1〜14 まで整数値の pH が判別できる．

一方，pH メーターは，特殊なセンサーを調べたい水溶液につけると pH を表示してくれるものである．最近では，値をデジタルで表示するものが圧倒的に多い．pH 測定の原理にはいくつか種類があるが，ガラス電極を用いた方法では，センサー部分の膜が水素イオンに感応して，膜の両側で電位差を生じるという原理を利用している．pH = 7，pH = 4 および pH = 9 の標準液を用意し，この液で電位差を測定する．その電位差をそれぞれ pH = 7，pH = 4，pH = 9 とし，その間は直線近似して，溶液の pH を求める．このような換算法や温度補正などがすでに装置内に組み込まれており，小数点以下 2 桁の精度で pH 測定ができるようになっている．

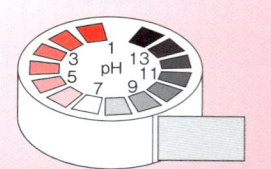

図7-4 酸性の度合いとpHの関係

pH	0	1	2	3	4	5	6	7	8	9	10	11	12	13	14
$[H_3O^+]$ (M)	1	10^{-1}	10^{-2}	10^{-3}	10^{-4}	10^{-5}	10^{-6}	10^{-7}	10^{-8}	10^{-9}	10^{-10}	10^{-11}	10^{-12}	10^{-13}	10^{-14}
$[OH^-]$ (M)	10^{-14}	10^{-13}	10^{-12}	10^{-11}	10^{-10}	10^{-9}	10^{-8}	10^{-7}	10^{-6}	10^{-5}	10^{-4}	10^{-3}	10^{-2}	10^{-1}	1
生活環境中のpH		トイレ洗剤	レモン酢	みかんりんごソース	醤油 酸性雨 (pH4.2〜4.4)	コーヒー 標準の雨 (pH5.6)	大根牛乳		海水 卵(白身)	重曹	石けん水		漂白剤(液体)		
人体中のpH		胃液			尿		尿	血液	なみだ						
酸・塩基	HCl (1M)		CH_3COOH					(純水) 食塩水					NH_3		NaOH (1M)

矢印上部: 強 ← 酸性 — 弱 — 中性 — 弱 — 塩基性 → 強

7.3 中和滴定

酸と塩基は一緒にするとお互いが作用をおよぼし合う．その性質を利用して，濃度を測る方法を学ぶ．

◆ 7.3.1 中和滴定の方法

酸と塩基の水溶液を同じ物質量だけ混ぜ合わすと，**中和反応**が起こる．中和では，酸が出すH^+と塩基が出すOH^-が反応してH_2Oができ，酸と塩基の性質が打ち消される．中和した溶液から水を蒸発させると通常，イオン結合で結びついた，**塩**(えん)とよばれる固体結晶が得られる*12．

酸や塩基の濃度を調べる方法に**中和滴定**がある．これは濃度のわからない酸または塩基水溶液を，濃度がわかっている塩基水溶液または酸で中和させ，ちょうど中和反応が完結したときの加えた量から，濃度未知の酸または塩基水溶液の濃度を決定する方法である．

滴定装置として**図7-5**に示すようなビュレットというガラス器具を用いる．濃度既知の標準水溶液をビュレットに入れ，体積を正確に量った濃度未知の試料を下のフラスコに入れる．ここに，中和反応の完結が色の変化で判断できるような**指示薬**を数滴垂らし，ビュレットから標準水溶液を1滴1滴加え（「滴下」という），色の変化が起こったとき，反応の終点とする．加えた標準水溶液の体積から，未知試料の濃度を計算することができる．

*12 たとえば，塩酸HClと水酸化ナトリウムNaOH水溶液の中和反応ではNaClが，硫酸H_2SO_4と水酸化ナトリウムNaOH水溶液の中和反応では，Na_2SO_4が生成する．

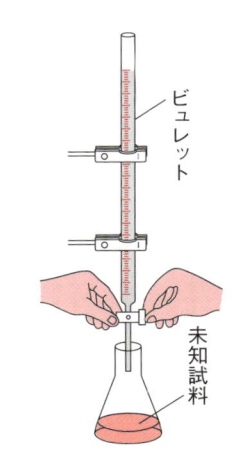

図7-5 中和滴定

7章 酸と塩基

◆ 7.3.2 強酸の強塩基による中和滴定

強酸である塩酸 HCl の濃度を NaOH 水溶液で滴定する場合を考える．中和反応は次式で表される．

$$\text{HCl} + \text{NaOH} \longrightarrow \text{NaCl} + \text{H}_2\text{O} \tag{7.27}$$

滴定において HCl の物質量と加えた NaOH の物質量が等しくなる点を**中和点（当量点）**といい，反応式（7.27）の終点である．

図 7-6 に 0.10 M 水酸化ナトリウム標準水溶液で 0.10 M の塩酸（測定前はこの試料の濃度がわかっていない）10 mL を滴定したときの pH 変化を示す．この曲線のことを**滴定曲線**という．

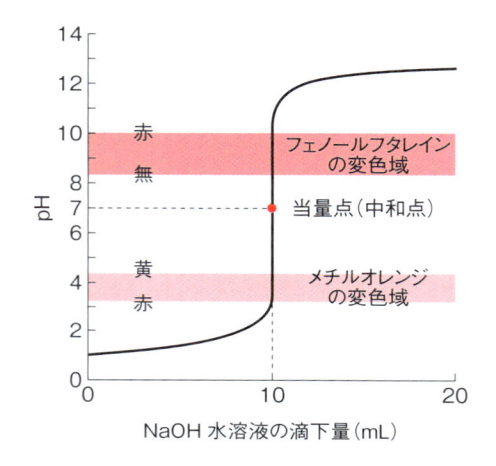

図 7-6 強酸の強塩基による滴定曲線

滴定前は 0.10 M の塩酸で，pH＝1.0 である．そこに水酸化ナトリウム水溶液を 9.0 mL 加えると，すべて塩基は反応し，残った酸は次の濃度になり

$$[\text{H}_3\text{O}^+] = \frac{0.10 \times 10 - 0.10 \times 9}{10 + 9} = 5.3 \times 10^{-3}\,(\text{M}) \tag{7.28}$$

pH＝2.28 となる[*13]．pH は 1 から 2.28 に上がるだけである．これは中和反応に使われずに残った塩酸濃度が反映するためである．当量点に近づくと，塩酸の濃度は著しく減少し，わずかの水酸化ナトリウムの添加に対して急激に水素イオン濃度は減少する．そして，中和点に達するとすべての塩酸が水酸化ナトリウムと反応しきって，NaCl を水に溶かしたのと同じ状態となる．したがって，中和点での pH は 7 である．水酸化ナトリウム水溶液の 9 mL から中和点 10 mL までのわずか 1 mL の滴下で，2.27 から 7 まで急激に pH は変化する．さらに，水酸化ナトリウムを 1 mL を加えると，水酸化物イオンの濃度は，次のようになる．

*13
pH＝$-\log[\text{H}_3\text{O}^+]$
　＝$-\log(5.3 \times 10^{-3})$
　＝$-\log 5.3 - \log 10^{-3}$
　＝$-0.72 + 3$
　＝2.28
この計算の過程では $\log ab = \log a + \log b$ という公式と，対数表の $\log 5.3 = 0.72$ という値を用いている．

$$[\text{OH}^-] = \frac{0.10 \times 1}{10+11} = 4.8 \times 10^{-3} \text{(M)} \tag{7.29}$$

ここから pOH=2.32 が求められ，pH=14−2.32=11.68 となる．

すなわち，中和点からわずか 1 mL の水酸化ナトリウムの添加で pH は 7 から 11.68 まで急激に変化することになる．その後，合計 20 mL まで滴定を続けると，下のようになる．

$$[\text{OH}^-] = \frac{0.10 \times 10}{10+20} = 3.33 \times 10^{-2} \text{(M)} \tag{7.30}$$

ここから pOH=1.48 が求められ，pH=14−1.48=12.52 となる．

すなわち，11 mL から 20 mL の水酸化ナトリウム水溶液の滴下で，11.68 から 12.52 にしか pH は上昇しない．

このように強酸の強塩基による中和滴定では，残っている酸または塩基の濃度が直接，水溶液の pH に反映される．そして，中和点では酸，塩基とも濃度が 0 となるが，$[\text{H}_3\text{O}^+]=[\text{OH}^-]=0$ ではなく，水の自己解離によって H_3O^+ と OH^- が生成し pH=7 となる（**図 7-7**）．したがって，強酸の強塩基による滴定曲線は中和点での pH 変化が非常に激しいのが特徴となる．

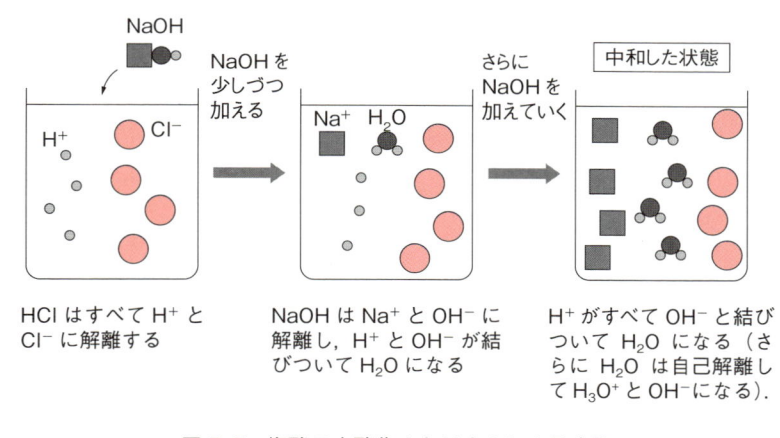

図 7-7 塩酸の水酸化ナトリウムによる中和

中和点での垂直に変化する pH 部分に変色域をもつ**フェノールフタレイン**（pH8.0 〜 9.6）や**メチルオレンジ**（pH3.1 〜 4.4）を指示薬として用いると，滴定の中和点を容易に見つけることができる．中和点付近では，ほんのわずかの水酸化ナトリウム水溶液の添加で，pH の変化が激しく，指示薬は確実に変色する[*14]．変色したところで滴定をやめれば，中和点での水酸化ナトリウム水溶液の添加量が求まり，試料の未知濃度を決定することができる[*15]．

[*14] たとえ中和点がほんのわずか行き過ぎたとしても，そのずれた体積は滴定量に比べれば誤差の範囲となる．

[*15] 河川の水質調査のなかに pH の測定は必ず入っている．測定が容易で，しかも，水質を知るうえで，重要であるからである．pH が低い場合には酸が，pH が高い場合には塩基が河川に流されたことを意味する．一般に，pH 測定のほか，溶存酸素量 DO，化学的酸素要求量 COD（1 章 Topic 参照），生物化学的酸素要求量 BOD，浮遊物質量 SS，全リン T-P，全窒素 T-N，大腸菌群数などを調査する．このうち BOD は，生物に対する影響を調べる水質調査である．COD と BOD はセットにされることが多い．SS は水の濁り具合を示す指標になる．T-P や T-N はリンや窒素の量を量ることにより，富栄養化の指標となる．大腸菌群数は主に衛生面での水質調査となる．

◆ 7.3.3 弱酸の強塩基による中和滴定

弱酸の強塩基による中和滴定では，水酸化ナトリウムの滴下によって生成した共役塩基が塩基としてpHに影響を与えるので，強酸の場合の滴定曲線と異なる．弱酸として酢酸を例にとると，水酸化ナトリウムによる中和反応は，式（7.31）で表される．

$$CH_3COOH + NaOH \longrightarrow CH_3COONa + H_2O \tag{7.31}$$

0.10 M 水酸化ナトリウム標準水溶液で 0.10 M の酢酸（未知濃度試料）10 mL を滴定したときの滴定曲線を図 7-8 に示す．

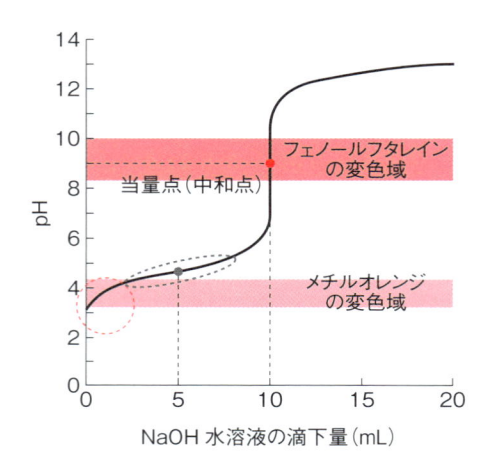

図 7-8 弱酸の強塩基による滴定曲線

酢酸の酸解離定数は $K_a = 1.8 \times 10^{-5}$ （$pK_a = 4.74$）であるので，滴定前では 0.10 M 酢酸のうち，わずか 1.3% しか酢酸は解離していない[*16]．したがって，$[H_3O^+] = 0.013 \times 0.10 = 1.3 \times 10^{-3}$ （M）より，$pH = -\log(1.3 \times 10^{-3}) = 2.89$ が出発点となる．

ここに，水酸化ナトリウム水溶液を滴下すると，式（7.31）に従って，酢酸が水酸化ナトリウムと反応して，酢酸ナトリウムが生成する．強酸のときのように酸の濃度が減少するだけであるなら，0～2mL 付近の滴定曲線のpH変化は図 7-6 のように直線的に変化するが，実際には図 7-8 の赤い点線囲み部分で示したように曲線的にpHが増大する．これは，生成した酢酸イオンが塩基として働くためである．

滴定前は，酢酸の電離度が非常に低いために，共役塩基である酢酸イオンの濃度も非常に低く，その塩基としての効果はほとんどない（図 7-9a）．しかし，水酸化ナトリウムを滴下すると，その分，酢酸イオンが生成し，酢酸イオンの濃度が急激に増大する．これが式（7.32）に示すような塩基の効

[*16] 電離度が 0.013 であることは酸解離定数から次のように求められる．
$[CH_3COOH] \approx 0.1M$,
$[H_3O^+] = [CH_3COO^-]$ より，
$[H_3O^+] = \sqrt{K_a \cdot 0.1} = 0.0013$,
電離度 $= 0.0013/0.1 = 0.013$

7.3 中和滴定

(a) 滴定前

HA 100

平衡状態
H⁺ 1, A⁻ 1, HA 99

$K_a' = \dfrac{1 \times 1}{99} = 10^{-2}$

$K_b' = 1 \times 10^{-12}$

(b) 中和点の 1/10 量の水酸化ナトリウムを加えたとき

OH⁻ 10

反応前: 1, 1, 10, 99
反応直後: 1, 11, 10, 89
平衡状態: 0.09, 10, 10, 90

$K_a' < \dfrac{1 \times 11}{89} = 0.12$

$K_a' = \dfrac{0.09 \times 10}{90} = 10^{-2}$

(c) 中和点の半分の量の水酸化ナトリウムを加えたとき

50

反応直後: 1, 51, 50, 49
平衡状態: 0.01, 50, 50, 50

$K_a' < \dfrac{1 \times 51}{49} = 1.0$

$K_a' = \dfrac{0.01 \times 50}{50} = 10^{-2}$

(d) 中和点

100

反応直後: 100, 100, 0, 0
平衡状態: 100, 100, 10^{-5}, 10^{-5}

$K_b' > \dfrac{0 \times 0}{100} = 0$

$K_b' = \dfrac{10^{-5} \times 10^{-5}}{100} = 10^{-12}$

$K_a' = 10^{-2}$

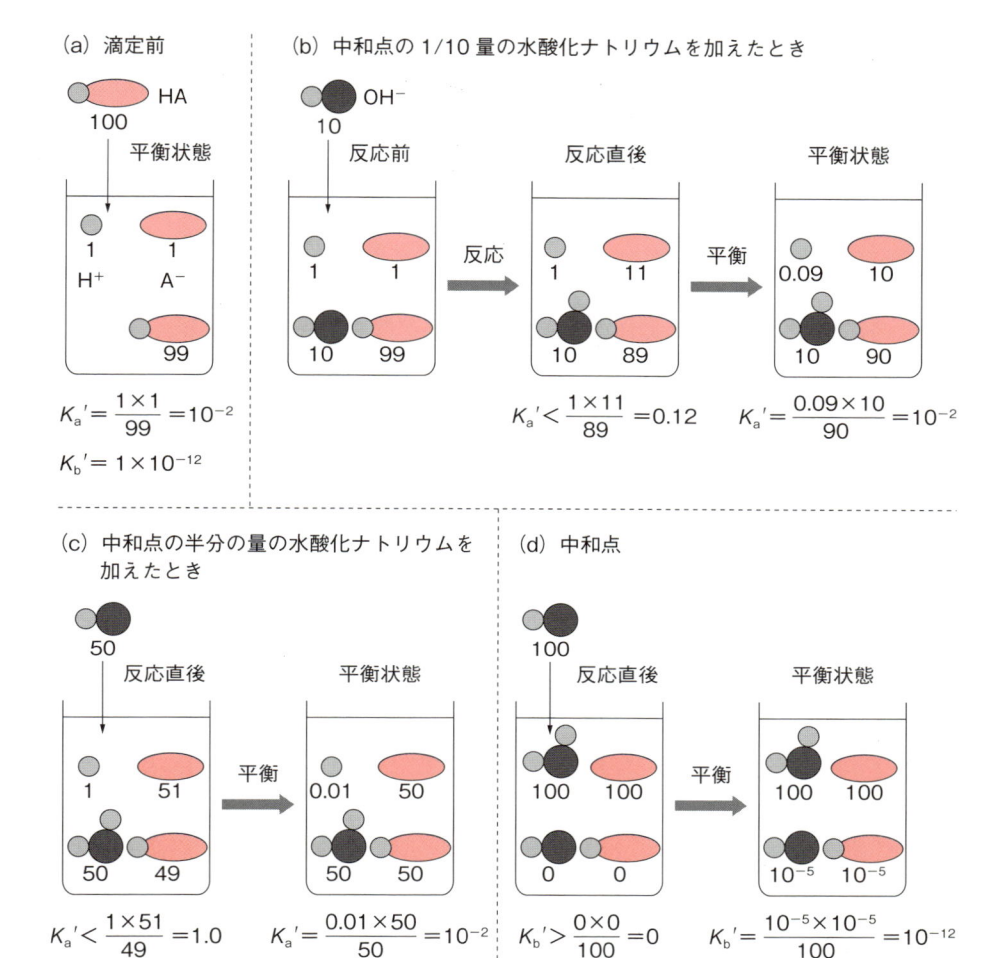

図 7-9　弱酸 HA の水酸化ナトリウムによる中和

数字は濃度の比を表しており，できるだけ整数になるよう簡単にした．実際の HA の濃度を 0.1 M とすると，(a)〜(c) の数字に 10^{-3} をかければ，実際の濃度になる．また，平衡定数は，$K_a = 10^{-3}K_a'$, $K_b = 10^3 K_b'$ となる．[HA]=0.1 M としたときの (a)〜(d) における平衡時の pH は (a) pH=3，(b) pH=4，(c) pH=5，(d) pOH=5 より，中和点の pH=14−5=9 となる．この図は，滴定による体積変化は考慮していない．

果をおよぼす．

$$CH_3COO^-(aq) + H_2O(液) \rightleftharpoons OH^-(aq) + CH_3COOH(aq) \quad (7.32)$$

この水酸化物イオンが，酢酸の解離平衡[17]によって生成したヒドロニウムイオンの濃度を減少させ，図 7-8 の赤い点線部分のような pH の増加が起こる（図 7-9b）．

さらに，滴定を進行させると，2〜8 mL で，pH が直線的に緩やかに増大する領域がある（グレー点線囲み部分）．この部分は未反応で残っている

[17] 酢酸の解離平衡
$CH_3COOH(aq) + H_2O(液)$
$\rightleftharpoons H_3O^+(aq) + CH_3COO^-(aq)$

酢酸と生成した酢酸イオンの濃度がヒドロニウムイオンに比べて十分大きい（**図7-9c**）．したがって，酢酸の酸解離定数式（7.33）において，[H$_3$O$^+$]は，酢酸と酢酸イオンの濃度比に応じて変化する（式7.34）．

$$K_a = \frac{[\text{H}_3\text{O}^+][\text{CH}_3\text{COO}^-]}{[\text{CH}_3\text{COOH}]} \tag{7.33}$$

より，

$$[\text{H}_3\text{O}^+] = K_a \frac{[\text{CH}_3\text{COOH}]}{[\text{CH}_3\text{COO}^-]} \qquad \text{pH} = pK_a - \log\frac{[\text{CH}_3\text{COOH}]}{[\text{CH}_3\text{COO}^-]} \tag{7.34}$$

グレー点線囲みの部分では濃度比が[CH$_3$COOH]/[CH$_3$COO$^-$]=10/1〜1/10（10^1〜10^{-1}）まで変化するとすると，pHの変化は±1だけであり，pHは約2しか増大しない．とくに，水酸化ナトリウム水溶液を中和点の半分の量（5 mL）滴下したとき（半中和点），[CH$_3$COOH]/[CH$_3$COO$^-$]=1となり，pH=pK_a=4.74となる（**図7-9c**）．

そして，滴定の終点，中和点では酢酸イオンの加水分解反応（式7.32）がpHを決める主要因になる[*18]．したがって，中和点でのpHは8.73となり[*19]，弱い塩基性を示す．

さらに，中和点を過ぎると過剰に存在する水酸化ナトリウムが強塩基であるため，ほとんど強酸-強塩基平衡と同様な滴定曲線となる（**図7-9d**）．

また，指示薬に関していうと，メチルオレンジの変色域3.1〜4.4は滴定量0〜3 mLに相当するため，指示薬として不適切である．しかし，フェノールフタレインでは滴定曲線が垂直に立っているところに変色域があるため，指示薬として使用することができる．

[*18] 加水分解とは，反応物に水が反応し，分解生成物が得られる反応である．水分子H$_2$Oは，生成物に，H$^+$とOH$^-$とに分割して取り込まれる．

[*19] 酢酸イオンの塩基解離定数 $K_b = K_w/K_a = 5.6 \times 10^{-10}$，酢酸イオンの濃度[CH$_3COO^-$]=0.050 M，[OH$^-$]=[CH$_3$COOH]より
[OH$^-$]=$\sqrt{K_b \cdot 0.05}$
=5.3×10^{-6}（M）；pOH=5.27．したがって，pH=14−pOH=8.73

7.4 緩衝液

前節で学んだ中和滴定を利用して，酸と塩基の激しい反応を緩やかにすることができる．実験や調査でもよく用いられる方法なので，理解しよう．

◆ 7.4.1 緩衝作用

弱酸の強塩基による滴定曲線において，**図7-8**のグレー点線部分は弱酸と共役塩基が10:1から1:10程度の濃度比で共存する領域である．この領域では，強酸や強塩基を少量加えても，pHは大きく変化しない．このようなpHの変化を緩やかにする作用のことを**緩衝作用**という．そして，弱酸と共役塩基の共存する溶液のことを**緩衝液**という．

0.200 Mの酢酸50 mLと0.200 Mの酢酸ナトリウム水溶液50 mLを混ぜ合わせると，0.100 Mの酢酸-酢酸ナトリウム緩衝液100 mLができる．この溶

液の緩衝作用を調べてみよう．まず，この緩衝液のpHは，[CH$_3$COOH]＝[CH$_3$COO$^-$]＝0.100 Mであるので，式（7.34）よりpH＝pK_a＝4.74である．この溶液に1.0 Mの水酸化ナトリウム水溶液を1.0 mL加えたときのpHの変化を考えてみる．水酸化ナトリウム水溶液の添加によって，酢酸濃度が減少し，酢酸イオン濃度は増大する．

$$[\text{CH}_3\text{COOH}] = \frac{0.100 \times 100 - 1.0 \times 1.0}{101} = 0.0891(\text{M})$$

$$[\text{CH}_3\text{COO}^-] = \frac{0.100 \times 100 + 1.0 \times 1.0}{101} = 0.109(\text{M}) \quad (7.35)$$

となる．よって，pH $= 4.74 - \log\left(\frac{0.0891}{0.109}\right) = 4.83$ となり，pH変化は+0.09である．

緩衝液を使わないで，1.82×10^{-5} Mの塩酸100 mLに1.0 Mの水酸化ナトリウム水溶液1.0 mLを加えたときのpH変化を調べてみよう．水酸化ナトリウム水溶液を加える前のpHは4.74であり，酢酸緩衝液と同じpHである．1.0 M 水酸化ナトリウム 1.0 mL 加えたとき，[OH$^-$]＞[HCl]となり，塩酸は完全に中和してしまう．過剰の水酸化物イオンの濃度は

$$[\text{OH}^-] = \frac{1.0 \times 1.0 - 1.82 \times 10^{-5} \times 100}{101} = 9.9 \times 10^{-3}(\text{M}) \quad (7.36)$$

これより，pOH＝2.00であるので，pH＝14.00−2.00＝12.00となる．したがって，pH変化は+7.26と非常に大きく，薄い塩酸には緩衝作用がまったくないことがわかる．pH＝7の純水100 mLを使った場合にも，1.0 M 水酸化ナトリウム水溶液1.0 mLを加えたときのpHは塩酸の場合とほぼ同じのpH＝12.00であり，pH変化は+5.00となり，やはり緩衝作用はない．

このように，酸と共役塩基の共存により，緩衝効果が生まれる．酢酸-酢酸ナトリウムの緩衝作用はpK_a±1程度の間で起こるので，この緩衝液のpHの範囲は3.7〜5.6程度である．

◆ 7.4.2　さまざまな緩衝液

さまざまな目的で，ある一定のpHの条件下で実験を行い，しかも実験中に発生する酸や塩基によって，pHが大きく変化しないように実験を進めたい場合がある．このような場合，緩衝液を用いるとその目的を達する．分析化学や生化学などの実験において，このような目的で緩衝液が頻繁に用いられる[20]．

酢酸-酢酸ナトリウムのpHの範囲は3.7〜5.6であるが，それ以外のpHで実験を行う場合には別の緩衝液が必要になる．表7-2に代表的な緩衝液を示す．いずれも酸-共役塩基を共存させた水溶液であり，緩衝液のpHの範囲は2程度のものが多い．

[20] 生物学における細菌の培養実験では，最も細菌が増殖をするpH（至適pH）がある．至適pHでいつも増殖が行われるように，緩衝液が利用される．水質検査の生物化学的酸素要求量BODの測定は，試料溶液に好気性細菌を培養させ，そのときの溶存酸素量の減少分からBOD値を求める．しかし，試料溶液が濃すぎると酸素が不足し，正確な溶存酸素減少量が求められない．そこで，溶存酸素量の減少量がもとの40〜70%になるように適度に希釈する．その際，途中でpH変化が起こってBOD値が影響を受けないようにするため，リン酸緩衝液を加え，pH7.2の条件で培養を行う．栄養物も加えて，5日間培養し，溶存酸素量の減少分と希釈した割合から，BOD値を算出する．この方法はイギリスで開発され，5日間という日数は，ロンドンのテムズ川から北海まで川の水が流れるのに要する日数であった．

表 7-2　代表的な緩衝液と pH

名称	酸＋共役塩基	pH 範囲
グリシン緩衝液	グリシン-グリシン塩酸塩	1.0 ～ 3.7
フタル酸緩衝液	フタル酸-フタル酸水素カリウム	2.2 ～ 3.8
酢酸緩衝液	酢酸-酢酸ナトリウム	3.7 ～ 5.6
リン酸緩衝液	リン酸二水素ナトリウム ＋リン酸水素二ナトリウム	5.8 ～ 8.0
ホウ酸緩衝液	ホウ酸-ホウ砂	6.8 ～ 9.2
アンモニア緩衝液	塩化アンモニウム ＋ アンモニア	8.6 ～ 10.7

練習問題

Q1 次の①～④の酸塩基平衡に関して，下線部分の物質は酸であるか塩基であるかを答えよ．

① CH_3COOH (aq) ＋ H_2O (液) ⇌ H_3O^+ (aq) ＋ $\underline{CH_3COO^-}$ (aq)

② NH_3 (aq) ＋ $\underline{H_2O}$ (液) ⇌ OH^- (aq) ＋ NH_4^+ (aq)

③ H_2CO_3 (aq) ＋ $\underline{H_2O}$ (液) ⇌ H_3O^+ (aq) ＋ HCO_3^- (aq)

④ 2 H_2O (液) ⇌ H_3O^+ (aq) ＋ $\underline{OH^-}$ (aq)

Q2 1.0 M の塩酸を 1 mL とり，100 mL のメスフラスコに入れ，標線まで水を入れて希釈した．希釈した塩酸の濃度および pH を答えよ．

Q3 1.0 M の酢酸を 1 mL とり，100 mL のメスフラスコに入れ，標線まで水を入れて希釈した．希釈した酢酸の濃度および pH を答えよ．ただし，酢酸の酸解離定数を 1.8×10^{-5} とする．

Q4 0.10 M の酢酸を 50 mL と 0.10 M の酢酸ナトリウム 100 mL を混合したときの pH はいくらか．これに 1.0 M の塩酸 1 mL を添加したときの pH はいくらか．また，純水 150 mL に 1.0 M の塩酸 1 mL を添加したときの pH はいくらか．

Q5 雨水の pH が 5.6 以下になると酸性雨という．中性は pH＝7.0 なのに，なぜ基準値が 5.6 以上という酸性領域にあるのか説明せよ．

第8章 酸化と還元

8.1 酸化反応と還元反応
8.2 酸化還元電位と電池
8.3 実用電池

省エネと電池

Introduction

火力発電では，天然ガス・石炭・石油を燃焼させ，発生する熱エネルギーを電気エネルギーに変えて工場や各家庭に送っている．物質がもつ化学エネルギーは直接利用することはできず，化学反応を通して，熱エネルギーや電気エネルギーに変換するしかない．ところが，熱エネルギーや電気エネルギーは貯蔵しておくことができないので，瞬間的な使用量が発電能力を超えると，停電などが起こる．このような状況を回避する方法は，十分なエネルギー供給量を確保するとともに，省エネルギー（省エネ）を推進することである．

1979年に省エネ法が制定され，現在では，日本は世界でもトップクラスのエネルギー効率を誇る．図8-1に同じだけ国内総生産（GDP）を生み出すのに排出される CO_2 の相対量の国別比較を示す．これを見ると日本のエネルギー効率が高く，中国，ロシア，インドは，CO_2 排出量が非常に多いことがわかる．さらなる国際的協力が必要だろう．

省エネは，エネルギー問題や環境問題の悪化を遅らせるが，決定的な解決法ではない．決定的な解決法のひとつは，水力（小規模発電も含む），風力，潮力，波力，地熱，太陽光などの自然エネルギーの利用である．地熱以外は，太陽光をエネルギー源とする．水力，風力，潮力，波力などは，太陽が引き起こす気象現象などを利用したエネルギーだが，太陽電池は直接，光エネルギーを電気エネルギーに変える．効率や製造費においてまだまだ研究の余地があるが，今後，主要なエネルギー源に成長する可能性がある．

太陽電池で，最も普及しているのは，15%～20%の効率をもつシリコン太陽電池である．この太陽電池は製造コストが高く，材料も不足している．太陽電池の多くは物理学を基礎とするが，1990年代頃から化学を基礎とする「色素増感太陽電池」と「有機薄膜太陽電池」が盛んに研究されている．効率は最大12%と，まだシリコン太陽電池にはおよばないものの，製造価格はシリコン系太陽電池の $\frac{1}{10}$ ～ $\frac{1}{5}$ 程度に押さえられるため，普及が期待され，開発が続けられている．

自然エネルギーの利用では，気象条件に左右されにくい安定供給が重要課題となる．そこで，電気を蓄えておく装置，すなわち高効率の充電用電池の開発が不可欠である．本章では，電池の基本的知識としての酸化還元反応を学ぶ．

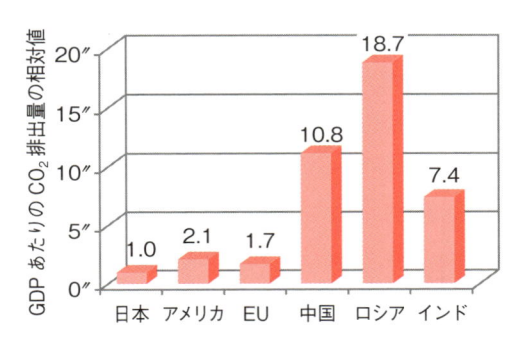

図8-1 CO_2 排出量から見たエネルギー効率の国別比較（2004年）
日本を1とした場合．

国	日本	アメリカ	EU	中国	ロシア	インド
GDPあたりの CO_2 排出量の相対値	1.0	2.1	1.7	10.8	18.7	7.4

8.1 酸化反応と還元反応

最も身近な化学反応に燃焼がある．いったい燃焼とは何であろうか．化学的なしくみを見ていこう．

◆ 8.1.1 燃焼と酸化反応

燃焼とは燃焼する物質と酸素の化学反応である．そして，化学反応の本質は化学結合を担っている電子配置の組み換えである．電子配置の組み換えにおいて，2つの物質間での電子のやりとりが自発的に起こり，かつ，化学結合の切断を伴うと，結合エネルギーに由来する大きな熱エネルギーが発生する．炭化水素の燃焼では炭化水素分子と酸素分子との間で電子配置の組み換えが起こることにより，炭素－炭素結合および炭素－水素結合の切断と，炭素－酸素結合（CO_2）および水素－酸素結合（H_2O）の生成が自発的に起こり，熱エネルギーを発生させる．そして，物質が酸素と化合する．このような反応を**酸化反応**という．

◆ 8.1.2 酸素の授受と酸化還元

多くの元素の単体は金属として存在する．金属は容易に酸素と結合する．たとえば，銅は金属であるが，酸素と反応して酸化銅を生成する．このとき，銅は酸素と化合したので，**酸化された**という．

$$2\,Cu + O_2 \longrightarrow 2\,CuO \tag{8.1}$$

また，鉄も長い間濡れた状態で空気中に放置されると，赤茶けた錆が生じる．これは，鉄が酸素と反応して，酸化鉄（III）が生成したからである．

$$2\,Fe + O_2 + 2\,H_2O \longrightarrow 2\,Fe(OH)_2$$
$$4\,Fe(OH)_2 + O_2 + 2x\,H_2O \longrightarrow 2(Fe_2O_3 \cdot x\,H_2O) + 4\,H_2O \tag{8.2}$$

一方，銅の酸化物である酸化銅に水素ガスを作用させると，水素が酸化銅から酸素を奪って，元の銅が生成する．

$$CuO + H_2 \longrightarrow Cu + H_2O \tag{8.3}$$

このような反応のことを**還元反応**とよび，酸化銅は**還元された**という．また，製鉄は，鉄鉱石に含まれる酸化鉄から一酸化炭素[*1]を用いて酸素を奪い，酸化鉄（III）を還元して鉄金属をつくっている．

$$Fe_2O_3 + 3\,CO \longrightarrow 2\,Fe + 3\,CO_2 \tag{8.4}$$

つまり，物質が**酸素を受け取る**反応が酸化反応で，**酸素を失う**反応が還元

[*1] コークス（C）を不完全燃焼させ，一酸化炭素を発生させて，鉄を還元している．

反応だといえる．酸素の授受という観点から見ると，酸化反応と還元反応の方向は逆になる．

◆ 8.1.3 水素の授受と酸化還元

硫化水素は酸素と反応し，水素を失って硫黄と水を生成する．この場合，硫化水素は酸素と反応しているので，酸化反応と考えることができる．

$$2\,H_2S + O_2 \longrightarrow 2\,S + 2\,H_2O \tag{8.5}$$

しかし，式 (8.5) で示すように，硫化水素の硫黄原子は酸素と結合しておらず，水素を失っただけである．このように，物質が **水素を失う** 反応も酸化反応ということができる．

一方，アンモニアは，窒素ガスと水素ガスを，触媒の存在下，高圧・高温で反応させることにより合成することができる[*2]．

$$N_2 + 3\,H_2 \longrightarrow 2\,NH_3 \tag{8.6}$$

[*2] このアンモニア合成法はハーバー・ボッシュ法とよばれる．

この反応は窒素が水素を得ているので，水素を失う反応である酸化反応とは逆の反応だといえる．8.1.2 項では，酸化反応の逆の反応は，元の単体に戻るので還元反応とよんでいたが，ここでは窒素が水素と結合しただけで，元に戻っているわけではない．しかし，「酸化反応の逆方向の反応を還元反応とよぶ」というように新たに定義がし直された．したがって，アンモニアの合成反応は窒素が **水素を受け取る** 反応であるので，酸化反応の逆，すなわち，還元反応というのである．

◆ 8.1.4 電子の授受と酸化還元

8.1.3 項で，酸素の授受だけでは酸化と還元を定義できないことがわかった．では，酸化還元の本質は何であろうか．酸素 O の電気陰性度は 3.5 であり，フッ素 F (4.0) の次に大きな値をもつ．酸素が他の元素と化合物をつくるときには，その電子を大きく引き寄せると考えられる．したがって，酸素と反応することは，酸素に電子を奪われることを意味する．そこで，酸素などと反応して **電子を失う** ことを酸化と定義し直すことができる．そして，**電子を受け取る** 反応は，電子を失う酸化とは逆方向の反応なので還元と定義できる．電子の授受による酸化還元のこの定義で，8.1.2 項と 8.1.3 項の各反応を改めて考えてみよう．

式 (8.1) の銅の酸化では，銅は電子を酸素に与え，電子を失っている．

$$Cu \longrightarrow Cu^{2+} + 2\,e^- \tag{8.7}$$

銅の電子配置は $[Ar]3d^94s^2$ であり[*3]，最外殻電子である $4s^2$ の 2 個の電子

[*3] 一般的な規則では $[Ar]3d^94s^2$ であるが，実際には $[Ar]3d^{10}4s^1$ となる（9.2.2 項参照）．

は比較的飛び出しやすく Cu^{2+} ができやすい．式 (8.7) では，銅が電子を失っているので，酸化反応といえる．式 (8.7) のような反応式を**半反応式**という．このとき失った電子は空気中や溶液中を浮遊しているわけではなく，必ず電子を直接受け取る物質が存在する．この場合は酸素原子である．酸素原子は 16 族元素であるので，価電子を 6 個もち，2 個の電子をもらうことで八隅子則を満足し，安定化する．つまり，O^{2-} になりやすい．

$$\frac{1}{2} O_2 + 2\,e^- \longrightarrow O^{2-} \tag{8.8}$$

式 (8.8) で酸素分子は電子を受け取るので，電子を失う反応である酸化とは逆方向，すなわち還元されたと考えることができる．式 (8.7)(8.8) より最終的な反応は式 (8.9) で表される[*4]．

$$Cu^{2+} + O^{2-} \longrightarrow CuO \tag{8.9}$$

*4 式 (8.7)〜(8.9) の全体の反応式は式 (8.1) で表されることはいうまでもない．

8.1.2 項では，銅の酸化反応だけを考えていたが，電子の授受による酸化還元反応の定義では，銅が酸化されると同時に，酸素が還元されているということがわかる．電子の授受では，電子を出す物質と電子を受け取る物質が必ず存在するため，酸化反応と還元反応が常に対になって起こる．そのため，通常，このような反応は**酸化還元反応**とよばれる．この銅の酸化還元反応において，銅は 2 個の電子を放出し，酸素は 2 個の電子を受け取り，酸化還元反応に関与する電子数が 2 であることもわかる．

この電子の授受による酸化還元反応の定義を式 (8.3) に当てはめてみる．

$$H_2 \longrightarrow 2\,H^+ + 2\,e^- \qquad CuO + 2\,e^- \longrightarrow Cu + O^{2-} \tag{8.10}$$

銅は電子を得るので還元され，水素は電子を失うので酸化されたといえる．最終的に酸素イオンと水素イオンは結合して水となる（式 8.3）．

式 (8.5)(8.6) の反応についても，電子の授受による酸化還元反応の定義を当てはめてみると半反応式は式 (8.11)(8.12) のようになる．

$$H_2S \longrightarrow S + 2\,H^+ + 2\,e^- \qquad O_2 + 4\,e^- \longrightarrow 2\,O^{2-} \tag{8.11}$$
$$H_2 \longrightarrow 2\,H^+ + 2\,e^- \qquad N_2 + 6\,e^- \longrightarrow 2\,N^{3-} \tag{8.12}$$

どちらの反応に関しても，最初の半反応が電子を失っているので酸化反応であり，後ろの半反応が電子を得ているので，還元反応である．

◆ 8.1.5 酸化数と酸化・還元

半反応を考えると酸化還元反応を理解できる．しかし，いちいち半反応で考えるのは面倒なので，**酸化数**という数字を定義すると，もう少し簡便になる．まず，化合物中の酸素原子の酸化数を -2，化合物中の水素原子を $+1$

と決める．それを基準に化合物中の原子の酸化数を決め，その数字の反応前後における増減から，どの原子が酸化され，どの原子が還元されたかを判断する．酸化数を決定する規則を**表 8-1**にまとめる．

表 8-1 酸化数を決定する基本となる規則とその例

規則	基本となる規則の内容	例
1	単体の原子の酸化数は 0 とする．	O_2, H_2, N_2, C, Na, Cl_2 などの各原子の酸化数は 0
2	化合物中の水素原子の酸化数は +1 とする（ただし，陽性の強い金属元素の水素化物の水素原子の酸化数は −1 とする）．	H_2O の H：+1 OH^- の H：+1 NH_3 の H：+1 (NaH の H：−1)
3	化合物中の酸素原子の酸化数は −2 とする（ただし，過酸化物中の酸素原子の酸化数は，−1 とする）．	H_2O の O：−2 OH^- の O：−2 (HOOH の O：−1)
4	単原子イオンの原子の酸化数は，そのイオンの価数を酸化数とする．	Cl^- の Cl：−1 Ca^{2+} の Ca：+2
5	電気的に中性の化合物は，構成原子の酸化数の総和を 0 とする．	H_2O：$2 \times (+1) + (-2) = 0$ NH_3：$(-3) + 3 \times (+1) = 0$
6	多原子イオン中の原子の酸化数の総和は，そのイオンの価数に等しい．	OH^-：$(-2) + 1 = -1$ SO_4^{2-}：$+6 + 4 \times (-2) = -2$

規則 2 の例外では，NaH，LiH，$NaBH_4$，$LiAlH_4$ などの水素化物の H の酸化数を −1 とする．番号 5 の規則と合わせると，Na，Li，B および Al の酸化数はそれぞれ，+1，+1，+3，+3 となる．規則 3 の例外では，過酸化水素（HOOH），過安息香酸〔PhC(O)OOH〕などの過酸化物中の酸素の酸化数を −1 とする[*5]．これは，−O−O− では同じ元素の原子が結合しており，電子が等しく分けられるため，2 つの酸素を合わせたグループ −O−O− で 2 つの電子を引きつけていることになるからである．したがって，1 つの酸素原子あたり電子 1 個を引きつけることになり，酸化数は −1 となる（**図 8-2**）．

規則 6 からは，イオンの中心原子の酸化数が求められる．硫酸イオン SO_4^{2-} の中心原子は硫黄である．その硫黄の酸化数を n とすると，酸素原子の酸化数が −2 であることから，規則 6 より $n + 4 \times (-2) = -2$ が成り立ち，硫酸イオンの硫黄の酸化数 n は +6 と求められる．同じ方法で，さまざまなイオン中の塩素原子の酸化数 n を求めることができる．

塩素イオン Cl^- ：$n = -1$ ［規則 4］
次亜塩素酸イオン ClO^- ：$n + (-2) = -1$ ［規則 3・6］, $n = +1$
亜塩素酸イオン ClO_2^- ：$n + 2 \times (-2) = -1$ ［規則 3・6］, $n = +3$

[*5] 過酸化物とは −O−O− 結合をもっている化合物のこと．水に酸素原子がもう 1 つ結合して，過酸化水素 H−O−O−H ができる．有機化合物ではアルコール R−OH やカルボン酸 RC(=O)OH に酸素原子がもう 1 つ結合した R−O−O−H や RC(=O)−O−O−H が過酸化物として分類される．無機化合物の過酸化物は，アルカリ金属やアルカリ土類金属を空気中または酸素中で燃焼させると生成する．
$2\,BaO + O_2 \longrightarrow 2\,BaO_2$
有機化合物であろうと，無機化合物であろうと，過酸化物中の酸素原子の酸化数は −1 である．

(a) 水

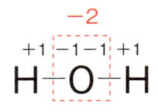

H−O−H （+1, −2, +1）

(b) 過酸化水素

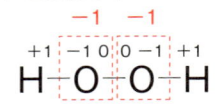

H−O−O−H （+1, −1, −1, +1）

図 8-2 酸素原子の酸化数

塩素酸イオン ClO_3^- ：$n+3×(-2)=-1$ ［規則3・6］，$n=+5$
過塩素酸イオン ClO_4^- ：$n+4×(-2)=-1$ ［規則3・6］，$n=+7$

このように過塩素酸の塩素の酸化数は +7 にもなり，極めて酸化力が強く，火薬にも使われる．次亜塩素酸イオンの塩素の酸化数は +1 であり，比較的弱い酸化力のため，漂白剤などに使用される[*6]．

表 8-2 を見てもわかるように，同じ原子であっても，化合物によって，酸化数がいくつも存在する[*7]．

*6 漂白剤は一般にその酸化力を利用して，衣類を傷めず衣類についた汚れだけを酸化分解して色を白くするものである．

*7 特に酸化力の強い物質（強酸化剤）として，過塩素酸（$HClO_4$），過マンガン酸カリウム（$KMnO_4$），クロム酸カリウム（$KCrO_4$），二クロム酸カリウム（$K_2Cr_2O_7$）があげられる．還元力の強い物質（強還元剤）としては，金属の水素化物（NaH，$LiAlH_4$ など）があげられる．これらのうち，クロム酸カリウムや二クロム酸は，六価クロム（酸化数 +6）として知られ，毒性が強く，皮膚や粘膜を侵す．クロム酸工場の労働者が吸収して，鼻の中隔に穴があく鼻中隔穿孔という病気が社会問題化したことがある．また，メッキ・印刷関連の工場で使われているので，工場敷地を汚染して問題になることがある．アメリカでは，洗剤メーカーが洗浄過程で六価クロムを用い，長年垂れ流し続けたため地域の地下水を汚染し，住民の健康被害を出した．これは訴訟問題まで発展し，映画化までされた（ジュリア・ロバーツ主演「エリン・ブロコビッチ」）．人間の体には，欠かせない物質として酸化力の弱い 3 価のクロムが約 2 mg 含まれている．同じクロムでも，酸化数が違えば栄養にも強い毒にもなるのである．

表 8-2 化合物中における注目原子の酸化数

元素	化合物の化学式（注目原子の酸化数）
H	NaH (−1)，H_2 (0)，H_2O (+1)，H_2S (+1)
O	H_2O (−2)，CO_2 (−2)，H_2O_2 (−1)
C	CH_4 (−4)，C_2H_4 (−2)，C_2H_2 (−1)，C (0)，CO (+2)，$H_2C_2O_4$ (+3)，CO_2 (+4)
N	NH_3 (−3)，N_2 (0)，N_2O (+1)，NO (+2)，HNO_2 (+3)，NO_2 (+4)，HNO_3 (+5)
S	H_2S (−2)，S (0)，$Na_2S_2O_3$ (+2)，SO_2 (+4)，H_2SO_4 (+6)
Cl	HCl (−1)，Cl_2 (0)，$HClO$ (+1)，$HClO_2$ (+3)，$HClO_3$ (+5)，$HClO_4$ (+7)
I	KI (−1)，I_2 (0)，KIO (+1)，KIO_3 (+5)，KIO_4 (+7)
Na	Na (0)，$NaCl$ (+1)
Mg	Mg (0)，MgO (+2)
Al	Al (0)，Al_2O_3 (+3)
Mn	Mn (0)，$MnSO_4$ (+2)，MnO_2 (+4)，K_2MnO_4 (+6)，$KMnO_4$ (+7)
Cr	Cr (0)，Cr_2O_3 (+3)，K_2CrO_4 (+6)，$K_2Cr_2O_7$ (+6)
Fe	Fe (0)，$FeSO_4$ (+2)，$FeCl_3$ (+3)
Cu	Cu (0)，Cu_2O (+1)，CuO (+2)

このように決定される酸化数に注目して，酸化還元反応を酸化数の増減で考えてみる．式 (8.1) に示した銅の酸化反応を図 8-3 にまとめた．

反応物である銅も酸素も単体なので，酸化数は 0 である．生成物である酸化銅 CuO では，O の酸化数は −2，Cu の酸化数は +2 となり，銅の酸化数

$$2Cu + O_2 \longrightarrow 2CuO$$

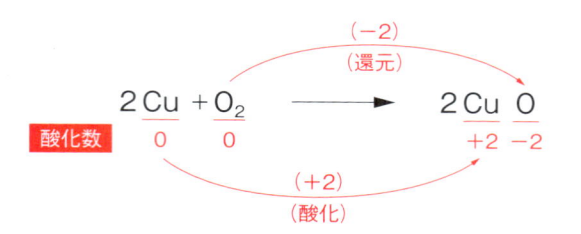

酸化数： Cu: 0, O: 0 → Cu: +2, O: −2
（−2）（還元）
（+2）（酸化）

図 8-3 酸化数の増減で見る酸化と還元

は増加しており，酸素の酸化数は減少している．したがって，銅は酸化され，酸素は還元されたと考える．このように電子の授受による酸化還元反応は，酸化数の増減で定義することができる．

物質1と2の間で酸化還元が起こるとすると，一般に酸化還元反応は

$$\text{Red}_1 + \text{Ox}_2 \longrightarrow \text{Ox}_1 + \text{Red}_2 \tag{8.13}$$

で表される．ここで，Red_1 および Ox_1 はそれぞれ，物質1の還元体および酸化体を表し，Ox_2 および Red_2 はそれぞれ，物質2の酸化体および還元体を表す．$\text{Red}_1 \longrightarrow \text{Ox}_1 + n\,\text{e}^-$ の反応で，酸化数は増加するので，Red_1 は酸化されたといい，$\text{Ox}_2 + n\,\text{e}^- \longrightarrow \text{Red}_2$ の反応で，酸化数は減少するので，Ox_2 は還元されたという．Ox_2 のことを**酸化剤**とよび，それ自身は還元される．同様に Red_1 のことを**還元剤**とよび，それ自身は酸化される[*8]．このように，酸化還元反応は酸化と還元が常に対になって起こる．

8.2 酸化還元電位と電池

酸化還元反応は酸化剤と還元剤の組み合わせによって，自発的に進行する場合があり，それを利用すると電気が取り出せる．そのしくみと条件を学んでいく．

◆ 8.2.1 電 池

酸化還元反応は酸化反応と還元反応を分けて，半反応で考えることができる（8.1.4項）．このことは，電極を使用して，酸化反応と還元反応を別々に起こさせ，電気を取り出すことができることを意味している．

単体の金属には，イオンになりやすい元素となりにくい元素がある．ここで，2種類の金属 M_1，M_2 が酸化されて，それぞれ n 価，m 価の金属イオン M_1^{n+}，M_2^{m+} に酸化される半反応を考える．おのおのの酸化の半反応は

$$M_1 \longrightarrow M_1^{n+} + n\,\text{e}^- \tag{8.14}$$
$$M_2 \longrightarrow M_2^{m+} + m\,\text{e}^- \tag{8.15}$$

で表される．M_1 としてより酸化されやすくイオンになりやすい金属を選び，M_2 として酸化されにくく，イオンになりにくい金属[*9]を選ぶと，**電池**をつくることができる．イオンの価数を簡単にするため，両方とも2価（$n=m=2$）とすると，電子の授受が生じ，

$$M_1 + M_2^{2+} \longrightarrow M_1^{2+} + M_2 \tag{8.16}$$

が自発的に起こる．これを利用した電池が**図 8-4** である．

[*8] 通常，酸化剤と還元剤は別々の物質であることが多い．しかし，分子内に酸化剤として働く部位と還元剤として働く部位が存在すると，その物質は爆発的に酸化還元反応を起こす．ニトログリセリンはダイナマイトの爆発原因物質である．その構造は下図に示す．還元剤となる炭素原子はニトロ基から電子をとられて，酸化される．酸化剤となるニトロ基の部分は炭素原子から電子を奪って酸化し，自らは還元される．外部から酸素を必要とせず，この分子だけで酸化還元反応が起こるので，ものすごい勢いで反応が起こり，爆発するのである．

$$\begin{array}{ccc} \text{H}_2\text{C} & \overset{\text{H}}{\text{C}} & \text{CH}_2 \\ | & | & | \\ \text{ONO}_2 & \text{ONO}_2 & \text{ONO}_2 \end{array}$$

ニトログリセリン

[*9] 別の言い方をするとイオンが還元され，金属が析出しやすい金属．

8章 酸化と還元

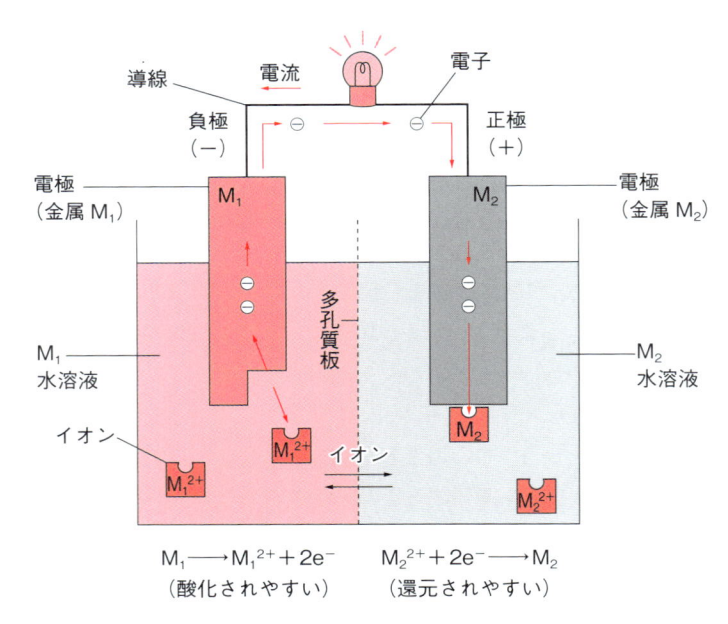

図 8-4　電池の原理

$M_1 \longrightarrow M_1^{2+} + 2e^-$
（酸化されやすい）

$M_2^{2+} + 2e^- \longrightarrow M_2$
（還元されやすい）

* 10　式（8.16）の電池反応では，M_1 の電極では M_1^+ の陽イオンが増加し，M_2 の電極では M_2^+ の陽イオンが減少する．陰イオンは変化しない．電池反応で陽イオンと陰イオンのバランスが崩れると，両方の液間には電位差が発生し，電池として働かなくなる．それを防ぐために，水をなかなか通さないがイオンを通す素焼き板を使う．もう 1 つ，塩橋を使う方法がある．塩橋は高濃度の電解質水溶液を，熱で融かした寒天水溶液に加えて冷やし固めたものである．この寒天を U 字型の容器に入れ，下図のように 2 つの溶液につける．一方の陽イオンが多くなると，塩橋から陰イオンが溶け出し，陽イオンが少なくなると，塩橋から陽イオンが溶け出す．こうして，2 つの溶液内のイオンバランスが保たれ，電池の電流が安定に流れる．

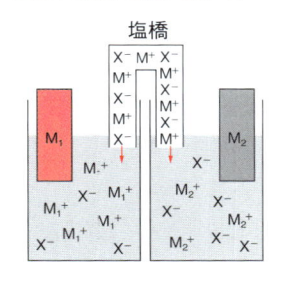

M_1^{2+} および M_2^{2+} の 2 つの水溶液を別々の容器に分け，それぞれの金属を溶液に電極として挿入する．2 つの溶液は混ざり合わず，イオンだけが通過できる多孔質板（素焼き板）などで隔てる*10．そして，両極を導線でつなぐと，電極 M_1 が酸化され，電極で発生した電子が外部に取り出される．これが導線を通って電極 M_2 に到達し，イオン M_2^{2+} に電子が与えられて還元反応が完成する．このときの電子の流れが電流として利用できる．電極表面では次式で示す酸化・還元の半反応が起こっている．

酸化反応：$M_1 \longrightarrow M_1^{2+} + 2e^-$ 　　　　　　　　　　　(8.17)

還元反応：$M_2^{2+} + 2e^- \longrightarrow M_2$ 　　　　　　　　　　　(8.18)

図 8-4 の電池の構成要素は次の電池式で表される．

$\ominus \ \ M_1 \mid M_1^{2+}(aq) \parallel M_2^{2+}(aq) \mid M_2 \ \ \oplus$ 　　　　　(8.19)

ここで｜は電極と溶液の界面，‖は塩橋などで連絡した液-液界面を表し，液絡ともいう．‖の界面では，イオンの伝導性は示すが，2 つの界面の混合による組成変化はないものとする．式（8.19）は，半反応が起こる 2 つの半電池 $M_1|M_1^{2+}(aq)$ と $M_2|M_2^{2+}(aq)$ を液絡部分で連結した電池を意味している．

◆ 8.2.2 ダニエル電池

酸化されやすい金属（M_1）として亜鉛 Zn を，酸化されにくい金属（M_2）として銅 Cu を用い，水溶液に硫酸亜鉛 $ZnSO_4$ 溶液と硫酸銅 $CuSO_4$ 溶液を用いた電池に**ダニエル電池**がある．各電極表面で起こる半反応式は

$$負極：Zn \longrightarrow Zn^{2+} + 2\,e^- \tag{8.20}$$

$$正極：Cu^{2+} + 2\,e^- \longrightarrow Cu \tag{8.21}$$

で表され，電子は負極から正極へ流れ，電流は正極から負極へ流れる[*11]．したがってダニエル電池は，次の電池式で表される．

$$Zn \mid ZnSO_4(aq) \parallel CuSO_4(aq) \mid Cu \tag{8.22}$$

亜鉛と銅の2つの電極間にはある電位（電圧）が生じている[*12]．この電位は溶液中の塩の濃度によっても異なる．そこで，$[ZnSO_4]=[CuSO_4]$ ＝1 M という条件において，2つの電極間に生じる電圧をダニエル電池で測定すると，1.10 V となる．2つの電極間に生じる電圧のことを**起電力**という．

◆ 8.2.3 水素電極と標準酸化還元電位

電池における2つの電極間に生じる電位は，電極の種類と水溶液中の金属イオンの濃度によって異なり，これらを理論的に取り扱うには，半反応で考えると最も理解しやすい．いろいろな半反応のうち特定の半反応を基準にとり，その基準の下で半反応を組み合わせて電池をつくり，その起電力を測定することにより，さまざまな半反応の電位を決定することができる．

特定の半反応として水素の酸化反応を基準にとると，その酸化反応は次式で表される．

$$H_2 \longrightarrow 2\,H^+ + 2\,e^- \tag{8.23}$$

この半反応を実現する電極として，**図 8-5** に示した**標準水素電極**（NHE：Normal Hydrogen Electrode）がある．これは，1気圧で水素ガスを吹き込み，水素を飽和させた1 M 塩酸（HCl）中に白金線をつないだ白金箔（白金黒）を挿入して作製した電極である．液絡部分でもう一方の半電池と組み合わせることにより，起電力を測定することができる．

標準水素電極は

$$Pt \mid H_2\,(P_{H_2}=1\ atm) \mid H^+\,(1\ M) \tag{8.24}$$

で表される．この半電池と，還元反応を半反応とする半電池とを組み合わせて作製した電池の起電力を測定することによって，還元反応の半電池の起電力を決定する．標準状態における還元反応の半電池の起電力のことを**標準酸**

[*11] 電気の流れである電流には実態がない．電子が発見される以前に，電気が正極から負極に流れると定義し，いろいろな電気に関する式をつくったが，実態は，負極から正極への電子の流れであり，正極から負極への電気の流れと逆さまになってしまった．そこで，電流は電子の流れと逆さまになると便宜上，定義した．電流は電子の抜け殻，正孔の流れを表していると考えてもよい．

[*12] 電位と電圧は同じであるが，化学では電位という用語を使うことが多い．

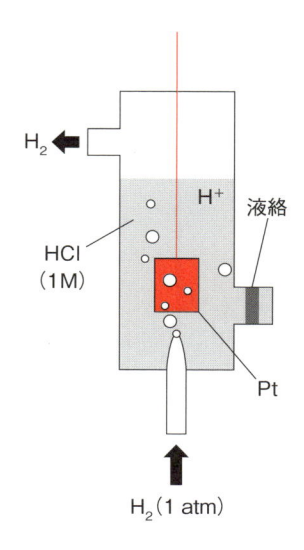

図 8-5 標準水素電極

表 8-3 標準電極電位 (25℃, 1 atm)

電極反応	$E°$ (V)
$Li^+ + e^- \rightleftharpoons Li$	-3.05
$K^+ + e^- \rightleftharpoons K$	-2.93
$Na^+ + e^- \rightleftharpoons Na$	-2.71
$Mg^{2+} + 2e^- \rightleftharpoons Mg$	-2.36
$Al^{3+} + 3e^- \rightleftharpoons Al$	-1.68
$Zn^{2+} + 2e^- \rightleftharpoons Zn$	-0.76
$Fe^{2+} + 2e^- \rightleftharpoons Fe$	-0.44
$Cd^{2+} + 2e^- \rightleftharpoons Cd$	-0.40
$Ni^{2+} + 2e^- \rightleftharpoons Ni$	-0.23
$Sn^{2+} + 2e^- \rightleftharpoons Sn$	-0.14
$Pb^{2+} + 2e^- \rightleftharpoons Pb$	-0.13
$Fe^{3+} + 3e^- \rightleftharpoons Fe$	-0.04
$Sn^{2+} + 2e^- \rightleftharpoons Sn$	-0.14
$2H^+ + 2e^- \rightleftharpoons H_2$	0
$Sn^{4+} + 2e^- \rightleftharpoons Sn^{2+}$	$+0.15$
$Cu^{2+} + e^- \rightleftharpoons Cu^+$	$+0.16$
$Cu^{2+} + 2e^- \rightleftharpoons Cu$	$+0.34$
$Fe^{3+} + e^- \rightleftharpoons Fe^{2+}$	$+0.77$
$Ag^+ + e^- \rightleftharpoons Ag$	$+0.80$
$Ce^{4+} + e^- \rightleftharpoons Ce^{3+}$	$+1.61$
$Co^{3+} + e^- \rightleftharpoons Co^{2+}$	$+1.81$
$F_2 + 2e^- \rightleftharpoons 2F^-$	$+2.87$

標準酸化還元電位の値は，還元反応が水素イオンの還元反応 ($2H^+ + e^- \rightleftharpoons H_2$ $E°(H_2) = 0$ V) に比べて起こりやすいかどうかを示す．標準酸化還元電位が大きな正の値をとる反応は，還元反応が非常に起こりやすく，反応式の左の物質が電子を受け取りやすい．逆に，標準酸化還元電位が絶対値の大きな負の値をとる反応は，還元反応が起こりにくく，電子を放出する酸化反応が起こりやすい．

化還元電位 ($E°$) とよび，表 8-3 に示した．

水素イオンの酸化還元電位は，標準水素電極に，それと同じ水素の還元反応の半電池を作用させることになり，起電力は，負極も正極も同じとなる．よって水素イオンの酸化還元電位は 0 V となる．強い酸化剤ほど酸化還元電位は正の値を取り，還元されやすい．逆に，強い還元剤ほど酸化還元電位は負の値を取り，酸化されやすい．

たとえば，酸性溶液中での過マンガン酸イオン MnO_4^- は強い酸化剤として知られているが，その酸化還元反応は次式で与えられ，

$$MnO_4^- + 8H^+ + 5e^- \rightleftharpoons Mn^{2+} + 4H_2O \quad E = +1.51 \text{ V} \quad (8.25)$$

酸化還元電位は大きな正の値をもつ．

逆に，金属ナトリウム Na は強力な還元剤であるが，その酸化還元反応は次式で与えられ，酸化還元電位は大きな負の値をもつ．

$$Na^+ + e^- \rightleftharpoons Na \quad E = -2.71 \text{ V} \quad (8.26)$$

銅と亜鉛の酸化還元電位から，ダニエル電池の起電力を求めることができる．銅と亜鉛の酸化還元電位は

$$Cu^{2+} + 2e^- \rightleftharpoons Cu \quad E°(Cu) = 0.34 \text{ V} \quad (8.27)$$

$$Zn^{2+} + 2e^- \rightleftharpoons Zn \quad E°(Zn) = -0.76 \text{ V} \quad (8.28)$$

で表され，自発的反応は

$$Cu^{2+} + Zn \longrightarrow Cu + Zn^{2+} \quad (8.29)$$

であるから，ダニエル電池の起電力は式 (8.27) − 式 (8.28) で与えられ，

$$\Delta E = E°(Cu) - E°(Zn) = 0.34 \text{ V} - (-0.76 \text{ V}) = 1.10 \text{ V} \quad (8.30)$$

と計算できる．このように自発的に起こる式 (8.29) の酸化還元反応で生じる電池の起電力は正の値で与えられる．一方，式 (8.29) の逆反応は

$$Cu + Zn^{2+} \longrightarrow Cu^{2+} + Zn \quad (8.31)$$

で与えられ，この反応式にもとづく電池の起電力は負の値となり，自発的に進行しないことがわかる．

◆ 8.2.4 起電力の熱力学的意味

導体2点間を1C（クーロン）[*13]の電荷を運ぶのに1Jの仕事が必要なとき，2点間の電位（電圧）を1V（**ボルト**）と定義する．アボガドロ数個の電子の電荷量（1 mol あたりの電子の電荷量）は 96500 C であり，**ファラデー定数** F(C mol^{-1}) とよばれる．したがって，電位が E である導体2点間で1モルの電荷が運ばれるときの仕事 w は $-FE$ で与えられる．マイナスの符号がつくのは，電子の電荷がマイナスであるからである．

ある電位 E をもつ酸化還元反応において，関与する電子の個数が n 個であるとすると，1 mol の物質の酸化還元反応が起こる電池において運ばれる電荷量は $-nF$ (C) であり，そのときの仕事，すなわちギブズエネルギー変化は次式で表される．

$$\Delta G = -nFE \tag{8.32}$$

つまり，電池における起電力（標準酸化還元電位）と酸化還元反応におけるギブズエネルギー変化は比例関係にあり，起電力に $-nF$ を掛けるだけでギブズエネルギー変化がわかる．

ダニエル電池の2つの電極で起こる酸化還元反応を表す式（8.27）（8.28）に対応する標準反応ギブズエネルギーは，式（8.32）より，次式で表される．

$$Cu^{2+} + 2e^- \rightleftharpoons Cu \qquad \Delta G_r°(Cu) = -2FE°(Cu) \tag{8.33}$$

$$Zn^{2+} + 2e^- \rightleftharpoons Zn \qquad \Delta G_r°(Zn) = -2FE°(Zn) \tag{8.34}$$

ここで，$E°(Cu) > 0$，$E°(Zn) < 0$ であるので，$\Delta G_r°(Cu) < 0$，$\Delta G_r°(Zn) > 0$ となり，熱力学の法則より，式（8.33）の反応のほうが式（8.34）の反応より起こりやすいことがわかる．したがって，ダニエル電池の正味の反応式（8.29）の標準ギブズエネルギー変化は，次のようになり，$\Delta G_r° < 0$ である．

$$\begin{aligned}\Delta G_r° &= -nF\Delta E \\ &= -2 \times 96500 \text{ C mol}^{-1} \times 1.10 \text{ V} \\ &= -2.12 \times 10^2 \text{ kJ mol}^{-1}\end{aligned} \tag{8.35}$$

よって，式（8.29）は熱力学的に有利となり，電池として機能する．このように電池が機能するためには，熱力学の法則に従っている必要がある．

*13 1クーロンは，1秒間に1アンペアの電流によって運ばれる電荷（電気量）と定義される．電子がもつ電荷（電気素量）の約 6.24×10^{18} 倍である．

8.3 実用電池

ダニエル電池は電池の原理を理解するのには有用だが、大きな電気容量をもつ小さな電池はつくれず、実用には不便である。そこで、いろいろな実用電池が考案されている。

◆ 8.3.1 一次電池

一次電池とは充電のできない使い捨ての電池のことで、市場に最も普及している乾電池として、**マンガン電池**と**アルカリマンガン電池**がある。

(a) マンガン電池

一次電池のうち、最も値段が安いのはマンガン電池である（**図8-6**）。この電池では正極に銅ではなく酸化マンガン（IV）が使用され、**正極活物質**という。正極の炭素棒は電子の集電体であり、酸化還元反応には関与しない。負極はダニエル電池と同様、亜鉛が使われており、外側の亜鉛缶そのものが**負極活物質**となっている。2つの電解質溶液の間にはセパレーターがあり、これが液絡として働く。各電極で起こる反応は、次式で表される。

$$\text{正極}: 2\,MnO_2 + 2\,H_2O + 2\,e^- \longrightarrow 2\,MnOOH + 2\,OH^- \tag{8.36}$$

$$\text{負極}: Zn \longrightarrow Zn^{2+} + 2\,e^- \tag{8.37}$$

実際の電池では、正極活物質とともに塩化アンモニウム NH_4Cl を含んでいる。これは、負極から酸化されて溶解した亜鉛イオンと反応して、不溶性の錯塩を形成させ、亜鉛の活性が落ちないようにするためである（式8.38）。

$$Zn^{2+} + 2\,NH_4Cl \longrightarrow Zn(NH_3)_2Cl_2\downarrow + 2H^+ \tag{8.38}$$

酸化還元反応は平衡反応であり、式（8.36）および式（8.37）だけが起こっているならば、マンガン電池は充電可能になるが、実際には、式（8.38）のように不可逆な錯生成反応が含まれており、充電のために電圧をかけても、逆反応は起きないので、マンガン電池は充電できない[*14]。全反応を示すと、

$$2\,MnO_2 + Zn + 2\,NH_4Cl \longrightarrow 2\,MnOOH + Zn(NH_3)_2Cl_2 \tag{8.39}$$

となり、単なる酸化還元反応より複雑な式になっている。なお、マンガン電池の作動電圧は 1.5 V である。

(b) アルカリ電池

マンガン電池より電池容量が大きい電池として、アルカリマンガン電池があるが、市場では単にアルカリ電池とよばれている。**図8-7**のように、負極活物質である亜鉛を、亜鉛缶ではなく亜鉛粉（ゲル状）にして電池内に収

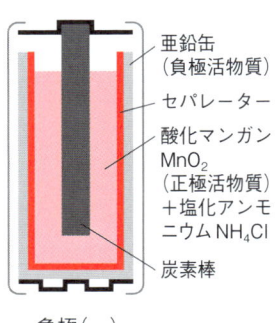

図8-6 マンガン電池

正極（＋）
亜鉛缶（負極活物質）
セパレーター
酸化マンガン MnO_2（正極活物質）＋塩化アンモニウム NH_4Cl
炭素棒
負極（−）

[*14] むりやり充電すると水の電気分解が起こり、水素ガスと酸素ガスが発生して、密閉容器内で圧力が増し、爆発する。たいへん危険なので、一次電池は決して充電しないように気をつけよう。

納することにより電池容量を増大させている．電解液に水酸化カリウム KOH を用い，アルカリ電池の名前の由来はここにある．各電極で起こる反応は，

$$\text{正極}：MnO_2 + 2H_2O + 2e^- \longrightarrow Mn(OH)_2 + 2OH^- \tag{8.40}$$

$$\text{負極}：Zn + 2OH^- \longrightarrow Zn(OH)_2 + 2e^- \tag{8.41}$$

で表される．したがって，全反応は，

$$MnO_2 + Zn + 2H_2O \longrightarrow Mn(OH)_2 + Zn(OH)_2 \tag{8.42}$$

となる．$Zn(OH)_2$ は水に不溶なので，充電できない．なお，アルカリ電池の作動電圧も 1.5 V である．

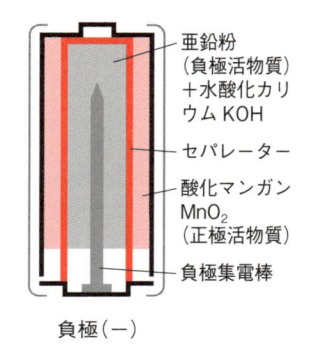

図 8-7 アルカリマンガン電池

◆ 8.3.2 二次電池

二次電池とは充電によって，電極活物質が再生する電池のことで，車のバッテリーやパソコンの電池などに使用されている．二次電池には**鉛蓄電池**，**ニッケル水素電池**，**リチウムイオン電池**などが知られており，これら 3 つの電池をここで紹介する．

(a) 鉛蓄電池

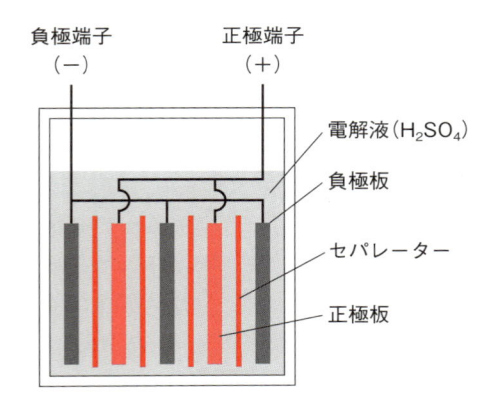

図 8-8 鉛蓄電池

鉛蓄電池は自動車のエンジン起動用バッテリーとして古くから使用されてきた．正極に多孔性二酸化鉛，負極に海綿状の鉛を用いる（図 8-8）．放電させたときの各電極の反応は次のようになる．

$$\text{正極}：PbO_2 + 4H^+ + SO_4^{2-} + 2e^- \rightleftharpoons PbSO_4 + 2H_2O \tag{8.43}$$

$$\text{負極}：Pb + SO_4^{2-} \rightleftharpoons PbSO_4 + 2e^- \tag{8.44}$$

重要な点は，酸化還元物質 PbO_2，Pb，$PbSO_4$ すべてが固体であり，溶液中に溶け出さないことである．そのため，一次電池のように活性を落とさないので，酸化還元反応以外の反応を導入する必要はない．全反応は，

$$PbO_2 + Pb + 2\,H_2SO_4 \rightleftharpoons 2\,PbSO_4 + 2\,H_2O \tag{8.45}$$

で表され，電池の起電力は約 2.1 V と大きい．式 (8.45) を見ると，電池の放電が進むと，硫酸の量が減少し，電解液の比重が小さくなる．鉛蓄電池では，比重をはかると，電池の残量がわかる[*15]．充電により逆反応が容易に起こり，電極活物質が再生する．

鉛蓄電池の欠点は，非常に重量が重く，自動車に積み込むには問題ないが，携帯することができないことである．近年，ニッケル水素電池やリチウムイオン電池などの非常に軽い二次電池が開発されるようになった．

(b) ニッケル水素電池

ニッケル水素電池（図 8-9）は正極に水酸化ニッケル，負極に水素吸蔵合金[*16]，電解液に濃い水酸化カリウム水溶液を用いた充電可能な電池である．放電させたときの各電極での反応は次のようになる．

$$\text{正極：} NiOOH + H_2O + e^- \rightleftharpoons Ni(OH)_2 + OH^- \tag{8.46}$$

$$\text{負極：} MH + OH^- \rightleftharpoons M + H_2O + e^- \tag{8.47}$$

ここで，M は水素吸蔵合金である．放電により，酸化還元反応が進行すると，水素イオンが，反応を通じて負極からアルカリ電解液，そして正極へと流れ，電子は導線を通って，負極から正極へ流れる．充電では，まったく逆方向の流れが起こり，電極活物質が再生される．全反応は

$$NiOOH + MH \rightleftharpoons Ni(OH)_2 + M \tag{8.48}$$

となり，非常に簡単な式になる．作動電圧は，1.4 V である．

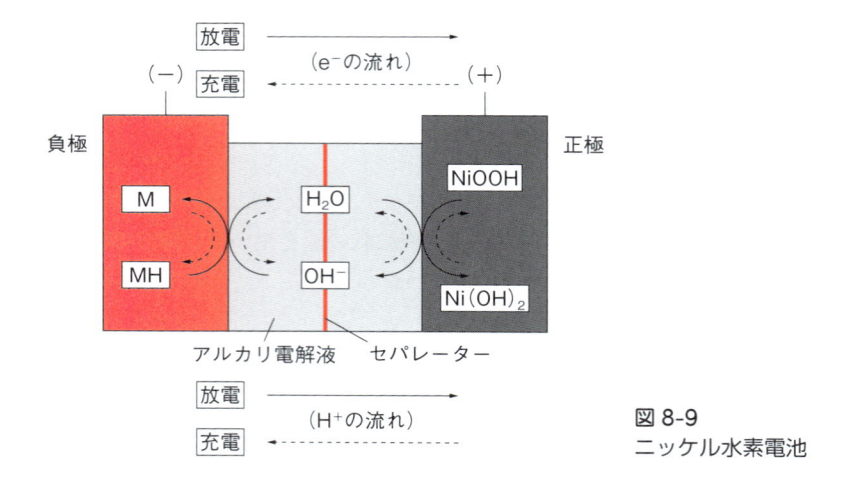

[*15] 比重の違いを色で示し，電池の残量がわかるしくみになっている鉛蓄電池が市販されている．

[*16] 金属が水素を吸収することは，かなり以前より知られていた．たとえば，パラジウム金属は自身の体積の 935 倍の水素を吸蔵することができるが，パラジウムが非常に高価な金属であるため，電池への応用はできない．ニッケルは，単体では水素吸蔵性はないが，コバルトやアルミニウムなどを混ぜて合金にしてやると水素吸蔵性が現れる．そのような合金のことを水素吸蔵合金という．いずれの金属も比較的価格は安く，電池への応用がなされた．

図 8-9 ニッケル水素電池

(c) リチウムイオン電池

近年，コンピューター，携帯電話，電気自動車などに使われているのが，リチウムイオン電池である．リチウムイオン電池では，正極にはコバルト酸リチウム，負極には炭素がリチウムイオンを吸蔵することから炭素材料が用いられる．図 8-10 に示すように，まず充電した後，酸化コバルトを正極とし，リチウムイオンが充分に吸蔵された状態の炭素を負極として放電させる

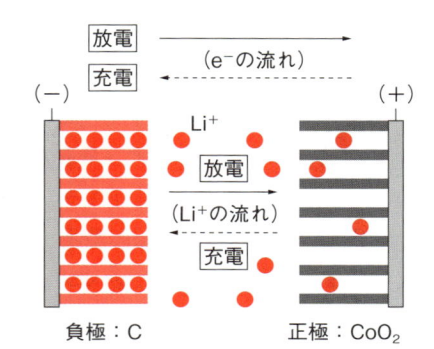

図 8-10
リチウムイオン電池

Topic　燃料電池

燃料電池は電極と正・負極活物質を分け，正極活物質に酸素ガス，負極活物質に水素ガスを用いる．酸素ガスは空気から取り入れる．水素ガスは水素ボンベや水素吸蔵合金に貯蔵して供給する．発電原理として，電気分解と逆の反応を利用する．

$$\text{水の電気分解}：2H_2O \longrightarrow 2H_2+O_2$$
$$\text{燃料電池}：2H_2+O_2 \longrightarrow 2H_2O$$

水素ガスは燃料極で酸化され，電子を放出し，水素イオンとなって電解質液内に溶け込む．放出された電子は外部回路を通って空気極に入り，酸素を還元して水酸化物イオンになり，負極からの水素イオンと反応して水を与える．水は正極から排出される．

この燃料電池の原理が考案されたのは非常に古く，19 世紀にさかのぼる．しかし，得られる電力が小さく，材料に多くの課題があったため，あまり注目されなかった．近年になって，燃料極，空気極のなどの多孔性電極や高分子材料などを使った電解質膜などが開発され，実用化されるようになった．

燃料電池の用途で注目されているのは，電気自動車との組み合わせである．電気自動車は，リチウムイオン電池などを積み込み，かなり重い．また，充電に長時間を要する．これを燃料電池にすると，重い電池を燃料電池 1 つで済ますことができる．また，水素を積み込めばガソリンと同程度の距離を走ることができるであろう．あとは，ガソリンスタンドのように，水素ガスをどのように設置し，普及させるかが課題である．

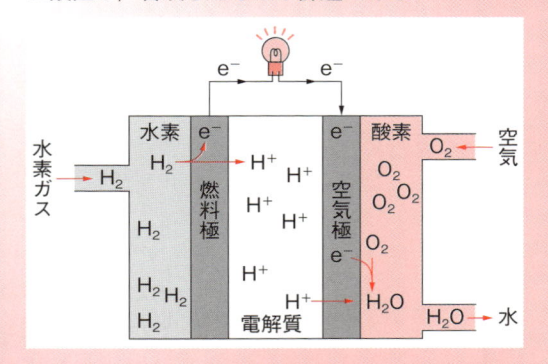

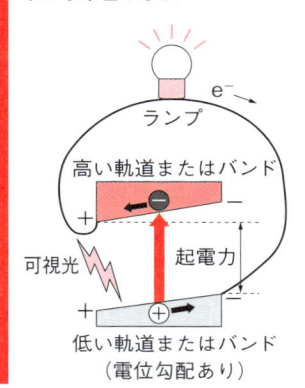

と，各電極で，次式の反応が起こる．

$$正極：CoO_2 + Li^+ + e^- \rightleftharpoons LiCoO_2 \qquad (8.49)$$

$$負極：LiC_6 \rightleftharpoons C_6 + Li^+ + e^- \qquad (8.50)$$

全体の反応は次のようになる．

$$CoO_2 + LiC_6 \rightleftharpoons LiCoO_2 + C_6 \qquad (8.51)$$

放電により，電子が負極から正極に流れるとき，リチウムイオンは電池の中を負極から正極に流れる．正極も負極もリチウムイオンを結晶の層間に蓄えることができる物質で，充電により，逆方向の流れが容易に起こり，電極活物質が再生する．電池の動作電力は約 4 V と高く，電池容量も大きい．

このほか，最新のテクノロジーでは，**燃料電池**（Topic 参照）や**太陽電池**[*17] などの電池が研究され，いろいろな電池が開発されている．

練習問題

Q1 次の①〜⑤の酸化還元反応のうち，下線部分の原子が還元されているものを選び，番号で書け．
① $CuO + \underline{H}_2 \longrightarrow Cu + H_2O$
② $2 H_2S + \underline{O}_2 \longrightarrow 2 S + 2 H_2O$
③ $\underline{C}H_4 + 2 O_2 \longrightarrow CO_2 + 2 H_2O$
④ $Mg + 2 \underline{H}_2O \longrightarrow Mg(OH)_2 + H_2$
⑤ $2 K\underline{Mn}O_4 + 5 (COOH)_2 \longrightarrow 2 MnSO_4 + 10 CO_2 + K_2SO_4 + 8 H_2O$

Q2 次の (a) (b) にある物質を用いて，酸化還元反応式をそれぞれ書け．
(a) Cl^-, ClO^-, ClO_3^-　(b) $Cr_2O_7^{2-}$, Cr^{3+}, Fe^{2+}, Fe^{3+}, H^+（酸性）

Q3 次の (a) (b) の問いに答えよ．
(a) ダニエル電池の電池式を書け．
(b) ①〜④の中で最も還元力の強い化学種を答え，理由も書け．
① $Cu^{2+} + 2e^- \longrightarrow Cu$ 　　$E° = +0.34$ V
② $Zn^{2+} + 2e^- \longrightarrow Zn$ 　　$E° = -0.76$ V
③ $F_2(気) + 2e^- \longrightarrow 2 F^-$ 　　$E° = +2.87$ V
④ $H_2(気) + e^- \longrightarrow H^+$ 　　$E° = 0$ V

Q4 一次電池と二次電池の違いを説明せよ．

Q5 次の①〜⑤の発電様式の長所と短所をそれぞれ述べよ．
① 水力　② 太陽　③ 風力　④ 火力　⑤ 原子力

ミニTOPIC

*17　通常の物質に光を当てると，物質は光を吸収し，吸収した光のエネルギーの分だけ，電子がより高いエネルギー準位の軌道に移動する．ほとんどの物質は，光のエネルギーを吸収しても，熱エネルギーを放出してそのまま元の状態に戻って終わる．しかし，下図に示すように，光を吸収する部位に電位の傾き（電位勾配という）があると，光を吸収して高いエネルギー軌道に移った電子は，電位勾配に従って移動できる．移動した先はマイナスに帯電し，電子が出て行ったところはプラスに帯電する．これを利用して電流を取り出すのが太陽電池の大まかな原理である．

第9章 無機化学

9.1 非金属
9.2 金属
9.3 半金属

金属汚染と環境にやさしい材料

Introduction

　高度成長期に発生した四大公害病のうち3つは，重金属による海や川の汚染が原因だった．熊本県水俣湾で発生した水俣病，新潟県阿賀野川で発生した第二水俣病は，工場排水に含まれた水銀で汚染された魚介を食べたことにより，重度な神経障害を引き起こした．

　この排水は図9-1に示すように，アセトアルデヒド合成で生じた．繊維，プラスチック，接着剤などの製品の原料となる酢酸の製造にアセトアルデヒドは欠かせなかったが，水銀触媒を用いたために，排水にメチル水銀が含まれてしまった．

　チッソ水俣工場では，戦前から未処理で廃水を流していたのに，なぜ1950年代に急に水俣病が起こったのかわからず，原因追求に時間がかかって被害を大きくした．今では，助触媒を二酸化マンガンから硫化第二鉄に変更したことによりメチル水銀の副生が引き起こされたことと，アセトアルデヒドの増産が著しく，大量のメチル水銀が排出されてしまったためだと考えられている．製造方法のわずかな変更によって人体に影響をおよぼす事態になりうることがわかった．

　また，人体に影響が出るのは最終段階であって，そもそも重金属など環境を汚染するものを含まないよう浄化してから，工場外に流す必要があるとの視点が生まれた．現在では，厳しい排出基準が法で定められている．

　さらに，いまでは，アセトアルデヒドを，水銀を使わずにパラジウム触媒を用いてエチレンを酸素で酸化することで合成できる．確かに公害は化学工業の発達によって生み出された負の遺産だが，それを解決したのもやはり科学であった．

　しかし，科学技術の発展は，新たな環境汚染を引き起こす可能性がある．これからの科学技術では，開発段階から環境負荷の低い，環境にやさしい材料開発が要求されるであろう．

　本章で学ぶ無機化学は，金属を含め，有機化学が扱う炭素化合物以外の物質を扱う学問である．この分野では，水素をためて電気を蓄える水素吸蔵合金（ニッケル水素電池），最新技術を支えるネオジム磁石，人工光合成や光触媒として活躍する酸化チタン，光の技術を変える青色発光ダイオード，電気抵抗ゼロをめざす高温超伝導体の開発など，未来を開く材料開発がさかんに行われている．

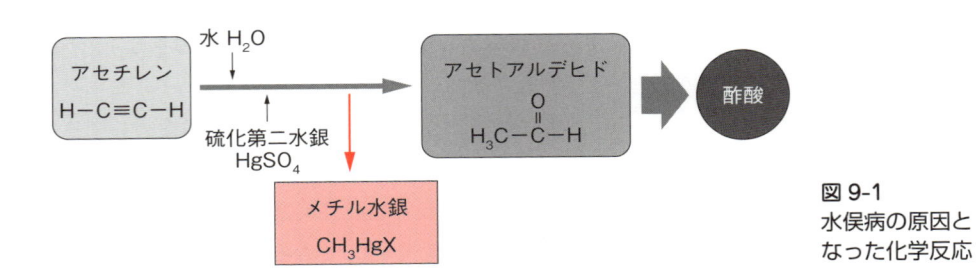

図9-1 水俣病の原因となった化学反応

アセチレン H−C≡C−H ― 水 H_2O / 硫化第二水銀 $HgSO_4$ → アセトアルデヒド $H_3C-C(=O)-H$ → 酢酸

メチル水銀 CH_3HgX

9.1 非金属

電気陰性度が比較的大きい水素 H，炭素 C，窒素 N，酸素 O，リン P，硫黄 S，ハロゲン元素（F, Cl, Br, I）や，単原子分子として存在する希ガス元素は「非金属元素」に分類される．その性質を見ていこう．

◆ 9.1.1 分子軌道

水素 H は H_2 という分子を形成する．一方，同じ s ブロック元素である**ヘリウム** He は He_2 という分子を形成せず，安定な原子として存在する．これを理解するには，**分子軌道**という考え方を取り入れる必要がある．s, p, d, f 軌道は原子軌道とよばれ，電子が 1 つの原子核のまわりに形成する定在波のことである．分子軌道は，通常，電子が 2 つの原子核の周りに形成する定在波である．簡単にするため 2 つの原子軌道の足し合わせとし，図 9-2 に示すような 1 次元の定在波で考えると，足し合わせには，波の山と山が重なる場合（a）と，山と谷が重なる場合（b）の 2 種類がある．

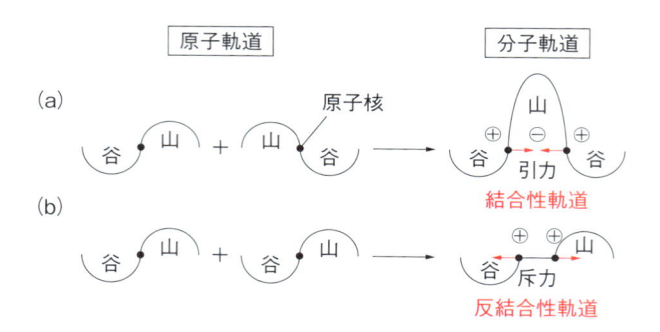

図 9-2　分子軌道の概念図

山と山が重なる場合，原子と原子の間にマイナス電荷をもった電子の大きな波が存在し，プラスの電荷をもった 2 つの原子核はマイナスの電子の大きな波に引き寄せられ，結合する．第 2 章ではこの部分だけを共有結合として議論した．この軌道のことを**結合性軌道**という．分子軌道はもう 1 つある．山と谷が重なって干渉し，原子間に電子がほとんど存在しなくなる軌道である．この場合，原子間に引力は発生せず，斥力が働き，原子は外側に引っぱられ，結合が切れる．この軌道を**反結合性軌道**という．つまり，2 つの原子軌道が重なると，2 つの分子軌道が形成される．

図 9-3 に 2 つの 1s 原子軌道が重なって形成される 2 種類の分子軌道の軌道図と，電子が形成する 3 次元定在波のイメージ図を合わせて示す．1 つは図 9-2a の原理にもとづく引力が働く結合性軌道 σ_{1s} であり，もう 1 つは図 9-2b の原理にもとづく反結合性軌道 σ^*_{1s} である．結合性軌道 σ_{1s} は元の原

子軌道 1s 軌道よりエネルギーが低く，反結合性軌道 σ^*_{1s} は 1s よりエネルギーが高い．1s 軌道よりエネルギーの低い結合性軌道 σ_{1s} に電子が入ると分子は安定化し，1s 軌道よりエネルギーの高い反結合性軌道 σ^*_{1s} に電子が入ると分子は不安定化する．

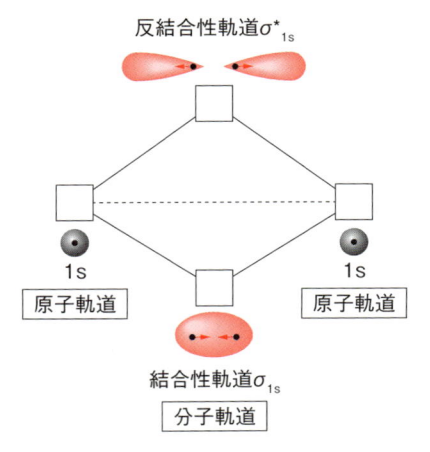

図9-3　分子軌道の軌道図と定在波のイメージ図
左右の原子軌道は結合（反応）前の状態を表し，中央の分子軌道は，左右の原子軌道が結合した後の状態を表す．

◆ 9.1.2　水素とヘリウム

水素分子およびヘリウム分子に関して，図9-3 の分子軌道図に電子スピンを表す↑を入れると，図9-4 のようになる．

水素原子 H の電子は 1 個なので，水素分子 H_2 には合計 2 電子が存在し，分子軌道では結合性軌道 σ_{1s} にスピンの向きを反対にした 2 個の電子が入る．反結合性軌道には電子は入らない．したがって，元の原子のままより分子を形成したほうがエネルギー的に安定となり，水素分子は存在する．

一方，ヘリウム原子 He には電子が 2 個存在し，ヘリウム分子 He_2 を形成すると，合計 4 個の電子が分子軌道に入り，結合性軌道 σ_{1s} および反結合性軌道 σ^*_{1s} の両方に 2 個ずつ入る．σ_{1s} に入った電子は結合力に寄与するが，

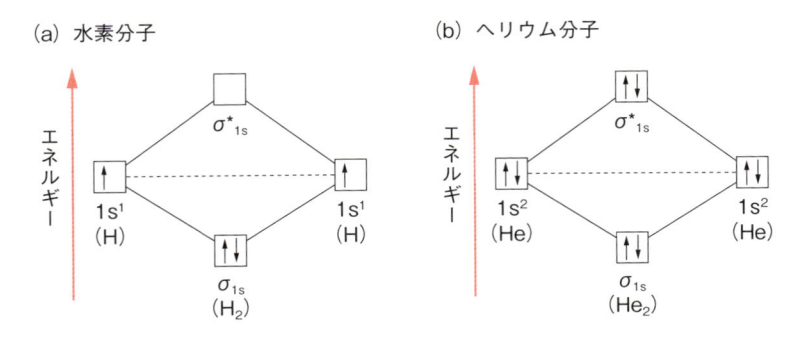

図 9-4　水素分子とヘリウム分子の分子軌道図

σ^*_{1s} に入った電子は斥力に寄与し，結局 He_2 分子は元の原子軌道より不安定となり，He_2 分子は安定に存在できない．そのため，原子軌道に電子が満員になるまで入った希ガスであるヘリウムは**単原子分子**として存在する．

◆ 9.1.3 窒素，酸素，ネオン

窒素 N および**酸素** O に関して分子軌道を考えると，混成軌道を使うことなく，そのまま原子軌道を組み合わせることによって分子軌道を考えることができる．窒素原子も酸素原子も p ブロック元素で，その電子配置はそれぞれ $1s^2 2s^2 2p^3$，$1s^2 2s^2 2p^4$ となる[*1]．$1s^2$ と $2s^2$ が形成する分子軌道は**図 9-4b** と同様であるため，これらの軌道は結合に寄与しない．

図 9-5 に窒素と酸素の p 軌道が形成する分子軌道図を示す．この分子軌道は，σ 結合が形成する σ と σ*，2 つの π 結合が形成する 2 つの π と π* からなる．窒素分子と酸素分子の結合性軌道では，σ 結合と π 結合の順番が異なるが[*2]，3 つの結合性軌道すべてに電子が入り，三重結合分のエネルギーの安定が得られている[*3]．窒素分子は，反結合性軌道に電子が入らないためにそのまま三重結合で結合している．一方，酸素分子は，反結合性軌道に 2 電子が入っているため，単結合分の不安定エネルギーが存在し，差し引き二重結合の分のエネルギーの安定化しか得られず，二重結合と認識される．

ここまでは，第 2 章で議論した共有結合の概念で得られた結論と同じである．しかし，ここで重要な点が 1 つある．窒素分子はすべての電子が対をつくっていて，スピンがつり合い，磁性がない（**反磁性**）．一方，酸素分子は 2 つの π* に 2 個の電子がフントの法則に従い，スピンを平行にして 1 個ずつ入り，磁性を示す（**常磁性**）ことがわかる．実際に，2 つの磁石の S 極と N 極を近づけて，ここに液体窒素と液体酸素を注ぐと，液体窒素はすべて流れてしまうが，液体酸素は磁石に吸いつけられることが観察できる．

ヘリウム分子の分子軌道は，すべて電子が埋まってしまうために He_2 が

[*1] 窒素は p 軌道に電子が 3 個あり，酸素は p 軌道に電子が 4 個ある．

[*2] 結合軸にそって重なる σ 結合のほうが，結合軸に対して垂直方向にのびる π 結合より重なりが大きく，結合力も強い．したがって，σ_{2p} と σ^*_{2p} の分裂は，π_{2p} と π^*_{2p} より大きく，σ_{2p} がより安定する**図 9-5b** のようになる．しかし，結合軸周辺には σ_{2s} と σ^*_{2s} がすでに存在し，N_2 分子の σ_{2p} と同じ空間を占めることになり，電子反発により σ_{2p} が不安定化し，π_{2p} よりエネルギーが高くなる（**図 9-5a**）．π^*_{2p} に電子が入ってくると，π 結合が弱くなり，本来の順番である**図 9-5b** のようになる．B_2，C_2，N_2 の分子軌道は**図 9-5a** 型，O_2，F_2，Ne_2 の分子軌道は**図 9-5b** 型になる．

[*3] 分子軌道では結合性軌道に電子が 2 個（1 対）入ると 1 つの結合が生じると考える．N_2 では 6 個（3 対）の電子が結合性軌道に入っているので，3 つの結合が生じている（σ 結合 1 つ，π 結合 2 つ）．

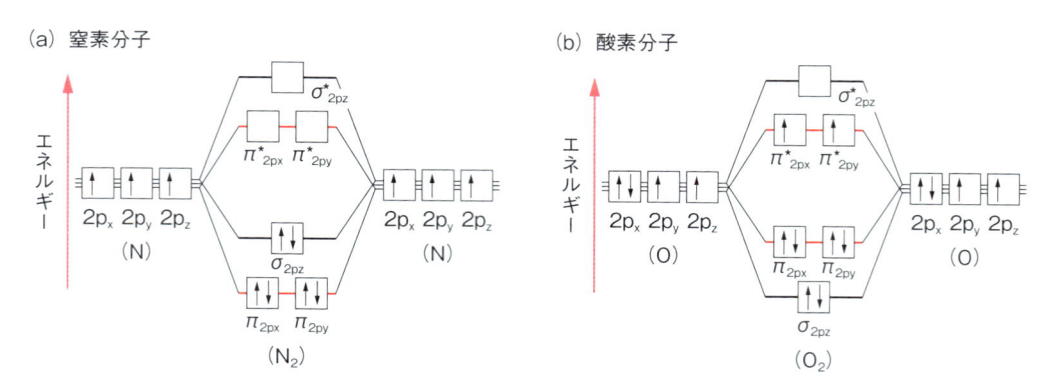

(a) 窒素分子　　　　　　　　　　　(b) 酸素分子

図 9-5 窒素分子と酸素分子の p 軌道が形成する分子軌道図

安定に存在できないのと同様に，**ネオン** Ne も，p 軌道の結合性軌道と反結合性軌道のすべてに電子が入ってしまうため，ネオン分子 Ne_2 は安定に存在できない．この状況は Ar, Kr, Xe, Rn でも同じで，これらはほとんど分子を形成することはなく，単原子分子として存在する．

◆ 9.1.4 炭　素

炭素 C の単体は無機化学の範疇に入り，**ダイヤモンド**，**黒鉛**（グラファイト），**フラーレン**（C_{60}, C_{70} など）などの同素体がある（図 9-6）．ダイヤモンドはすべての物質のうち，最も硬く，電気を通さない．黒鉛は導電性があり，多くのベンゼン環が平面上に配列したグラフェンの層状構造からなる．フラーレンのうち，C_{60} はサッカボールの形をしており，他にも C_{70} など，非常に多くの形状がある．さらに，黒鉛の層状構造が円筒形に丸まったものが，カーボンナノチューブとして 1991 年に日本の飯島澄男により発見された．半導体などの電子部品への応用が期待されている[*4]．

一酸化炭素 C≡O や二酸化炭素 O=C=O，二硫化炭素 S=C=S など，炭素の水素化合物（有機化合物）以外の化合物も，無機化合物とされる．

(a) ダイヤモンド　　(b) 黒鉛（グラファイト）　　(c) フラーレン C_{60}

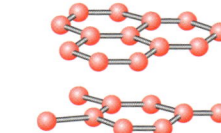

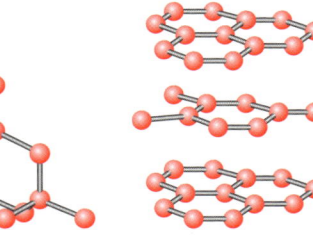

図 9-6　炭素の同素体

◆ 9.1.5 リン，硫黄

リン P や**硫黄** S は原子半径が大きく，π 結合が安定にできないので（3.2 節参照），P_2[*5] や S_2 などの二原子分子ができにくく，3 つ以上の原子が結合する．また，電気陰性度も比較的大きいため，金属性を示さない．したがって，これらの元素では同素体が非常に多くなる．

リン P は，P_4 である白リン（黄リン）や多くの原子がつながった赤リンなどの同素体が知られている．白リンは空気中で酸素と反応し自然発火する．一方，赤リンは比較的安定で，マッチ箱の横の摩擦面に使われている．リンのオキソ酸[*6]にはリン酸 H_3PO_4 が知られており，弱酸である．

硫黄 S は 30 以上の同素体があり，天然では S_8 が見られる．硫黄の化合物

[*4] カーボンナノチューブは，導電性を利用した電子材料，レーザーなどの光学材料，テニスラケットなどに，強靭な物性などを生かした応用がなされている．100% の素材で利用されることは少なく，いろいろなものと組み合わせた複合材料で性能を向上させている．まだまだ，100% 素材で利用するには価格が高いが，今後価格が安くなれば，100% 素材の利用もありえる．

[*5] 三重結合をもつ二リン P≡P も知られているが，極めて不安定である．

[*6] ある原子のまわりにオキソ基（=O）および酸性プロトンを与えるヒドロキシ基（—OH）が結合した酸のことをオキソ酸という．主なものを挙げると，
ホウ酸 H_3BO_3 [B(OH)$_3$],
炭酸 H_2CO_3 [C(=O)(OH)$_2$],
硝酸 HNO_3 [N(=O)$_2$(OH)],
硫酸 H_2SO_4 [S(=O)$_2$(OH)$_2$],
リン酸 H_3PO_4 [P(=O)(OH)$_3$],
過塩素酸 $HClO_4$ [Cl(=O)$_3$(OH)],
過マンガン酸 $HMnO_4$ [Mn(=O)$_3$(OH)],
クロム酸 H_2CrO_4 [Cr(=O)$_2$(OH)$_2$]
などがある．

には硫化水素 H_2S, 二酸化硫黄 SO_2, 硫酸 H_2SO_4 などが知られている.

◆ 9.1.6 ハロゲン元素

17 族に属する**フッ素** F, **塩素** Cl, **臭素** Br, **ヨウ素** I などを総称して, **ハロゲン元素**[*7] とよぶ. その最外殻電子の電子配置は ns^2np^5（フッ素から順に $n=2$, 3, 4, 5）で表される. 単体は, それぞれフッ素ガス F_2（気体），塩素ガス Cl_2（気体），臭素 Br_2（液体）[*8], ヨウ素 I_2（固体）で, 二原子分子を形成する.

電気陰性度は大きい値から順に, F＞Cl＞Br＞I であるので, 別の原子から電子を奪う強さ, 酸化力は F_2＞Cl_2＞Br_2＞I_2 となる. 臭化カリウム水溶液やヨウ化カリウム水溶液に塩素ガスを通じると, それぞれ溶液が褐色および赤褐色を呈するが, これは塩素の酸化力のほうが強いため, 臭素イオンやヨウ素イオンが酸化されて, 臭素やヨウ素が生じるためである[*9].

*7 アスタチン At もハロゲン元素に含まれるが, 放射性元素であり, 最も長い半減期をもつ同位体でも, 8 時間ほどしかなく, 天然にほとんど存在しない.

*8 単体で液体の物質は臭素と水銀だけである.

*9 $2KBr+Cl_2 \longrightarrow 2KCl+Br_2$
$2KI+Cl_2 \longrightarrow 2KCl+I_2$

9.2 金 属

金属とはいったい何だろう. 金属は, 図 9-7 の元素周期表で示したが, 金属光沢をもつ, 電気や熱をよく伝える, 展性・延性があるといった性質をもつ. その化学的なしくみを見ていこう.

◆ 9.2.1 アルカリ金属とアルカリ土類金属 ── s ブロック元素

周期表においてアルカリ金属は 1 族に属し, アルカリ土類金属は 2 族に属する. どちらも s ブロック元素である.

(a) アルカリ金属

水素を除く 1 族元素である**リチウム** Li, **ナトリウム** Na, **カリウム** K, ル

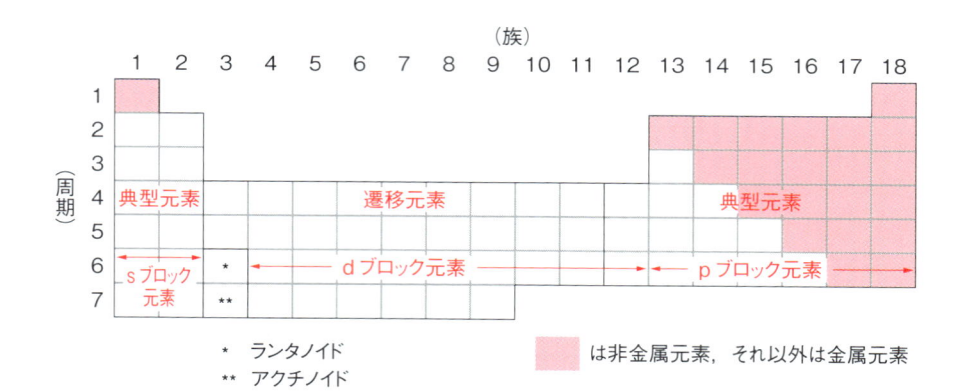

図 9-7 金属元素の分布

ビジウム Rb，セシウム Cs の単体はすべて金属の属性をもち，**アルカリ金属**という．最外殻電子の電子配置は ns^1（n＝2,3,4,5,6）で表される[*10]．この電子は飛び出しやすく，わずかな水分で酸化され，水素を発生させる．

リチウム金属は式 (9.1) の反応で，比較的穏やかに水と反応するが，ナトリウム，カリウム金属は水と激しく反応して発火する．そして，ルビジウム，セシウム金属は水と爆発的に反応する．アルカリ金属は容易に電子を失って，1価の陽イオンになりやすい性質をもっているといえる．

$$2\,\text{M} + 2\,\text{H}_2\text{O} \longrightarrow 2\,\text{MOH} + \text{H}_2 \tag{9.1}$$

アルカリ金属の1価の陽イオンは Cl^- や SO_4^{2-} などの陰イオンと静電引力で引き合い，NaCl や Na_2SO_4 などの塩を形成する．一般に，アルカリ金属の塩は水に溶けやすく，陽イオンと陰イオンに解離しやすい．たとえば，塩化ナトリウム NaCl はイオン結合によりイオン結晶を形成している（2.2節参照）が，水に溶けると，ナトリウムイオン Na^+ と塩素イオン Cl^- に解離する．

$$\text{NaCl（固）} \rightleftharpoons Na^+\,(\text{aq}) + Cl^-\,(\text{aq}) \tag{9.2}$$

(b) アルカリ土類金属

周期表で2族の元素のうち，**カルシウム** Ca，**ストロンチウム** Sr，**バリウム** Ba，**ラジウム** Ra を**アルカリ土類金属**という[*11]．

これらの単体は金属性を示し，最外殻電子には ns^2 の電子配置をもつ．したがって，アルカリ土類金属は酸化されると電子を2個失って，2価の陽イオンになる．この2価の陽イオンは硫酸イオン SO_4^{2-} や炭酸イオン CO_3^{2-} などの2価の陰イオンと強いイオン結合で結ばれ，難溶性固体となるものが多い．たとえば，硫酸カルシウム $CaSO_4$，硫酸バリウム $BaSO_4$[*12]，炭酸カルシウム $CaCO_3$，炭酸バリウム $BaCO_3$ などは水に溶けにくい[*13]．

◆ 9.2.2 遷移金属の電子配置

周期表で，3族元素から11族元素までの元素を総称して，**遷移金属**という（それ以外の元素は**典型元素**という）[*14]．

12族元素と遷移金属元素はdブロック元素とよばれ，電子を最もエネルギーの低い1s軌道から順に埋めていくと，最後の電子がd軌道に含まれる．第1章でも述べたように，原子の中に存在している電子は完全に波としてふるまっており，原子の周りで3次元の定在波を形成している．3d軌道の波形を**図9-8**に示したが，2p軌道（**図1-4**参照）に比べて波形の軸方向が1つ増えている．この5つの原子軌道はエネルギーが等しいので，**図9-9**で示すような簡単な5つの四角い枠を並べてd軌道を表現する．

[*10] 第7周期のフランシウムは放射性元素で，天然からは産出されない．

[*11] ベリリウム Be，マグネシウム Mg は共有結合性を反映し，非金属性，半金属性の寄与があるので，アルカリ土類金属には含めないが，広義では，第2族元素という意味で，この2つを含めてアルカリ土類金属とする場合もある．

[*12] バリウム検査という胃の検査がある．胃の粘膜の状態をX線で観察しようとしても，骨と違って，胃はX線を透過させるので何も写らない．硫酸バリウムの難溶性固体が分散したドロドロした液体を飲むと，X線はバリウムを透過しないので，X線写真に白く臓器の形が浮かび上がる．このような働きをする物質を造影剤という．硫酸バリウムの様子や形から食道の粘膜や胃の粘膜の状態を診断し，病変を探し出す．なお，肺は，ほとんど空気でできた臓器なので，通常，X線写真で何も写らないが，病変があると白く写るので造影剤はいらない．

[*13] 水への溶解度 (g/100 mL, 20℃) はそれぞれ，0.24, 0.00024, 0.060, 0.0024 である．

[*14] 第12族元素の亜鉛 Zn，カドミウム Cd，水銀 Hg は，d軌道の電子の数が10個で完全に満たされているので，日本では一般に典型元素に含める．しかし，第12族元素もdブロック元素であることから，遷移金属に含めて議論する場合もある．

9章 無機化学

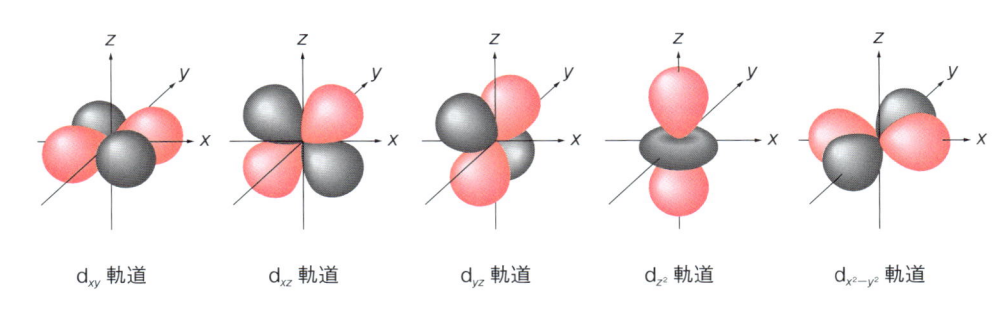

d_{xy} 軌道　d_{xz} 軌道　d_{yz} 軌道　d_{z^2} 軌道　$d_{x^2-y^2}$ 軌道

図 9-8　d 軌道の形

図 9-9　d 軌道を四角い枠で表現した軌道図

* 15　[Ar]はアルゴンの電子配置 $1s^2 2s^2 2p^6 3s^2 3p^6$ を表す．

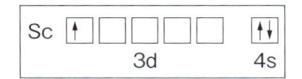

図 9-10　Sc の電子配置

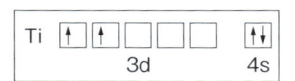

図 9-11　Ti の電子配置

* 16　d 軌道に 2 個電子が入る場合，パウリの排他律に従い，スピンをさかさまにして入る．

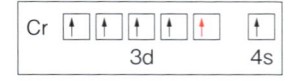

図 9-12　Cr の電子配置

* 17　3s や 3p 軌道の電子が原子核の正電荷を遮るので，3d 軌道は原子に近づけず不安定化する（遮蔽効果）．一方，4s は原子核付近まで近づける．しかし，4s 内に異なるスピンで電子が 2 個入るとごくわずかであるが，静電反発が働くうえに，3d 軌道に電子が存在するとその遮蔽効果により，4s は不安定化する．このように，3d 軌道と 4s 軌道のエネルギー準位は拮抗しており，クロムでは，4s の静電反発による不安定化が，4s の電子 1 個が 3d に移ることによって解消される．

d ブロック元素のうち最初の元素である**スカンジウム** Sc の電子配置は[Ar]$3d^1 4s^2$ で表される* 15．d 軌道に入る電子は 1 個なので，図 9-10 のように表現される．この図で，↑は軌道に入っている電子およびスピンの向きを表している（3.1 節参照）．最外殻電子である 4s の原子軌道は，3d 軌道より，わずかにエネルギーが低いため，フントの法則に従わず，2 個の電子が，パウリの排他律に従って，スピンの向きを違わせて d 軌道より先に 4s 原子軌道に入る．そして，残った電子 1 個が 3d 軌道に入る．

次の元素**チタン** Ti の電子配置は電子が 1 個増えて，[Ar]$3d^2 4s^2$ と表される．その軌道図は図 9-11 のようになる．このとき，2 個目の電子は 1 個目の電子と同じ軌道ではなく，別の d 軌道にスピンの向きをそろえて入る（フントの法則）．

バナジウム V の電子配置は [Ar]$3d^3 4s^2$ となり，3 つ目の d 軌道に電子がスピンの向きをそろえて 1 個増える．第 4 周期の Sc から V までと，**マンガン** Mn から**ニッケル** Ni までは，[Ar]$3d^n 4s^2$ の電子配置をとり，規則的に電子は増加する* 16．

しかし，6 族元素の**クロム** Cr および 11 族元素の**銅** Cu は不規則な電子配置をとる．クロムの電子配置は [Ar]$3d^4 4s^2$ ではなく，[Ar]$3d^5 4s^1$ となり，その軌道図は図 9-12 のようになる．3d 軌道と 4s 軌道はエネルギー的に近接しており，4s 軌道にイオン対が 2 つ入った場合，その静電反発により，3d 軌道に電子が 1 個移動する* 17．そして，3d 軌道がちょうど 1 電子ずつに占められることにより，電子はより安定化する．

同様に，銅 Cu の電子配置は [Ar]$3d^9 4s^2$ ではなく，[Ar]$3d^{10} 4s^1$ となる．その軌道図は図 9-13 のようになる．Cr 同様，4s 軌道の電子 1 個が静電反発により 3d 軌道に移動する．3d 軌道に電子が完全に入ると，その安定性はより大きいものになる．

第 5 周期の d ブロックの遷移金属元素では，5s 軌道の電子が 4d 軌道に移動して安定化する元素が増える．6 族の**モリブデン** Mo と 11 族の**銀** Ag のほかに，5 族の**ニオブ** Nb，8 族の**ルテニウム** Ru，9 族の**ロジウム** Rh，10 族

のパラジウム Pd が加わり，規則性はなくなる．特にパラジウム Pd の電子配置は [Kr]4d¹⁰ となり，図 9-14 に示すように 5s 軌道の電子 2 個とも 4d 軌道に移動している．d ブロック，f ブロックのすべての遷移金属のうち，s 軌道に電子をもたないのはパラジウムのみである．

第 6 周期の d ブロックの遷移金属元素は，6s 軌道，4f 軌道に電子が入ってから，5d 軌道に電子が入る．3 族のルテチウム Lu から 9 族のイリジウム Ir までは $[Xe]4f^{14}5d^n6s^2$ の規則に従う電子配置をとる．

10 族の白金 Pt，11 族の金 Au では，図 9-15 に示すように 6s 軌道の電子が 1 個，5d 軌道に移動した電子配置をとる．

d ブロック元素や f ブロック元素の特徴は，原子軌道の数がそれぞれ 5 個，7 個と非常に多いため，スピンが対をつくらない状態の電子が出現しやすいことである．それは，これらの金属が磁性をもつことと関係する．すなわち，磁石にくっつくということである．さらに，いくつかの金属を適切に組み合わせることにより，それ自体が磁石として働くようになる[*18]．

◆ 9.2.3 遷移金属の酸化状態

遷移金属は複数の酸化状態をとりうるが，Sc と Cu を除いて，単体の次に低い酸化状態は，4s 軌道分の 2 個の電子を失った酸化数 +2 の状態である．Ti (II)，V (II)，Cr (II)，Mn (II)，Fe (II)，Co (II)，Ni (II) が安定な酸化状態を示す[*19]．Sc は 3 個の電子を失うと，希ガスの電子配置になり安定化するので，Sc (II) より Sc (III) のほうが安定である．また，銅の軌道（図 9-13）では，d 軌道の電子が完全に満たされているので，d 軌道の安定化が起こり，s 軌道の電子 1 個を失った酸化数 +1 の状態 Cu (I) が存在する．天然では赤銅鉱 Cu_2O として存在する．そして，s 軌道分の 2 電子を失った酸化数 +2 の状態 Cu (II) も安定であり，天然では黒銅鉱 CuO として存在する．

また，鉄 Fe の軌道図は，図 9-16 に示すように規則的な電子配置である．しかし，鉄の酸化では，他の元素では起きないことが起こる．まず，s 軌道の 2 電子を失うことにより，酸化数 +2 の状態 Fe (II) が安定して生じる．Fe (II) の電子配置は図 9-16 に示したように d 軌道に 1 つだけ対電子が生じ（赤い矢印で示した），その静電反発により 1 電子を失いやすい．そのため，酸化数 +3 の状態 Fe (III) が安定に存在する．天然では，Fe (II) と Fe (III) が混じった磁鉄鉱 Fe_3O_4〔=Fe(II)Fe(III)$_2O_4$〕や Fe (III) の状態である赤鉄鉱 Fe_2O_3 として存在する．

Sc から Mn までの遷移金属において最も大きな酸化状態は，その原子が 3d 軌道と 4s 軌道のすべての電子を失った状態である．したがって，Sc, Ti, V, Cr, Mn の最も大きな酸化状態は，それぞれ 3, 4, 5, 6, 7 となる．

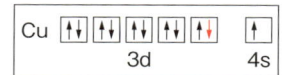

図 9-13 Cu の電子配置

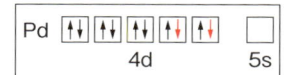

図 9-14 Pd の電子配置

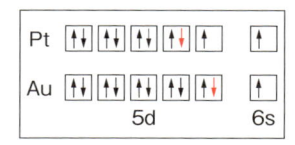

図 9-15 Pt と Au の電子配置

[*18] 現在知られている最も強い磁石は鉄（d ブロック元素），ネオジム（f ブロック元素）およびホウ素（p ブロック元素）からなる，ネオジム磁石である．この磁石はハードディスク，電車，エレベーター等の駆動部分のモーターに使われている．

[*19] (II)(III) は酸化数が +2, +3 であることを表す．

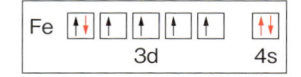

図 9-16 Fe の電子配置

特に，Crでは，クロム酸カリウム K_2CrO_4，二クロム酸カリウム $K_2Cr_2O_7$ などが酸化数 +6 の六価クロムとよばれる強い酸化剤となる（p.104 参照）．また，Mnでは，過マンガン酸カリウム $KMnO_4$ も酸化数 +7 の強い酸化剤である．

◆ 9.2.4 亜鉛族元素

亜鉛 Zn，**カドミウム** Cd，**水銀** Hg，**コペルニシウム** Cn は 12 族元素であり，亜鉛族元素とよばれる．電子配置は Zn：$[Ar]3d^{10}4s^2$，Cd：$[Kr]4d^{10}5s^2$，Hg：$[Xe]4f^{14}5d^{10}6s^2$，Cn：$[Rn]5f^{14}6d^{10}7s^2$ となる．d 軌道にちょうど 10 個の電子が入って，d ブロック元素ではあるが，遷移金属の性質は示さず，アルカリ金属やアルカリ土類金属と同様，典型元素の金属として分類される．したがって，コペルニシウムを除く亜鉛族 3 元素の最も高い酸化状態は，酸化数 +2 の状態 Zn (II)，Cd (II)，Hg (II) であり，アルカリ土類金属と同様，2 価の陽イオンになる．しかし，陽イオンの電子配置はアルカリ土類金属の陽イオンとは異なり，希ガスの電子配置でなく，d^{10} の電子配置となる．

亜鉛族元素の単体である金属の融点は遷移金属の融点と異なり，いずれも極めて低い．特に，水銀は金属で唯一，常温で液体である．

亜鉛には特に強い毒性はないが，カドミウム，水銀は四大公害病の 3 つまでの原因物質の主要元素となっており，毒性が極めて強い[*20]．現在では代替品がない場合を除いて，使用しない傾向にある[*21]．

◆ 9.2.5 p ブロック元素の金属

p ブロック元素の電気陰性度は比較的大きいため，金属性を示す元素はそれほど多くない．比較的電気陰性度の小さい**アルミニウム** Al，**ガリウム** Ga，**インジウム** In，**タリウム** Tl（以上 13 族元素），**スズ** Sn，**鉛** Pb（以上 14 族元素）のほか，**ビスマス** Bi，**ポロニウム** Po などが金属性を示す．

◆ 9.2.6 金属結合

金属は，数個の原子間の結合ではとどまらず，原子の集団で結合している．この結合様式を**金属結合**という（**図 2-16** 参照）．金属結合では，金属原子が電子を放出し陽イオンとなり，一方，放出された電子は金属原子間を自由に動き回る**自由電子**となる．規則正しく並んだ陽イオンの間を自由電子が動き回ることによって，金属原子間に静電引力が発生し，結合力が生じる．一般に，金属元素の電気陰性度は小さく，陰イオンになりにくい．電子を受け取った金属原子は陰イオンとして安定化せず，電子をすぐに放出するので自由電子になる．一方，非金属元素は電気陰性度が高く，電子を受け取

[*20] カドミウム汚染によるイタイイタイ病は，1910 年頃から 1970 年代にかけて，富山県の神通川流域で多発した．この場所の上流に三井金属鉱業の神岡鉱山があり，鉱山の精錬に伴う未処理液が神通川に流れ込んだために，被害が発生した．未処理液にはカドミウムが含まれていて，水田土壌にカドミウム汚染が広がった．症状は，尿細管の異常や骨の軟化症で，発症した患者が「痛い，痛い」と泣き叫んだことから，新聞記者が「イタイイタイ病」と名づけ，それが病名になった．

[*21] 亜鉛は鉄より酸化されやすいが，酸化された表面を灰白色の炭酸亜鉛が覆い，腐食されにくい．鉄は亜鉛より酸化されにくいが，腐食しやすく，錆びてぼろぼろになる．トタン板は，亜鉛を鉄の表面にメッキし，鉄より亜鉛のほうが先に酸化されることで鉄の酸化が抑制され，錆びにくくしたものである．しかし，見た目はきれいでない．これをカドミウムにかえると，美しいメッキができるので，自動車の金属部分にカドミウムメッキがされた時代がある．しかし，カドミウムが溶け出すと有毒で，人体に悪影響を与えるので，今は使われなくなった．

9.2 金属

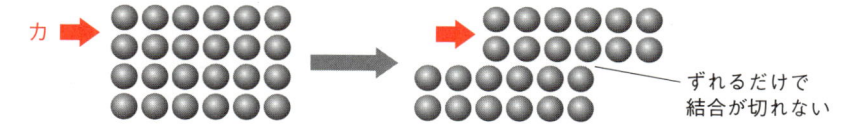

図9-17　展性と延性
圧縮してシート状に伸びる性質を展性，物質を引っ張って針金状に伸びる性質を延性という．

ると陰イオンとして安定化するので，自由電子が発生しないと考えられる．

このような金属結合の特性から，結晶格子がずれても結合の破壊が起こりにくく，金属のすぐれた**展性・延性**の性質が生じる（図9-17）．また，自由電子の存在により金属が**導電性**に優れていることも理解できる．

金属結合を分子軌道法の考え方から理解することができる．図9-18にNa, Na_2, Na_3, Na_4 および Na 金属の分子軌道を示した．Na 金属原子2個が結合すると，結合性軌道に電子が2個入り，反結合性軌道には電子は入らない．これによって，Na_2 分子ができる．そして，3個，4個のナトリウムが結合すると，分子軌道の数が増え，全体の分子軌道に対して半数がエネルギーの低い結合性軌道となり，そこに電子が充填される．さらに，膨大なナトリウムが集まって，ナトリウム金属を形成すると，分子軌道の数も膨大となり，軌道と軌道の間隔はきわめて小さく，事実上連続した軌道（**バンド**）となる．電子はエネルギーの低いバンド（グレー部分，**価電子帯**）に充填され，金属結合が形成される．そして，エネルギーが高いバンド（赤色部分，**伝導帯**）には通常は電子は入らず，空席軌道となる．わずかなエネルギーで電子が価電子帯から伝導帯に入ることによって，電子は伝導帯を容易に移動することができ，自由電子となる．また，価電子帯には電子が脱けた軌道，すなわち正孔がのこり，これも価電子帯を容易に移動することができる．したがって，金属は導電性に優れた性質をもつのである．

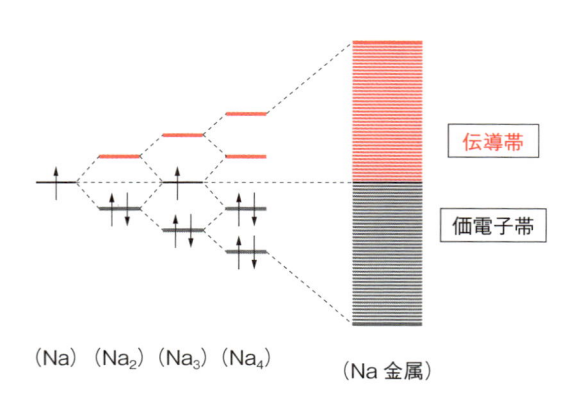

図9-18　ナトリウム金属の分子軌道と電子の充填

9章 無機化学

> *22 金属と非金属物質が結合した物質を金属錯体という．特に中心に遷移金属があり，非共有電子対をもったイオンや分子（配位子という）が結合した物質をさす場合が多い．金属錯体の発見当初，結合様式が理解できず，非常に入り組んだ結合をしていたので，英語で「入り組んだ」という意味のある「complex」という語を使い，「metal complex」という名称が使われた．日本語では「錯」という字が「混じり合う」という意味をもつので，「金属錯体」と訳された．

> *23 1つの分子内に，非共有電子対をもつ部位が複数あると，その分子は非常に遷移金属に配位しやすくなる．そして，生成した金属錯体は通常の金属錯体よりも，極めて高い安定性を示す．配位する部位が複数ある配位子が金属と結合した金属錯体をキレート錯体という．「キレート」は，「蟹のはさみ」という意味である．この配位子の代表的なものに，エチレンジアミン四酢酸（EDTA）がある．この物質は配位する部位が6個もあり，1つの金属に1分子のEDTAが配位し，その金属錯体は非常に安定である．この配位子を使って，いろいろな金属イオンの量を滴定法で定量することができる．環境中のカルシウム濃度やマグネシウム濃度も，EDTA水溶液を使って分析できる．この滴定法をキレート滴定という．

◆ 9.2.7 金属錯体

遷移金属の特徴のひとつに，塩素イオンやアンモニアなど非共有電子対をもつイオンや化合物と結びついて，**金属錯体**を形成することがある[*22]．これは，d および s 軌道の電子をすべて失って高酸化状態になり希ガスと同じ電子配置になるのとは逆方向である．すなわち，d, s, p に非共有電子対が入り，1つ上の周期の希ガスの電子配置になろうとする性質にもとづくと考えられる．

図9-8 を見ると，5つの d 軌道のうち，軸方向にのびた d 軌道は d_{z^2} および $d_{x^2-y^2}$ の2つである．2.4節でも触れたように，これらの軌道に非共有電子対が入る．さらに，1つの s 軌道，3つの p 軌道に非共有電子対が入ると，この遷移金属のまわりに合計6個の原子またはイオンが**配位結合**できる．すると，希ガスと近い電子配置となり，安定化する[*23]．このように金属と非金属が配位結合で結合した化合物を金属錯体といい，きれいな色をもつ．

たとえば，ヘキサアンミンコバルト（III）錯体 $[Co(NH_3)_6]^{3+}$ について考えてみる．Co^{3+} は d 軌道に電子を6個もった金属イオンで，その軌道図は図9-19のようになる．2つの d 軌道，1つの s 軌道，3つの p 軌道が混成して d^2sp^3 混成軌道をつくると，正八面体となり，錯体の形を説明できる．

また，分子軌道の考え方を導入すると，錯体の安定性だけでなく，錯体がなぜきれいな色をもつのかを説明することができる．

遷移金属における2つの d 軌道，1つの s 軌道および3つの p 軌道のそれぞれがアンモニア分子1つずつと分子軌道を形成すると，図9-20に示すように，2つの d 軌道は2つの結合性軌道 σ_d と2つの反結合性軌道 σ^*_d に分かれる．分子軌道を形成しない残り3つの d 軌道はそのままエネルギー変化

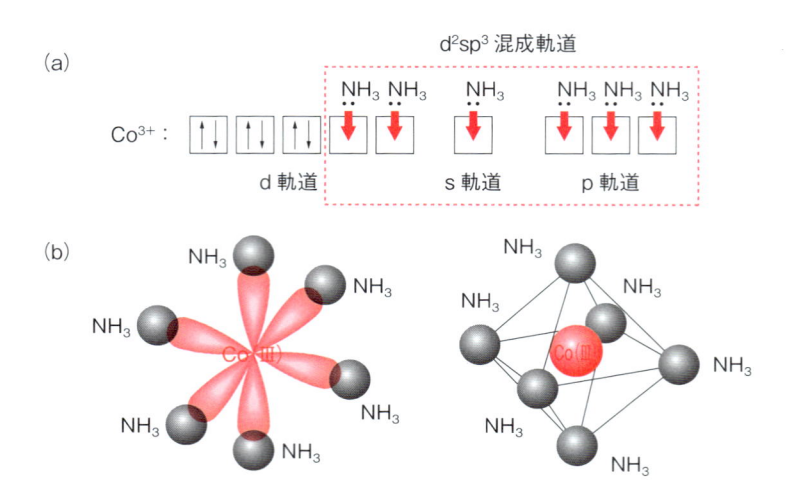

図9-19 ヘキサアンミンコバルト（III）錯体の軌道図（a）と d^2sp^3 混成軌道の形（b）

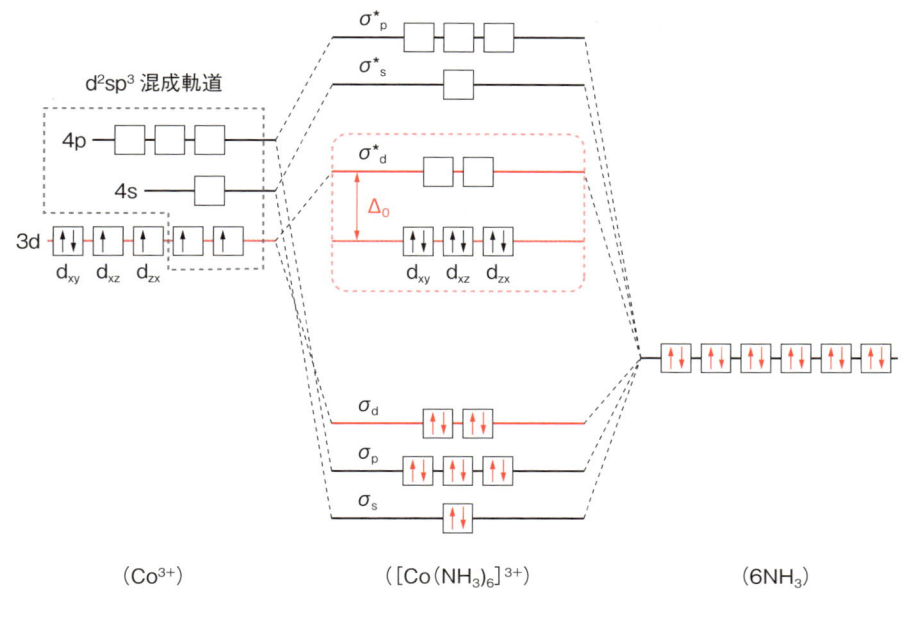

図9-20 $[Co(NH_3)_6]^{3+}$ の分子軌道図

なしに分子軌道の位置に移動させる．さらに，s軌道，p軌道の分子軌道は，それぞれ結合性軌道（σ_s 1個，σ_p 3個）と反結合性軌道（σ^*_s 1個，σ^*_p 3個）に分かれる．このとき，2つのd軌道の分裂の幅が最も小さく，エネルギー的に σ^*_d は σ^*_s および σ^*_p より低くなる．こうして，最も安定な結合性軌道に6分子のアンモニアの非共有電子対が入ると，形成した結合性軌道に電子がちょうど充填される．元のd軌道に入っていた6個の電子は，元の3つのd軌道と新たにできた2つのd軌道の反結合性軌道 σ^*_d に入る．コバルト錯体の場合，d軌道の電子の数は6個であるので，3つのd軌道をちょうど充足する．

d軌道と反結合性軌道 σ^*_d のエネルギー差 Δ_0 は，ちょうど可視光領域の光のエネルギーに相当するため，光を吸収するとd軌道の電子が σ^*_d 軌道へと励起される．この可視光吸収により，錯体の多くは色をもつのである．ヘキサアンミンコバルト（III）錯体の色は橙色である．

d軌道電子が10個の亜鉛金属では，その錯体は一般に無色である．これは，図9-20において，d軌道と σ^*_d 軌道に電子が充足してしまい，可視光吸収による電子遷移が起こらないためである．

9.3 半金属

元素周期表で金属と非金属の境目にある元素のうち，金属と非金属の中間的な性質をもつ元素があり，半金属とよばれる．実用的にも重要な物質なので，そのしくみを見ていこう．

◆ 9.3.1 半金属の性質

電気陰性度（図 3-21 参照）が 2 に近い値をもっている**ホウ素** B，**ケイ素** Si，**ゲルマニウム** Ge，**ヒ素** As，**アンチモン** Sb，**テルル** Te，の 6 元素は，非金属と金属の中間的な性質をもっており，一般に**半金属**という．外観は金属光沢があるが，金属とは異なり弾力がなくもろい．導電性は金属と非金属の中間の性質をもつ．ホウ素，ケイ素，ゲルマニウム，ヒ素は半導体材料として非常に重要な物質となっている．また，ヒ素は生物に対する毒性が特に高いことが知られており，農薬や木材防腐に利用されている．

◆ 9.3.2 半導体

図 9-18 に示した金属における価電子帯と伝導帯の間のエネルギー差は極めて小さく，連続であると考えてよかった．これにより，金属は導電性を示すことができる．しかし，このエネルギー差がきわめて大きい場合，価電子帯の電子は空の伝導帯に移動できず，導電性をまったく示さない．こういう物質を**絶縁体**という（図 9-21 左）．ここで，価電子帯と伝導帯の間の部分を禁制帯とよび，そのエネルギー幅のことを**バンドギャップ**（禁制帯幅）という．言い換えると，絶縁体とはバンドギャップが極めて大きく，導電性を示さない物質のことである．

図 9-21 右に示したように，バンドギャップが比較的小さい場合，金属と絶縁体の中間の導電性を示す．このような物質は**半導体**とよばれる．バンドギャップが比較的小さい場合，熱エネルギー等によって，価電子帯から伝導帯へ電子が移動し，電気が流れるようになる．したがって，半導体では，一

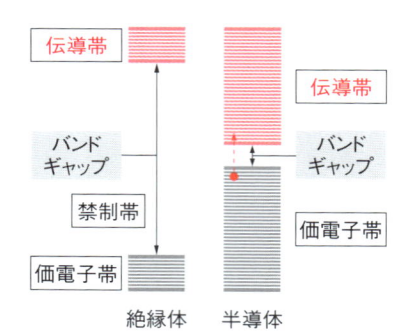

図 9-21 絶縁体と半導体

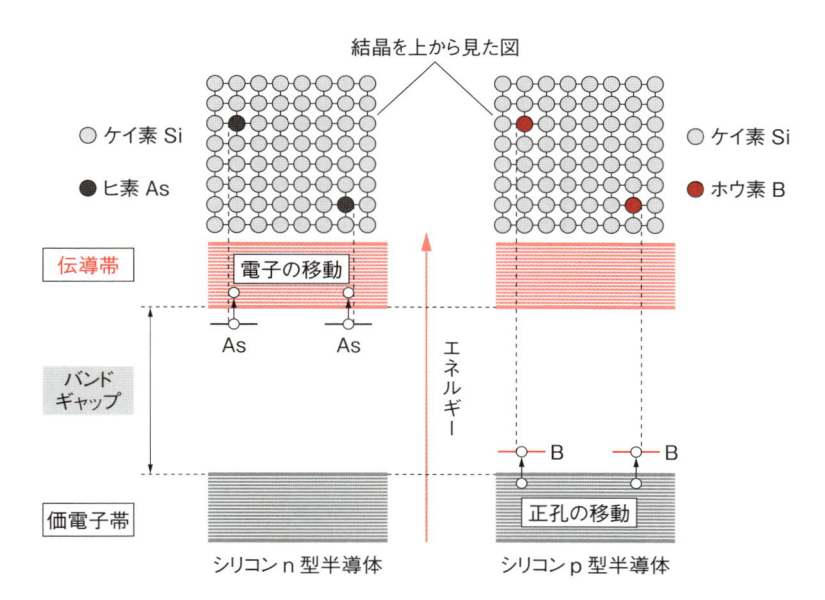

図 9-22 不純物がまじったケイ素の結晶のイメージ図と n 型および p 型半導体

　一般に温度を上げると，電気抵抗が下がる[*24]．このように，価電子帯から電子が脱けて正電荷をもつようになった正孔や伝導帯に入った電子がキャリアとなり，電気を運ぶ役目を果たす．

　ケイ素 Si は半金属ではあるが，バンドギャップが大きく，そのままでは電気が流れにくい．そこに，半金属であるホウ素やヒ素をほんのわずか混ぜると半導体となる．ケイ素が半導体になるメカニズムを**図 9-22** に示した．

[*24] 通常，金属では，温度を上げると，原子核の熱振動により電子が通りにくくなり，電気抵抗は増大する．

Topic　LED 照明——環境にやさしい無機材料◆

　白色の発光ダイオード：LED (Light Emitted Diode) は，表示材料や液晶テレビのバックライトに使われ，最近は白熱電球や蛍光灯の代わりに照明器具として使われるようになってきた．この照明方法は消費電力が低く，長寿命であり，省エネルギーであることが特徴となっている．

　LED は**図 9-22** に示したような p 型半導体と n 型半導体を接合させた構造（pn 接合）をもっており，電極に電圧をかけて発生した電子と正孔を pn 接合付近で再結合させて発光させる．バンドギャップのエネルギーに対応する波長の光が発光する．GaAsP（ガリウム・ヒ素・リン，赤・橙・黄）や GaP（リン化ガリウム，赤・黄・緑）など，多種多様の無機材料の半導体を使うことでいろいろな色の発光を可能にしている．

　表示材料や照明には，光の 3 原色である赤，緑，青が必要で，赤と緑の LED はすぐに見つかったが，青い LED はなかなか見つからなかった．21 世紀に入り，日本人研究者や技術者により，GaN（窒化ガリウム）を用いた青色 LED の製品化に成功した．そして，赤，緑，青を組み合わせることにより，白色 LED の開発へと進んだ．今後，さらに大容量の LED が開発されれば，省エネ化がさらに進むであろう．

ケイ素は14族元素で原子価は4であり，電子配置は $[Ne]3s^23p^2$ で表される．この結晶中に15族元素であるヒ素Asをほんのわずか混ぜると，ヒ素は電子1個をケイ素の伝導帯に放出する．ヒ素の電子配置は $[Ar]3d^{10}4s^24p^3$ であるので，電子を放出したヒ素はケイ素と同様な電子配置となり，ケイ素の結晶中にプラスイオンとなって埋没する．そして，ヒ素から放出された電子はキャリアとなって，電気を流し，半導体としての性質が出てくる．このような半導体のことをn型半導体[*25]という（図9-22左）．

一方，ヒ素の代わりに13族元素であるホウ素Bをケイ素の結晶中にほんのわずか混ぜると，ホウ素はケイ素の価電子帯から電子1個を奪う．ホウ素の電子配置は $[He]2s^22p^1$ であるので，電子を獲得したホウ素はケイ素と同様な電子配置となり，ケイ素の結晶中にマイナスイオンとなって埋没する．そして，ホウ素に電子を奪われたケイ素の価電子帯には，電子のない軌道，いわゆる正孔とよばれる孔ができる．この正孔がキャリアとなって，電気を流し，半導体の性質が生まれる．このような半導体のことをp型半導体[*26]という（図9-22右）．

[*25] 電子は負の電荷をもつので，ネガティブ（negative）のnをとって，n型半導体という．

[*26] 正孔は正の電荷をもつので，ポジティブ（positive）のpをとって，p型半導体という．

練習問題

Q1 フラーレンとカーボンナノチューブについて簡単に説明せよ．

Q2 遷移金属元素は一般にdブロック元素に属する．次の4つの遷移金属においてd軌道に入っている電子の数はいくつか．ただし，Cr, Cuの4s軌道に入っている電子の数は1である．
Fe（8族）　　Cr（6族）　　Co（9族）　　Cu（11族）

Q3 次の5つの単体は，① 金属元素，② 半金属元素，③ 非金属元素，のいずれに分類されるか．番号で答えよ．
水素H　ニッケルNi　スズSn　ケイ素Si　フッ素F

Q4 左に水素分子 H_2 とヘリウム分子 He_2 の分子軌道図を示した．1s軌道には水素原子およびヘリウム原子における電子スピンを↑で示してある．水素原子およびヘリウム原子がそれぞれ分子を形成したとき，分子軌道（σ_{1s}, σ^*_{1s}）に入る電子スピンを書き入れ，左図を完成させよ．さらに，左図から H_2 分子と He_2 分子の安定性を議論せよ．

Q5 水俣病の原因物質とされる化合物の一般名称を答えよ．また，この原因物質はある触媒反応の触媒から生じたといわれている．この触媒反応における反応物（水は除く）と生成物を答えよ．

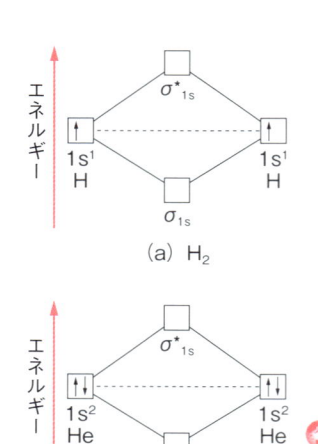

第10章 有機化学

10.1 有機化学の基本
10.2 鎖状炭化水素
10.3 酸素・窒素を含む鎖状炭化水素
10.4 芳香族化合物

石油化学工業，薬と毒

Introduction

日本で石油化学工業が発展するのは，第二次世界大戦後に，原油が安定的に輸入されるようになってからである．図10-1に示す工程を経て，原油からさまざまな石油製品が製造される．これらのうち化学製品の原料となるのは主にナフサである．ナフサは，蒸留留分（成分）の名称で混合物である．蒸留とは，沸点の違いを利用して混合物を分離する方法である．

ナフサは分解工場（エチレンセンター）に運ばれて熱分解され，エチレンをはじめ各種物質が得られる．このエチレンを起点にさまざまな化学物質が合成されるのである．石油精製工場とエチレンセンターをパイプで結び，さらに，各種化学物質合成工場ともパイプで結ぶことにより製造効率を高めているのが石油コンビナートである．

石油コンビナートの中核となるのは，エチレンの生産であり，その生産能力がコンビナートの規模を表す．1965～2012年までのエチレン生産量の推移を図10-2に示した．1966～1973年までの8年間で，4倍も生産量が増大した．コンビナートの建設が活発に行われ，四日市ぜんそくという公害病（第7章参照）をもたらしたのもこの時期である．現在の日本では十分な対策が行われてはいるが，今後も環境に対する配慮とたゆまぬ努力が続けられなければならない．

ところで，石油製品は，有機化合物とよばれる物質の仲間であり，有機化合物の性質や反応などを扱うのが有機化学という分野である．有機化学の知識のもとに，膨大な医薬品も開発・製造されている．食品のための生物由来の有機化合物も製造されている．また，農業に貢献する農薬の開発にも有機化学の知識は欠かせない．

そのように有機化合物は非常に有用である一方で，強い毒性を示す物質もある．1995年に起こった地下鉄サリン事件は，有機化合物を悪用した毒物事件の1つである．

このように化学物質は「毒にも薬にもなる」ことを忘れてはいけない．有機化学によって有用物質の開発・生産を進めるとともに，その知識を人類のためになるよう生かすことが求められる．

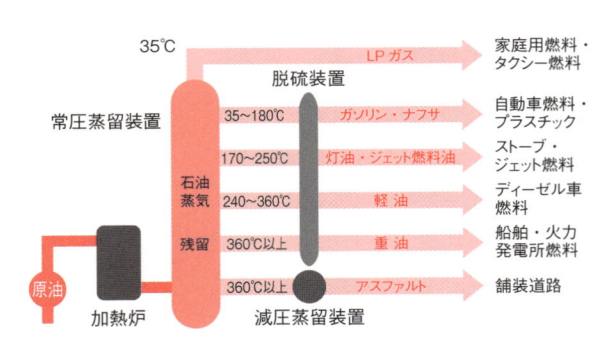

図10-1　石油精製工場での石油製品の製造工程

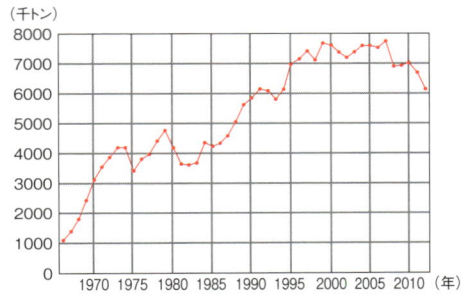

図10-2　日本のエチレン生産量

10章 有機化学

10.1 有機化学の基本

われわれは，有機化学の発展によって，100年前とまったく異なる物質に囲まれている．それが可能なのは，有機化合物の化学結合が非常に多様で，膨大な種類の物質を生産できることによる．まずはその概要を見ていく．

◆ 10.1.1 有機化合物とは

有機化合物とは**炭化水素**（炭素と水素からなる化合物），および，炭化水素が酸素，窒素，リン，硫黄，ハロゲン元素などと結合した化合物の総称である．

有機化合物は，C—C結合が安定に存在し，—C—C—C—C……のように，一次元の長い鎖になっても安定に存在する．また，炭素—酸素結合C—O，炭素—窒素結合C—N，炭素—硫黄結合C—S，炭素—リン結合C—P，炭素—ハロゲン結合C—Xなどの結合が安定である．さらに，二重結合C=C，C=O，C=N，C=Sや三重結合C≡C，C≡Nも安定である．

こうしたことから，炭素を中心とする有機化合物は他の元素を中心とする化合物に比べ圧倒的に数が多く，化合物間での変換反応（化学合成）が容易に行われることが特徴である．

◆ 10.1.2 有機化合物の壮大な体系

有機化合物の総数は，1000万種とも2000万種とも言われ，その分類数も非常に多い．そのうち，一般に有機化学の教科書などで扱われる分類だけを見ても，有機化合物の壮大な体系が浮き彫りになる．本章で紹介するのは，さらに絞り込んだ図10-3で示す有機化合物の体系である[*1]．とはいえ，図

*1 シクロヘキサンなどの環状化合物である脂環式炭化水素，ピリジンなどの複素環式炭化水素，チオールなどの含硫黄有機化合物，有機リン系農薬において重要な含リン有機化合物などが省かれている．

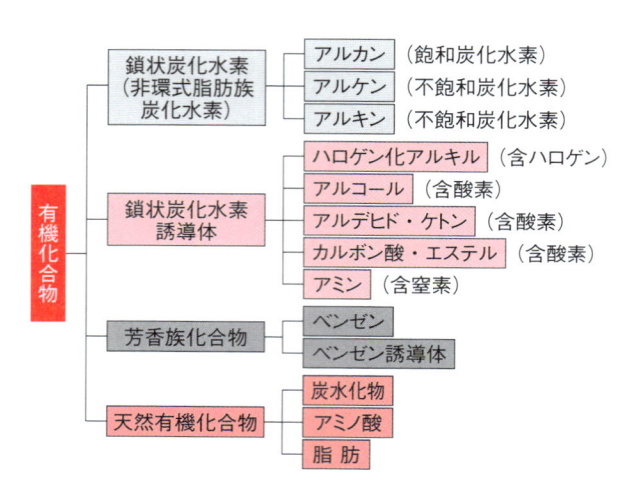

図10-3 有機化合物の体系

10-3 に含まれる化合物の数だけでも，有機化合物に関しての壮大な体系を反映している．なお，天然物有機化合物に関しては，第 12 章で扱う．

◆ 10.1.3 有機化合物の命名法

膨大な数の有機化合物をどのように名づけるか，国際純正・応用化学連合 IUPAC が取り決めており，**IUPAC 命名法**という[*2]．フェノール（phenol）やグルコース（glucose）など IUPAC 命名法が決まる以前から使われている簡単な有機化合物については，慣用名として使用が認められている．いくつかの慣用名と厳格な規則にもとづく IUPAC 命名法により，すべての有機化合物に名前がつけられる．ここではその基本的なことのみ紹介する．

IUPAC 名は 3 つの部分から命名される（**図 10-4**）．まず，主となる炭素鎖（**主鎖**）を選び，その炭素数に対応した数詞を**表 10-1** から選び，これを**主基**の名前とする．

[*2] 無機化合物の命名法についても，取り決められている．

表 10-1 ギリシャ語数詞とその読み

数	数詞	読み
1	mono-	モノ
2	di-	ジ
3	tri-	トリ
4	tetra-	テトラ
5	penta-	ペンタ
6	hexa-	ヘキサ
7	hepta-	ヘプタ
8	octa-	オクタ
9	nona-	ノナ
10	deca-	デカ
11	undeca-	ウンデカ
12	dodeca-	ドデカ

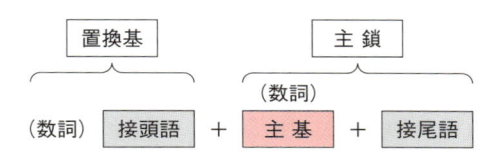

図 10-4 IUPAC 命名法の基本法則

（数詞）接頭語 + 主基 + 接尾語
置換基　　　主鎖
　　　　　（数詞）

そして，化合物の種類から接尾語を選び，主基に接続して命名する．さらに，主鎖についたその他の**置換基**[*3]は接頭語で表す．また，置換基の結合位置は数字で示す．**官能基**が主鎖にある場合には接尾語を選び，置換基についている場合には接頭語を選ぶ．**表 10-2** に化合物の種類を表す接尾語と，主鎖につく置換基の種類を表す接頭語を示した．

たとえば，主鎖の炭素数 5 で，2 つ目の炭素にメチル基がついた脂肪族炭化水素，$CH_3CH(CH_3)CH_2CH_2CH_3$ の名前は 2-メチルペンタン（2-methylpentane）である．この物質の命名法を**図 10-5** に示す．化学構造式の赤で示した部分が主鎖で，グレーで示した部分が置換基である．炭素が 5 つあるので主基は pent- である．この化合物はアルカン（10.2.1 項参照）であるので，接尾語

[*3] 炭化水素の H が取れて，その H に置き換わった −OH などを「置換基」という．そのうち，その有機化合物の性質を特徴づける置換基を「官能基」という．

表 10-2 官能基につける接尾語および接頭語

官能基	接尾語	接頭語	官能基	接尾語	接頭語
アルカン	alk-ane	alk-yl-	アルコール	-ol	hydroxy-
アルケン	alk-ene	alk-enyl-	エーテル	alkyl ether	alk-oxy-
アルキン	alk-yne	alk-ynyl-	アルデヒド	-al	formyl-
ハロゲン F		fuluoro-	ケトン	-one	oxo-
ハロゲン Cl		chloro-	カルボン酸	-oic acid	
ハロゲン Br		bromo-	エステル	alkyl-ate	
ハロゲン I		iodo-	アミン	-amine	

*4 炭素数1〜4のアルカンは，ギリシャ語数詞を使わず慣用名で表す（10.2.1項参照）．炭素数1のアルカンは methane（メタン）という．アルカンの接頭語なので -yl- がついて，methyl-（メチル）となる．

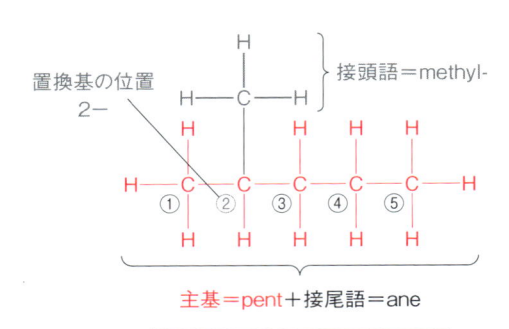

は -ane である．主鎖部分は pentane となる．さらに，置換基は炭素1つの alkyl 基なので，接頭語 methyl- がつく*4．その methyl 基の位置は，主鎖の2番目の炭素についているので methyl- の前に 2- の番号をつける．反対側から数えると 4- になるが，数字の小さいほうを優先する．

図 10-5 2-メチルペンタンの命名法

◆ 10.1.4 有機化合物の骨格構造式

炭素数の多い有機化合物では，枝分かれした異性体がたくさん存在するので，名前だけではその化学構造がわかりにくい．そこで**構造式**でその化学構造を表記するとわかりやすい．しかし，有機化合物のすべてに炭素は含まれる．また，ほとんどの有機化合物に水素が含まれ，しかも原子価1なので水素から先の原子は存在しない．そこで，構造式を書く場合，炭素と水素を省略して書くことが多い．このような構造式を**骨格構造式**という．

たとえば，2-メチルペンタンの構造式は図 10-5 のように表されるが，炭素と水素を省略するだけだと，炭素の数がわからなくなるので，骨格構造式では，炭素−炭素結合を折れ線で表すことで，炭素の位置を示す（図 10-6）．本書では，特別な場合を除いて，構造式は骨格構造式で表記する．

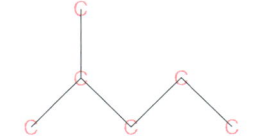

図 10-6 2-メチルペンタンの骨格構造式
C は省略し，書かない．

10.2 鎖状炭化水素

有機化合物の基本となる小さい分子の炭化水素を具体的に確かめてから，次第に複雑な構造をもつ化合物へと目を移していこう．

◆ 10.2.1 アルカン

*5 炭素原子間のすべての結合が単結合である炭化水素を「飽和炭化水素」といい，炭素原子間の結合に二重結合や三重結合を含む炭化水素を「不飽和炭化水素」という．

二重結合や三重結合をもたない**鎖状炭化水素**（鎖状飽和炭化水素という*5）は C_nH_{2n+2}（$n=1, 2, 3\cdots$）で表され，一般名を**アルカン**（alkane）という．主鎖の炭素数1から4までのアルカンの名前は，ギリシャ数字によらず，炭素数1から順に，メタン（methane），エタン（ethane），プロパン

表10-3 各種アルカンの分子式，物質名，融点と沸点（℃）

分子式	物質名	英語名	融点	沸点	分子式	物質名	英語名	融点	沸点
CH_4	メタン	methane	-183	-161	C_8H_{18}	オクタン	octane	-57	126
C_2H_6	エタン	ethane	-174	-89	C_9H_{20}	ノナン	nonane	-54	151
C_3H_8	プロパン	propane	-188	-42	$C_{10}H_{22}$	デカン	decane	-30	174
C_4H_{10}	ブタン	butane	-130	-0.5	$C_{11}H_{24}$	ウンデカン	undecane	-26	196
C_5H_{12}	ペンタン	pentane	-95	36	$C_{12}H_{26}$	ドデカン	dodecane	-10	216
C_6H_{14}	ヘキサン	hexane	-95	69	$C_{17}H_{36}$	ヘプタデカン	heptadecane	22	302
C_7H_{16}	ヘプタン	heptane	-91	98	$C_{18}H_{38}$	オクタデカン	octadecane	28	317

常温（25℃）における状態： ■気体，□液体，■固体

(propane)，ブタン (butane) とよばれる．炭素数5以上では，主基に**表10-1**が適用され，ペンタン (pentane)，ヘキサン (hexane)，ヘプタン (heptane) などのようになる．どちらにしても，接尾語には **-ane** がつく．**表10-3**に各種アルカンの分子式，物質名，融点と沸点を示した．メタンからブタンまでが常温で気体状態で存在し，ペンタンからヘプタデカンまでが液体状態で存在する．炭素数18以上のアルカンはすべて常温では固体状態で存在する．

メタン CH_4 は常温常圧で無色・無臭の気体であり，天然ガスの主成分となっている[*6]．

エタン CH_3CH_3 は天然ガス中，メタンの次に多い成分で，無色・無臭の気体である．天然ガスを液化し，分留してメタンとエタンを分けて得る．燃料以外でエタンが利用されるのはエチレンの合成である．そして，エチレンからいろいろな有機化合物へ誘導することが可能である．

プロパン C_3H_8 および**ブタン**は C_4H_{10} は，2気圧（ブタン）から9気圧（プロパン）の圧力で圧縮すると容易に液化するので，液化石油ガス，LPガス（LPG：liquified petroleum gas）とよばれる[*7]．また，炭素数4の，n-ブタン，2-メチルプロパンという**異性体**が存在する（**図10-7**）．異性体とは，分子式は同じだが構造の異なる化合物のことをいう．

*6 近年，日本近海の海底から水分子にメタンが包摂されて存在しているメタンハイドレードという新しいエネルギー資源が埋蔵されていることがわかり，エネルギー源としての活用が期待されている．

*7 一般には，プロパンガスとよばれ，家庭用燃料，タクシー燃料などに用いられる．この2つの気体を分け，ブタンだけを取り出して利用されているのが，ライターやカセットコンロの燃料である．

n-ブタン
(n-butane)

2-メチルプロパン
(2-methylpropane)

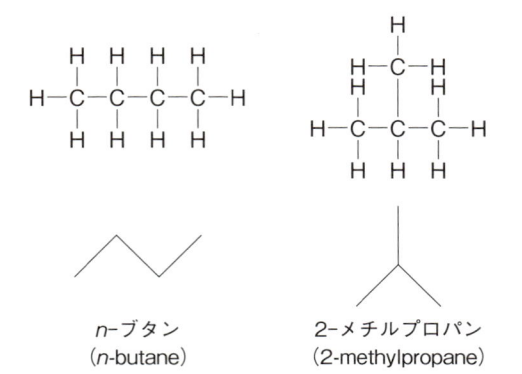

図10-7
炭素数4（C_4H_{10}）の異性体

n-ペンタン　　　　　2-メチルブタン　　　　2,2-ジメチルプロパン
(n-pentane)　　　　(2-methylbutane)　　　(2,2-dimethylpropane)

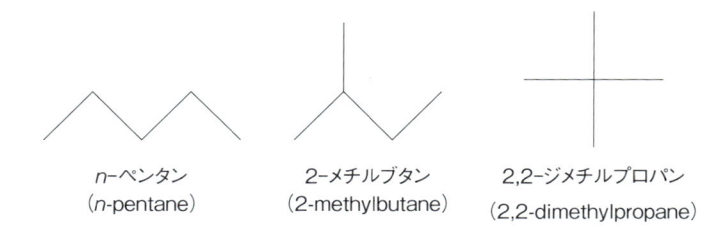

図 10-8　炭素数 5（C_5H_{12}）の異性体

炭素数 5（ペンタン）から 17（ヘプタデカン）までは常温で液体である．図 10-1 に示したように，ガソリン・ナフサは常圧蒸留で 35 〜 180℃の留分であり，主に炭素数 5 から炭素数 10 までのアルカンの混合物である．炭素数 5 のアルカンの異性体はペンタン，2-メチルブタン（イソペンタン），2,2-ジメチルプロパン[*8]（ネオペンタン）の 3 種類ある（図 10-8）．炭素数が増えるにしたがって，異性体の数も膨大な数になっていく．このように構造式が異なる異性体を**構造異性体**という．

炭素数 18 以上のアルカンは融点が室温以上になり，室温で固体である．固体のアルカンは石油ワックスとよばれ，洋ロウソクなどに使われる．

◆ **10.2.2　アルケン**

炭素原子間に二重結合や三重結合を含む炭化水素を**不飽和炭化水素**という．鎖状不飽和炭化水素のうち，分子中に C＝C 二重結合を 1 つ含むものを**アルケン**（alkene）という．一般式は，C_nH_{2n}（$n=2, 3, 4$……）で表され，接尾語に **-ene** をつける．二重結合を 2 つもつ場合は**アルカジエン**（alkadiene），3 つもつ場合は**アルカトリエン**（alkatriene）とよぶ[*9]．表 10-4 にいくつかのアルケンやアルカジエンの名称および化学式をまとめた．二重結合がある位置は番号で示す．

表 10-4　アルケンおよびアルカジエンの化学式

物質名	英語名	化学式
エチレン	ethylene	$H_2C=CH_2$
プロピレン	propylene	$H_2C=CH(CH_3)$
1-ブテン	1-butene	$H_2C=CH(CH_2CH_3)$
メチルプロペン	methylpropene	$H_2C=C(CH_3)_2$
cis-2-ブテン	cis-2-butene	$(CH_3)HC=CH(CH_3)$
trans-2-ブテン	trans-2-butene	$(CH_3)HC=CH(CH_3)$
1,3-ブタジエン	1,3-butadiene	$H_2C=CH\text{-}CH=CH_2$

最も簡単なアルケンは**エチレン**（IUPAC 名：エテン）である．エチレンは，ナフサを水蒸気と混合して 800 〜 900℃の高温で熱分解後，蒸留分離し

[*8] 主基はプロパンである．2 つのメチル基に対し，ギリシャ数詞のジ (di-) をメチルの接頭語として「ジメチル (dimethyl-)」とする．そして，メチル基が 2 の位置と 2 の位置についているので「2,2-」がつく．

[*9] 広義では，アルカジエン，アルカトリエンを含めてアルケンの仲間に入れる場合がある．また，二重結合を含む鎖状炭化水素を総称してオレフィンということもある．

10.2 鎖状炭化水素

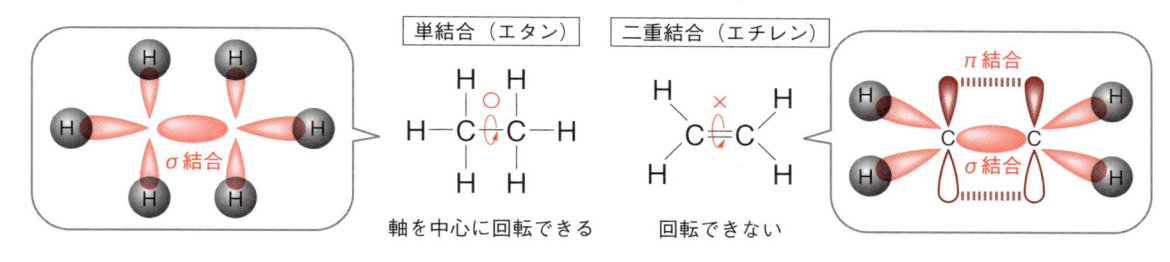

図 10-9　単結合と二重結合の回転

て得られる．エチレンから種々の化合物を誘導できるので，工業的に非常に重要な物質である．エチレンの C＝C 結合は sp^2 混成軌道による σ 結合と，残った p 軌道の重なりによる π 結合からなる（図 10-9）．二重結合は固定されて回転することができないので，水素と炭素すべての原子は同一平面上に存在し，π 結合は平面の上下に張り出すため，反応性が高い．エチレンに白金触媒を作用させて水素と反応させるとエタンが生成する[*10]．また，臭素とは比較的容易に反応して 1,2-ジブロモエタンができる．

ブタンの真ん中の C－C 結合が二重結合になった **2-ブテン**，$CH_3-CH=CH-CH_3$ には，2 つの構造異性体 1-ブテン $CH_3CH_2CH=CH_2$，メチルプロペン $(CH_3)_2C=CH_2$ が存在するが，図 10-10 に示すように，これらとは異なる別のタイプの異性体が存在する．二重結合は回転運動をしないので，二重結合を挟んで，メチル基－CH_3 が同じ側にあるか反対側にあるかで，物質の性質が異なる．このように構造式は同じであるが，立体的な位置関係が異なる異性体を **立体異性体** とよぶ．メチル基が同じ側にある 2-ブテンは *cis*-2-ブテン，メチル基が反対側にある 2-ブテンは *trans*-2-ブテンという[*11]．特に図 10-10 のような立体異性体を **シス-トランス異性体**（**幾何異性体**）という．

[*10]
$H_2C=CH_2 + H_2 \longrightarrow H_3C-CH_3$
$H_2C=CH_2 + Br_2 \longrightarrow BrH_2C-CH_2Br$

[*11] ラテン語でシス *cis* は「こちら側」，トランス *trans* は「あちら側」という意味になる．

cis-2-ブテン
（*cis*-2-butene）

trans-2-ブテン
（*trans*-2-butene）

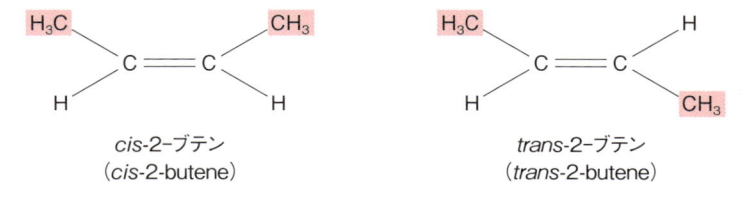

図 10-10　2-ブテンの立体異性体

2 つの二重結合が入ったアルカジエンのうち，最も簡単な化合物に **ブタジエン** がある[*12]．

図 10-11 に示すように，1,3-ブタジエン $H_2C=CH-CH=CH_2$ は，2 つの二重結合が 1 つの単結合でつながっている．すべての炭素は sp^2 混成軌道をつくり，これらが重なり合い，4 つの炭素は σ 結合で線形に結合する．さら

[*12] ブタジエンには 1,2-ブタジエンと 1,3-ブタジエンがあるが，1,3-ブタジエンは工業的に合成ゴムの原料として用いられるため，はるかに重要である．したがって，一般にブタジエンという場合，1,3-ブタジエンを指す．

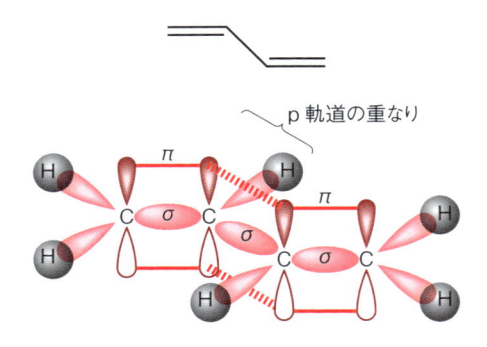

図10-11 1,3-ブタジエンの骨格構造式と共役二重結合

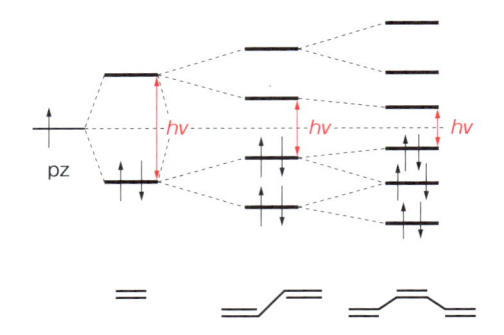

図10-12 ポリエンの分子軌道

に，sp^{2}混成軌道をつくらなかったp$_z$軌道はエチレンと同様，炭素位置1と2および3と4の間で重なり合い，π結合を形成する．中央の炭素-炭素結合は構造式で示したように単結合である．しかし，p$_z$軌道はすべての炭素原子に存在し，中央の単結合において重なり合ってもおかしくない．実際，中央のC-C単結合の結合距離は148 pmで，通常のC-C単結合154 pmより短くなっており，通常の単結合より強い結合力が働いている．すなわち，中央のC-C単結合は二重結合性を帯びていると考えられる．このように二重結合と単結合が交互に結合した結合様式を**共役二重結合**という．

いくつもの共役二重結合をもつ分子を**共役ポリエン**という．共役ポリエンの分子軌道を考えると，その特徴的な性質が理解できる．通常，σ結合は2原子間でしか起こらないので，その分子軌道は水素分子と同様（**図9-4a**参照），1つの結合性軌道と1つの反結合性軌道に分かれるだけである．しかし，共役二重結合部分のπ結合を形成するp$_z$軌道は**図10-11**のようにすべて重なり合っているので，形成される分子軌道にはいろいろな種類の定在波が生じる．そのため，形成される分子軌道は**図10-12**のように軌道の分裂する数が増え，結合性軌道と反結合性軌道のエネルギー差がだんだん小さくなる．これは，Na金属の金属結合の考え方と同じである．電子がつまった最高位の結合性軌道から電子が入っていない最低位の反結合性軌道への電子の移動（電子遷移）により光吸収は起こるので，共役二重結合の数が多くなればなるほど，光吸収する光のエネルギーは小さくなり，吸収する光の波長が長くなる．すなわち，紫外線領域から可視光領域へ，青色から赤色へと変化する．にんじんの赤色はβ-カロテンの色であるが，β-カロテンは**図10-13**のように，実に11個の二重結合が単結合と交互になっている．このためβ-カロテンは可視光を吸収し，赤橙色を呈する．ほとんどの有機化合物の色素や染料は，この共役二重結合の寄与により発色している．

図 10-13
β-カロテンの化学構造

◆ 10.2.3 アルキン

鎖状炭化水素のうち，三重結合を 1 つだけもち，一般式 C_nH_{2n-2} で表される化合物を**アルキン**（alkyne）という．接尾語には **-yne** をつける．

最も単純なアルキンは**アセチレン** HC≡CH である．アセチレンの C≡C 結合は sp 混成軌道が重なり合ってできる σ 結合と残り 2 つの p 軌道が重なり合って生じる 2 つの π 結合からなる．2 個の水素原子と 2 個の炭素原子の計 4 原子が直線分子を形成する（**図 3-16** 参照）．

アセチレンは 2 つの π 結合が結合軸の周囲に露出しているため，反応性が非常に大きい（**図 10-14**）．アセチレンに水素 H_2，酢酸 CH_3COOH，シアン酸（青酸）HCN，塩酸 HCl が付加すると，ポリマー合成のためのモノマー（第 11 章参照）となる，エチレン，酢酸ビニル，アクリロニトリル，塩化ビニルが得られる．また，水を付加するとアセトアルデヒドが得られる[*13]．さらに，アセチレンの 2 分子付加重合を行うと，ブタジエンの原料となるビニルアセチレンができ，3 分子付加重合を行うとベンゼンができる．

[*13] この反応は，第 9 章でも言及したように水銀触媒を用いるもので水俣病の原因となった反応である．

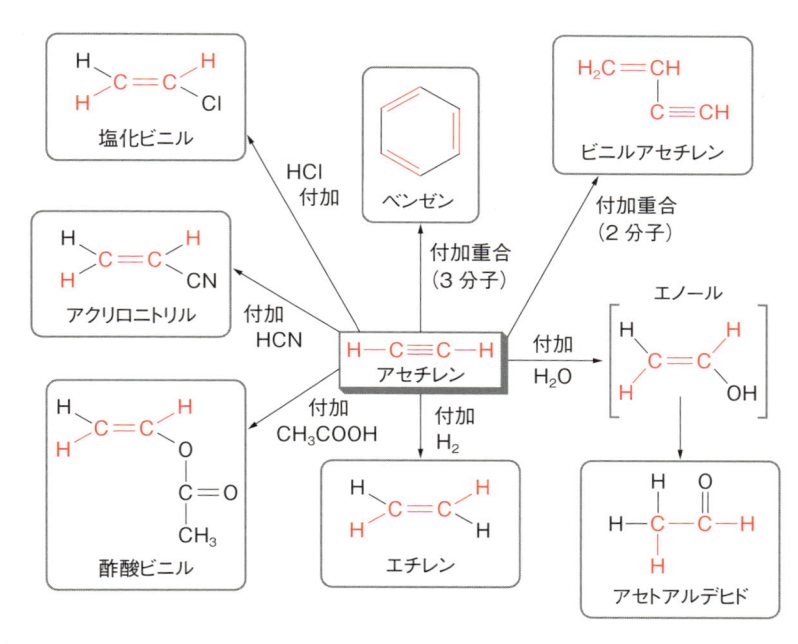

図 10-14 アセチレンの反応

10.3 酸素・窒素を含む鎖状炭化水素

酸素・窒素を含む有機化合物には，実用面で欠かせない重要な物質が多くある．それらを分類したうえで，性質の特徴を見ていこう．

◆ 10.3.1 アルコール・エーテル

(a) アルコール

炭化水素（環状炭化水素を除く）の水素を**ヒドロキシ基**—OH で置換した化合物を**アルコール**（alcohol）という．接尾語は **-ol** である．**表 10-5** におもなアルコールの化学式を示した．

メタノール (meth<u>anol</u>)，エタノール (eth<u>anol</u>)，1-プロパノール (prop<u>anol</u>) などは，—CH$_2$—OH の構造をもち，**第一級アルコール**とよばれる．2-プロパノール (2-prop<u>anol</u>) などは，R(R')CH—OH の構造をもち[*14]，ヒドロキシ基のついた炭素が1つしか水素をもたない．こうしたアルコールを**第二級アルコール**とよぶ．さらに，2,2-dimethylpropanol などのように R(R')(R'')C—OH の構造をもち，ヒドロキシ基がついた炭素が水素をもたないアルコールを**第三級アルコール**という．

また，炭素数5以下のアルコールを**低級アルコール**という．これに対し，炭素数が6以上のアルコールを**高級アルコール**とよぶ．

さらに，エチレングリコールのように2つのヒドロキシ基をもつアルコールを2価アルコール，グリセリンのように3つのヒドロキシ基をもつアルコールを3価アルコールとよぶ．2つ以上のヒドロキシ基をもつアルコールを総称して，**多価アルコール**という．

*14 Rは炭化水素基を表す．

表 10-5　いろいろなアルコールの化学式

化合物名	英語名	化学式
① メタノール	methanol	CH_3OH
② エタノール	ethanol	CH_3CH_2OH
③ 1-プロパノール	1-propanol	$CH_3CH_2CH_2OH$
④ 2-プロパノール	2-propanol	$CH_3CH_2(OH)CH_3$
⑤ 2,2-ジメチルプロパノール	2,2-dimethyl-propanol	$(CH_3)_3COH$
⑥ エチレングリコール	ethylene glycole	$CH_2(OH)CH_2OH$
⑦ グリセリン	glycerol	$CH_2(OH)CH(OH)CH_2OH$

メタノール CH_3OH（メチルアルコール）は最も簡単なアルコールであり，工業的には一酸化炭素 CO を水素 H_2 と触媒存在下，高圧・高温で反応させて製造する．

$$CO + 2H_2 \longrightarrow CH_3OH \tag{10.1}$$

メタノールは沸点65℃の引火性の高い無色の液体で，ヒドロキシ基—OHがあるため，水と任意の割合で混ざり合う．有機溶剤としての用途が多い．ホルマリンやギ酸の原料やアルコールランプの燃料としても使われる．メタノール摂取による中毒では，網膜損傷により失明する[*15]．

メタノールの次に簡単で，かつ，より重要なアルコールは**エタノール**C_2H_5OH（エチルアルコール）である．エタノールは沸点78℃の無色の液体で，水と任意な割合で混ざり合う．水だけでなく，ほとんどの有機溶剤と任意に混ざり合う．大部分のエタノールはアルコール発酵で生産され，一部，エチレンの水付加によっても生産されている．有機溶剤，有機合成試薬，消毒液，食品（酒類も含む）等に使用されている．

エタノールの脱水反応は反応温度によって，生成物が異なる．エタノールと濃硫酸の混合物を130～140℃に加熱すると，分子間で**脱水反応**が起こりジエチルエーテルが生成する．

$$C_2H_5OH + HOC_2H_5 \longrightarrow C_2H_5-O-C_2H_5 + H_2O \qquad (10.2)$$

また，160～170℃で加熱すると，次式で示すように分子内で脱水反応が起こり，エチレンが生成する．

$$CH_2H-CH_2-OH \longrightarrow H_2C=CH_2 + H_2O \qquad (10.3)$$

エタノールを適当な酸化剤と反応させると，酸化され，アセトアルデヒド，さらに酢酸まで酸化される[*16]．

エチレングリコール $CH_2(OH)CH_2OH$ は2価アルコールで，融点-12.6℃，沸点197℃の粘稠な無色液体であり，水と任意な割合で混ざり合う．ヒドロキシ基が2個もあるため，水素結合が2ヵ所で起こり，沸点がエタノールに比べ100℃以上も高い．融点も比較的低いので，車のラジエーターの不凍液として，使用される．化学的な用途としては，ペットボトルとして知られているポリエチレンテレフタラート（PET）の主原料の1つである．

グリセリン $CH_2(OH)CH(OH)CH_2OH$ は，融点18℃，沸点290℃の3価アルコールである．エチレングリコールよりさらに粘稠な無色液体である．水に非常に溶けやすく，強い保湿力があるため，化粧品や軟膏などの保湿成分として配合されている．脂肪が代謝されると脂肪酸とグリセリンに分解し，生体内で多く存在している．毒性は少なく，食品添加物や医薬品にも使われる．また，化学的にはダイナマイトの主剤であるニトログリセリンの原料である．ニトログリセリンはグリセリンの3つのヒドロキシ基と硝酸のエステル化反応（10.3.3項参照）により得られる．

(b) エーテル

エーテル（ether）はエーテル結合—O—をもつ化合物で，水素結合をつく

[*15] 第二次大戦後，日本では物資が極端に不足し，メタノールを含んだ変成アルコール（非課税）を蒸留した密造酒が出回った．このとき，メタノールが十分に分離されていない場合，これを飲んだ人が失明するという事故が多発した．さらに，メタノールを薄めて，そのまま飲んで中毒を起こす事故も頻発した．

[*16] 空気中に放置された古い酒は酸化されて，まずくなる．また，アルコールを飲むと体内でアセトアルデヒド，そして酢酸まで酸化される．アセトアルデヒドの肝臓での代謝はアルデヒド脱水素酵素（ALDH2）によるもので，この酵素の働きの違いで，酒に強い人，弱い人，全く飲めない人に分かれる（12.3.2項「ミニTopic」参照）．

らないため，水に不溶であることが多く，その沸点は一般にアルコールに比べ著しく低い（4.1.3項，図 4-4 を参考）．ここでは，ジメチルエーテル（dimethyl ether）CH_3OCH_3，ジエチルエーテル（diethyl ether）$CH_3CH_2OCH_2CH_3$ について簡単に解説する．

ジメチルエーテルの IUPAC 名はメトキシメタン（methoxymethane）といい，沸点 $-24℃$ で，室温で気体である．DME の略称で，スプレー缶で販売され，塗料などの噴霧剤として使用される．地球温暖化係数はフロンガスの 100 分の 1 以下である[*17]．可燃性ガスであるため，火気厳禁である．

ジエチルエーテルの IUPAC 名はエトキシエタン（ethoxyethane）といい，沸点 $35℃$ の液体である．引火点が $-45℃$ と低く，第 4 類危険物の特殊引火性液体に該当する．水より比重が低く，水に不溶であるため，エーテル抽出とよばれる溶媒抽出法に用いられる．

◆ 10.3.2 アルデヒド・ケトン

炭素―酸素二重結合 C＝O のことを**カルボニル基**といい，カルボニル基をもつカルボニル化合物はアルデヒドとケトンに分けられる．図 10-15 に示すように，カルボニル基に水素がついた官能基を**アルデヒド基**という．

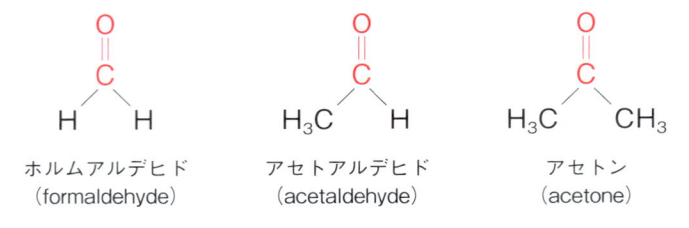

ホルムアルデヒド　　アセトアルデヒド　　アセトン
（formaldehyde）　　（acetaldehyde）　　（acetone）

図 10-15　代表的なカルボニル化合物

(a) アルデヒド

アルデヒド（aldehyde）は，IUPAC 名では接尾語に **-al** をつける．炭素数 1 のアルデヒドは**ホルムアルデヒド**といい，IUPAC 名でメタナール（methanal）という．また，ホルムアルデヒドの水素 1 個をメチル基―CH_3 で置換したアルデヒドを**アセトアルデヒド**といい，IUPAC 名でエタナール（ethanal）という．

ホルムアルデヒドは沸点 $-19℃$ で，急性毒性を示す気体である．水に可溶であり，約 35〜38％ の水溶液をホルマリンという．ホルマリンは防腐剤や消毒液に用いられる．また，フェノール樹脂，メラミン樹脂，尿素樹脂の原料としても，広く使われている[*18]．

アセトアルデヒドは沸点 $20℃$ で，低温では無色の液体である．容易に揮発し，刺激臭がある．水俣病と関わり合いが深かったが，現在では触媒存在

[*17] 地球温暖化係数 GWP とは，二酸化炭素を1として，濃度あたりの温室効果の強さを表したもの．値の例を挙げる．
・メタン 21
・一酸化二窒素 310
・トリフルオロメタン 11700

[*18] 新建材にはホルマリンが使われることが多く，シックハウス症候群の原因物質の1つとされる．シックハウス症候群とは，新築の住居で入居後，倦怠感，めまい，頭痛，呼吸器疾患などに悩まされる症状をいう．

下，エチレンを酸化して合成される（ワッカー酸化）．アセトアルデヒドは容易に酸化し酢酸を与えるが，工業的にはこの方法は現在では使われず，酢酸エチルの合成に使用されている．

(b) ケトン

アルデヒド基の水素をメチル基で置換したカルボニル化合物は水素をもたないので**ケトン**（ketone）に分類される．**図10-15**のケトンは**アセトン**とよばれ，IUPAC名は2-プロパノン（2-propan<u>on</u>）である．

アセトンは沸点が57℃で，有機溶媒も水もよく溶かし，極めて有用な有機溶剤である．アセトンは工業的には，アクリル樹脂のモノマーであるメタクリル酸メチルの原料となっている．

◆ 10.3.3 カルボン酸・エステル・石けん

(a) カルボン酸

カルボン酸（carboxylic acid）は**カルボキシル基**—COOHをもつ化合物である．代表的なカルボン酸を**表10-6**にまとめた．カルボキシル基を1つもつものを1価カルボン酸といい，2つもつものを2価カルボン酸という．カルボン酸が水に溶けると酸性を示すことは，第7章で述べた．

表10-6　代表的なカルボン酸

分類	慣用名	英語名	化学式
1価カルボン酸	ギ酸 酢酸	form**ic acid** acet**ic acid**	H**COOH** CH$_3$**COOH**
2価カルボン酸	シュウ酸 アジピン酸	oxal**ic acid** adipin**ic acid**	**HOOC**—**COOH** **HOOC**—(CH$_2$)$_4$—**COOH**
高級脂肪酸	ステアリン酸	stear**ic acid**	CH$_3$(CH$_2$)$_{16}$—**COOH**

ギ酸（formic acid）は刺激臭のある液体で，水と任意の割合で混ざり合う．IUPAC名はメタン酸（methanoic acid）である．ギ酸は**図10-16**に示すように，カルボン酸のほかにアルデヒド基ももつ構造をしているため，アルデヒドの性質である還元性も示す．

酢酸（acetic acid）も刺激臭のある液体で，水と任意の割合で混ざり合う．IUPAC名はエタン酸（ethanoic acid）である．酢酸はアセトアルデヒドを酸化すると生じる．純粋な酢酸は融点が17℃であり，冬に凍結することから氷酢酸とよばれる．酢酸は合成樹脂（酢酸セルロース）や接着剤（ポリ酢酸ビニル）に使われる．また，食酢は酒類の酢酸発酵によって製造され，酢酸を3〜5%含んでいる．

シュウ酸（oxalic acid）と**アジピン酸**（adipinic acid）はカルボキシル基が2つあるので，2価カルボン酸という．シュウ酸，アジピン酸の融点はそ

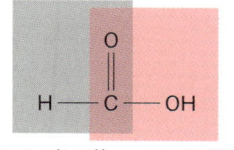

図10-16　ギ酸の構造

れぞれ 187℃（分解），153℃で，無色の結晶である．IUPAC 名はそれぞれエタン二酸（ethanedioic acid），ヘキサン二酸（hexanedioic acid）である．どちらも水に溶けると酸性を示し，2 価の酸として働く．シュウ酸は式 (10.4) で示すような還元性をもつため，酸化還元試薬にも使用される[*19]．

$$(COOH)_2 \longrightarrow 2\,CO_2 + 2\,H^+ + 2e^- \tag{10.4}$$

アジピン酸はナイロン 66 の原料として用いられる（第 11 章参照）．

[*19] 過マンガン酸カリウムは COD 測定（p.11 参照）にも使われる優れた酸化剤だが，その反応性の高さから結晶に二酸化マンガンを含んでおり，重量測定から正確な濃度を知ることができない．そこで，水に不溶な二酸化マンガンを濾過で取り除いた後，正確な濃度がわかった還元剤と反応させて濃度を知る必要がある．シュウ酸ナトリウム $Na_2C_2O_4$ は無色無臭の結晶で，その質量測定から物質量を正確に求められるので，還元剤として使われる．

(b) 石けん

鎖状炭化水素にカルボキシル基が 1 つ結合したカルボン酸を**脂肪酸**という．脂肪酸のうち，炭素数 6 以上のものを**高級脂肪酸**という．脂肪酸のナトリウム塩は一般に石けんとしての性質がある．表 10-6 で示した**ステアリン酸**は，融点 70℃ の白色固体で，ロウソクの原料になる．IUPAC 名はオクタデカン酸（octadecanoic acid）である．

ステアリン酸のナトリウム塩は，図 10-17 に示すように，親水性（水に溶けやすい性質）を示すカルボン酸イオンと疎水性（水に溶けにくい性質）を示す長鎖アルキル基の部分に分けられる**界面活性剤**であり，石けんや洗剤として用いられる．水中では，カルボン酸イオン COO^- と Na^+ イオンに解離し，疎水性の長鎖アルキル基の部分が寄り集まり，外側に親水性のカルボン酸イオンを向けた**ミセル**を形成する（図 10-17a）．水に溶けにくい汚れなどはミセルの疎水性部分に取り込まれ，汚れを水中に分散させることができるので，汚れが落ちる（図 10-16b）．

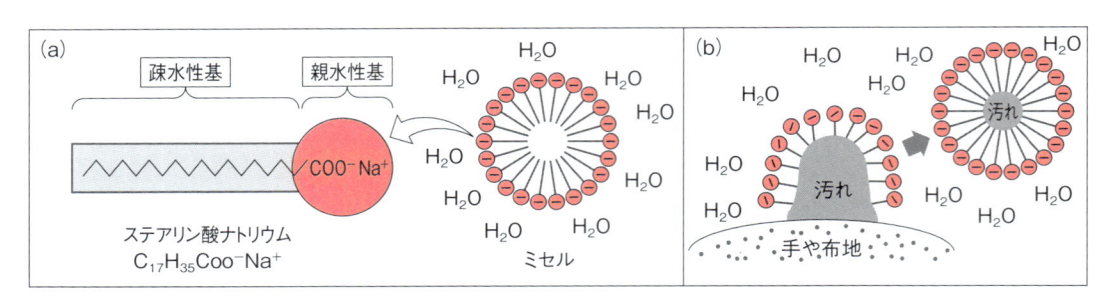

図 10-17 ステアリン酸ナトリウムの構造（a）と石けんとしての働き（b）

(c) エステル

カルボン酸はアルコールと反応して，**エステル結合**―COO―をもつ**エステル**ができる．

$$R-COOH + R'-OH \longrightarrow R-COO-R' + H_2O \tag{10.5}$$

酢酸とエタノールからつくられるエステルが**酢酸エチル**（ethyl acetate）

CH$_3$COOC$_2$H$_5$ である．沸点 77℃ の果実臭のある無色の液体である．水に不溶であり，有機溶剤として用いられる．アルカリ水溶液中では，加水分解して，元の酢酸とエタノールを生じる．

◆ 10.3.4 アミン

アンモニア NH$_3$ の水素を炭化水素の置換基で置き換えた化合物を総称して**アミン**（amine）という．アミンの代表的な化合物を**表 10-7** に示す．メチルアミンやエチルアミンのようにアミンの窒素原子が 2 個の水素原子と結びつくアミンを総称して，第一級アミンという．ジメチルアミンのように窒素原子が 1 個の水素原子としか結びついていないアミンを第二級アミンといい，トリメチルアミンのように窒素原子が水素原子と 1 つも結びついていないアミンを第三級アミンという．アミンはさまざまな有機化合物を合成するときに，重要な反応試薬となる物質である．ヘキサメチレンジアミンは 10.3.3 項で説明したアジピン酸とともに，ナイロン 66 の原料となる．

アミンは窒素原子が非共有電子対をもち，アンモニアと同様，遷移金属と金属錯体を形成する．特に，エチレンジアミンのように 1 つの分子の中に 2 ヵ所以上，配位結合できる部位をもったアミンが配位子と働いた場合，非常に高い安定性を示す．このような効果をキレート効果という[20]．

[20] 9.2.7 項で説明したように，非共有電子対がある部位を複数もつ配位子は，キレート効果により安定した金属錯体をつくる．その配位子のなかで最も簡単な構造をもつのが，エチレンジアミンで，2 つのアミノ基が金属に配位して金属錯体をつくる．一方のアミノ基が切れても，もう一方のアミノ基がつながっているので，遊離することなく再び配位するので，金属錯体が安定化するのである．

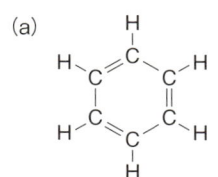

表 10-7　代表的なアミン

化合物名	英語名	化学式	融点	沸点
メチルアミン	methylamine	CH$_3$NH$_2$	−94	−6
エチルアミン	ethylamine	CH$_3$CH$_2$NH$_2$	−81	17
ジメチルアミン	dimethylamine	(CH$_3$)$_2$NH	−93	7
トリメチルアミン	trimethylamine	(CH$_3$)$_3$N	−117	3
エチレンジアミン	ethylenediamine	H$_2$NCH$_2$CH$_2$NH$_2$	9	117
ヘキサメチレンジアミン	hexamethlenediamine	H$_2$N(CH$_2$)$_6$NH$_2$	42	204

10.4 芳香族化合物

ベンゼン環をもつ環状炭化水素を**芳香族化合物**といい，有機化合物のなかで重要な位置を占める．なぜベンゼン環は特別なのか考えてみる．

◆ 10.4.1 ベンゼン

ベンゼン（benzene）は化学式 C$_6$H$_6$ の環状トリエン構造（**ベンゼン環**）をもち，融点 5.5℃，沸点 80℃ の甘い芳香をもつ液体である．**図 10-18** のようにいくつかの書き表し方があり，共鳴構造をとる（図 3-20 参照）．ベンゼンのすべての炭素が sp^2 混成軌道をとり，3 つの sp^2 混成軌道のう

図 10-18　ベンゼン分子の書き表し方

10章 有機化学

ち，2つが互いにσ結合で結ばれ，これが同一平面上で炭素の正六角形構造をつくる．そして，残り1つのsp^2混成軌道が水素と結合する．さらに，sp^2混成軌道にあずからなかったp_z軌道はπ結合を形成する．3つの二重結合が共役し，しかも環状を形成しているので，炭素原子の上下でp_z軌道の重なりによる環が形成され，ベンゼンの二重結合は非常に安定している．

このようなベンゼンの安定性は，二重結合への付加反応（ベンゼン環が破壊される）よりも，水素原子との置換反応（ベンゼン環が維持される）が起こりやすいという特徴を生み出している．ベンゼン環は非常に安定で，ベンゼン環に置換基がついてさまざまなベンゼン誘導体ができる．

◆ 10.4.2 ベンゼン誘導体

図10-19にベンゼンから**フェノール**を誘導する系統図を示した．ベンゼ

Topic　　　　　　　　　　　　　　　　　ダイオキシンとPCB ◆

世界保健機構（WHO）によると，ダイオキシン類とは，ダイオキシンやPCBなどを含む，400種類以上ある化合物群の総称である．これらのうち，最も毒性が高いとされたのが，下図に示すTCDDで，単にダイオキシンという場合，この化合物を指すことが多い．この物質は塩素を含む有機物，たとえばポリ塩化ビニルやポリ塩化ビニリデンなどのポリマーを比較的低温の焼却炉で焼却すると生成しやすい．私設焼却炉でダイオキシンが検出され，一時マスコミ等で騒がれた．しかし，高温（800℃以上）で焼却すればダイオキシンの発生そのものが抑制されることがわかり，現在では公的焼却炉で処理されている．

さらに，現在ではこのTCDDの急性毒性は生物種による差が大きく，モルモットで最も大きいことがわかっている．ハムスターではモルモットの毒性に比べ，8000分の1と低く，人間ではどの程度の毒性があるかよくわかっていない．しかし，発がん性が高いことも考えられる．必要以上に騒ぐ必要はないが，今後もダイオキシンによる環境汚染が起きないよう注意が必要である．

ポリ塩化ビフェニル（PCB）の毒性は，カネミ油症事件から注目されるようになった．カネミ倉庫社製の食用油にPCBが製造段階で混入して起きた毒物事件である．この事件をきっかけに，PCBの製造・輸入が原則禁止された．PCBは加熱されると，別のダイオキシン類に変化するといわれ，その毒性は一様ではない．PCBは，蛍光灯のコンデンサー部分にも使用されたりして，これまでに合成されたものが大量にあり，その廃棄処理が課題になっている．古い照明器具を処理する場合などには注意が必要である．

2,3,7,8-テトラクロロベンゾ-1,4-ジオキシン（TCDD）　　　ポリ塩化ビフェニル（PCB）

ンを出発して，スルホン化反応❶，アルカリ溶融反応❷，中和反応❸により
フェノールが誘導される．ベンゼンをクロロ化した後❹，高温高圧下で水酸
化ナトリウムを作用させてナトリウムフェノキシドへ誘導しても❺，フェ
ノールが合成できる．また，ベンゼンをプロペンでアルキル化❻し，酸素酸
化後❼，転移・分解❽することによってもフェノールが誘導される．このと
き，アセトンが副生する．反応❻〜❽でクメンを経由するフェノールの合成
法を**クメン法**という．さらに，ベンゼンをニトロ化❾，スズを触媒とする還
元反応後中和して❿，アニリンを合成する．アニリンをジアゾ化⓫した後，
加水分解⓬するとフェノールへ誘導することができる．このように有機合成
化学では種々の反応を駆使して，さまざまな物質を得る[*21]．

[*21] フェノールとホルムアルデヒドを酸触媒下で重合させるとフェノール樹脂が合成される．フェノール樹脂は耐熱性や絶縁性に優れるため，自動車部品や電気製品に利用される．アニリンは革製品の染料として働く．ベンゼンスルホン酸はあまり利用されていないが，その類似化合物である p-トルエンスルホン酸 $CH_3-Ph-SO_3H$ は，有機合成において，酸触媒として多用される．

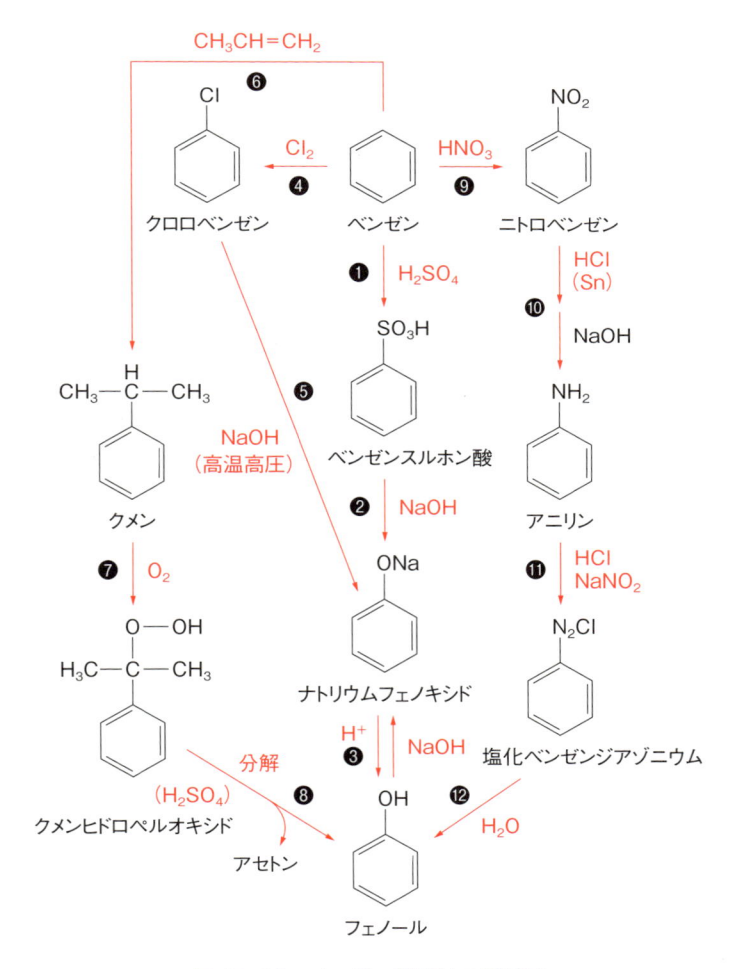

図 10-19 ベンゼン誘導体の系統図

練習問題

(a) [2-メチルペンタンの構造式]

(b) CH₃CH₂CH₂CH₂OH

(c) CH₃—CH=CH—CH₃

(d) [プロパナールの構造式]

(e) [ニトロベンゼンの構造式]

(f) [フェノールの構造式]

Q1 左の化合物（a）〜（f）のIUPAC名を答えよ．

Q2 2-ブテン C_4H_8 に関して，2つの立体異性体を書け．

Q3 アセチレンに水1分子が付加して生成する物質の名称と構造式を書け．

Q4 下図にクメン法に関する反応図を示した．A，Bの枠部分に該当する構造式と，a，bに名称を書け．

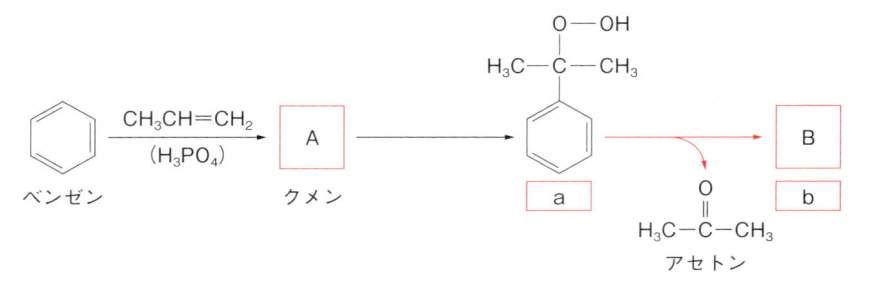

ベンゼン $\xrightarrow{CH_3CH=CH_2 \;(H_3PO_4)}$ A $\longrightarrow$ [クメンヒドロペルオキシドの構造式] $\longrightarrow$ B

クメン　　　　　　　　　　　　　　　　a　　アセトン $H_3C-\overset{O}{\underset{\|}{C}}-CH_3$　b

Q5 塩素化合物を焼却するとダイオキシンが生成するといわれている．最も毒性が高いといわれる 2,3,7,8-テトラクロロベンゾ-1,4-ジオキシン（通称，ダイオキシン）の構造式を書け．また，このダイオキシンが生成しないように塩素化合物を焼却するには，どうすればよいか．

第11章 高分子化学

11.1 高分子とは？
11.2 付加重合——ポリエチレンの仲間
11.3 縮合重合——化学繊維の誕生

廃棄物とリサイクル

Introduction

ペットボトルや弁当箱のプラスチック，ラップやゴミ袋のフィルム，カップラーメンなどの断熱性容器（発泡スチロール），タイヤの合成ゴム，おむつの吸水シートなどといった製品は高分子化合物でできている．高分子化合物の詳細は本文で説明するが，有機化合物生産の基礎の上に成り立つ化石燃料由来の物質である．天然物由来の製品は，微生物等の働きで分解され，物質循環に組み込まれる．しかし，化石燃料由来の製品はなかなか分解できず，「ゴミがたまって処理できない」という廃棄物問題を生んでいる．

その対策として，リサイクルがある．いま日本で大量に使われる高分子化合物にPET（ポリエチレンテレフタラート）がある．そのほとんどがペットボトルとして使われる．PETは無色透明で融点が比較的高温なため，飲料用として適している．さらに，融点が高温すぎず溶融することが簡単で成型しやすいので，リサイクルしやすい．

ペットボトルを捨てる場合，リサイクルするために，一般プラスチックとは分けて回収されるが，分別回収を進めるには，使っている容器がPETなのかどうかを判断しなければならない．そこで，図11-1に示した識別マークが記載される．このうち，PETとプラスチックのマークは法律で表示を義務づけられている．

分別回収されたPETがどの程度リサイクルされているかを日米欧で比較したのが図11-2である．販売量は人口比で考えると，欧州と日本はほぼ同じで，米国は日本の2倍以上である．しかし，回収率は，日本が約8割なのに対し，欧州は5割，米国は3割しかない．回収されたPETは，日本では食品トレイ（卵パックや中仕切り等）などのシート42.4%，自動車関連・インテリア・衣料などの繊維41.9%，再びボトル（大部分が食品用）11.4%，文房具などの成型品・その他4.3%として利用されている（2011年度）．注目すべきは，ペットボトルからペットボトルへのリサイクル率（BtoBリサイクル）が約10%もあることである．特に，ペットボトルを洗浄後，フレーク状に細断し，分解して原料まで戻して再利用するケミカルリサイクル法は，化学を利用した完全循環型リサイクルといえる．

図11-1 識別マーク

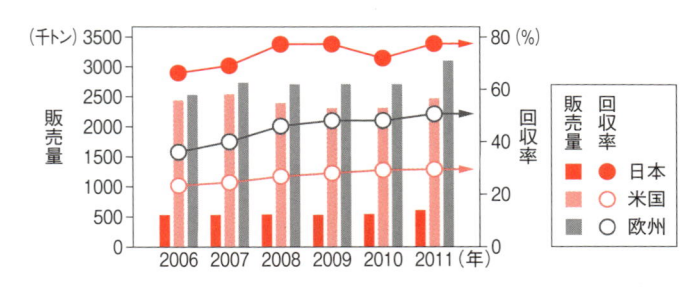

図11-2 日米欧のリサイクル状況の比較

11章 高分子化学

11.1 高分子とは？

高分子化合物は，現代文明の特質である利便性の追究の根幹をなしているといっても過言ではない．それほど重要な高分子化合物とはいったい何であるのかを最初に確かめよう．

◆ 11.1.1 メタンからポリエチレン

メタン CH_4 の水素1個をメチル基に置換するとエタン CH_3CH_3，エタンの水素1個をメチル基に置換するとプロパン $CH_3CH_2CH_3$ となる．このように C の数がさらにどんどん増えていくと，**ポリエチレン**（略称 PE）という長くつながった巨大な分子（**高分子化合物**）ができあがる．高分子化合物とは，一般に，分子量が 10000 以上の分子を指す．

図 11-3 で示したように，通常，ポリエチレンは，エチレン CH_2CH_2 を出発原料として得られる．このエチレンのように，高分子化合物の構造単位のもととなる小さな分子を**モノマー**（単量体）といい，モノマーがたくさん結合した分子を**ポリマー**（重合体）という[*1]．モノマーがつながってポリマーとなる反応を**重合**という．

図 11-3 でモノマーの重合を開始させているのは**ラジカル** R· である．ラジカル R· とは，熱分解によって結合対 R—R が等分に切れて不対電子をもつようになった物質である（❶）．ラジカルは活性が高く，二重結合における π 結合を切断し，切れた π 結合の片方と結合し，もう片方の不対電子が再びラジカルとなって残る（❷）．このラジカルも活性が高いため，エチレンに付加し，エチレンの二量体ラジカルが生成する（❸）．こうして何分子ものエチレン分子が付加し，n 量体のポリエチレンが生成する（❹）．このように，二重結合が開いて高分子ができる重合反応を**付加重合**という[*2]．

*1 ポリエチレンは，純粋な単一物質に与えられた名前ではなく，分子量の境界線も決まっていない．製法により，枝分かれの多い低密度ポリエチレン LDPE，枝分かれの少ない高密度ポリエチレン HDPE などができる．

*2 一般に，付加重合には，図 11-3 のようなラジカル重合のほかに，中性ラジカルではなく，プラス・マイナス電荷を持ったイオンが関与するイオン重合，金属触媒が関与する配位重合などの形式がある．

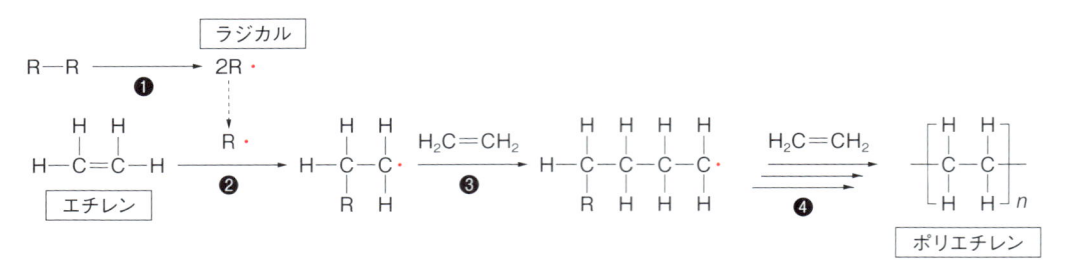

図 11-3 エチレンのラジカル重合

◆ 11.1.2 高分子の特徴

図 11-4 に炭素数 10（C10），50（C50），250（C250）の炭化水素の分子

モデルを示した．炭素原子の直径が約 150 pm とすると，単純計算で，C10 の長さが 1500 pm（1.5 nm），C50 の長さが 7500 pm（7.5 nm），C250 の長さが 37500 pm（37.5 nm）となる．C10 のデカンを構造式で書くと細長い分子のように見えるが，分子モデルをつくると，イモムシのようであり，分子の絡まりはあり得ない．C50 でも，まだ分子が絡み合うことは考えにくい．C250 となると，ようやく分子全体がひも状に見える．分子の断面部分は 1 個の炭素原子であるのに対し，分子の横の部分はどんどん長くなり，C1000 程度（分子量 10000 程度）以上になると，完全にひも状となり分子の絡み合い現象が生じる．このように，絡み合う性質があることから，高分子には一般に図 11-5 の (a)～(c) のような性質が生じる．

(a) 熱して融かし，押し出したり，さらに引っ張ったりすると**繊維・フィルム**になる．（押出成形・圧延加工）
(b) 熱して融かし，鋳型に入れて冷やすと**プラスチック**になる．（射出成形）
(c) 発泡剤を入れて，熱すると，膨らんで**発泡ポリエチレン**になる．（中空成形）

　(a) の性質を利用した製品には，買い物用のプラスチックバック，農業用シート，ロープや網などがある．(b) の性質を利用して，食器・まな板・容器など家庭用台所製品や玩具などの製品がつくられる．そして，(c) の性質を利用した発泡ポリエチレンが，建築用断熱吸音材，食料品・化粧品・化学薬品等の容器，石油缶・自動車燃料タンクなどに使用される．このように，高分子材料には，低分子化合物にはない物性的特質がある[*3]．

＊3 通常の合成高分子は生分解されにくい．一方，紙，デンプン，綿，羊毛などの天然高分子を廃棄するとぼろぼろになって，生分解されて何も残らない．天然高分子を分解するのは，ほとんどの場合，微生物である．微生物は，自ら酵素を出して天然高分子を分解し，その分解物を栄養にする．長い進化の過程で，そうした酵素を獲得したのである．合成高分子は人類が約半世紀前につくり出したもので，それを分解する酵素をもつ微生物はほとんど存在しない．したがって，合成高分子は生分解されにくいのである．たまたま，化学構造が天然高分子と類似していると，合成高分子でも生分解性をもつことがある．

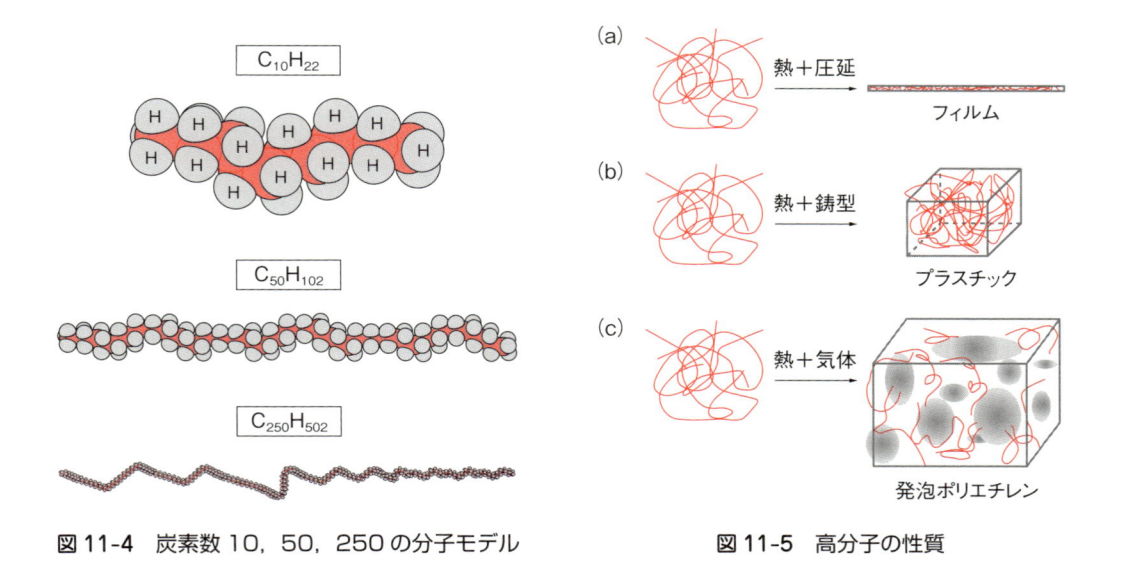

図 11-4　炭素数 10，50，250 の分子モデル

図 11-5　高分子の性質

11.2 付加重合——ポリエチレンの仲間

ポリエチレンの主鎖は H_2C-CH_2 のくり返しが基本となっている（図 11-6）. 単位構造は $-(CH_2-CH_2)-$ で表される. この片方の炭素についた 1 つあるいは 2 つの水素が置換基（$-R$, $-R'$）で置き換わった化合物をそれぞれ**ビニル化合物**（$H_2C-CH-R$），**ビニリデン化合物**（$H_2C-C-RR'$）という. 本節ではこれらモノマーの重合体であるポリビニル化合物，ポリビニリデン化合物のいくつかを紹介する[*4].

*4 なお，モノマー $R-HC=CH-R'$ の重合体は，ビニレン化合物といい，そのモノマーはビニル化合物，ビニリデン化合物より，重合しにくい.

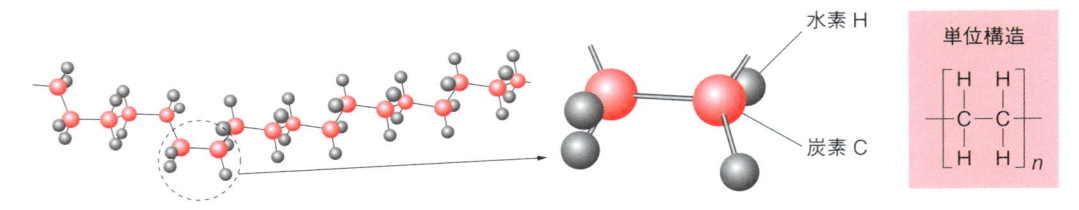

図 11-6　ポリエチレンの分子モデルと単位構造

◆ 11.2.1　ポリ塩化ビニル（塩ビ）

図 11-6 のポリエチレン単位構造において，1 つの水素 H が塩素 Cl に置換した高分子を**ポリ塩化ビニル**（polyvinyl chloride：PVC）という（図 11-7）. 俗に「塩ビ」とよばれる. モノマーを重合しただけでは硬くもろい樹脂で，紫外線にも劣化しやすい. そこで，樹脂を柔らかくする成分（可塑剤）や劣化を防ぐ成分（安定剤）を加えて，いろいろな製品に使う. 電線の被覆等に使うビニルテープ，水道パイプ，消しゴムなどの文具用品など，その用途は多岐にわたる.

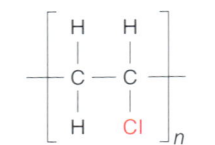

図 11-7　ポリ塩化ビニル

◆ 11.2.2　ポリ塩化ビニリデン

ポリエチレンの単位構造において，2 つの水素 H が塩素 Cl に置換した高分子を**ポリ塩化ビニリデン**（polyvinylidene chloride：PVDC）という（図 11-8）. 塩素原子は電気陰性度が大きく（H: 2.1, C: 2.4, Cl: 3.0），マイナスになりやすいので，ポリ塩化ビニリデンフィルムは静電気が起きやすい. この静電気の起こりやすさが，食品包装用ラップの粘着性をもたらす.

一時，PVDC は，ゴミとして焼却する際，不完全燃焼すると毒性の非常に強いダイオキシンがわずかではあるが生成すると騒がれたが，現在では，十分高熱が出る焼却炉が開発されており，これで焼却するとダイオキシンが生成することはほとんどない（p.146 参照）[*5].

図 11-8　ポリ塩化ビニリデン

*5 高温で焼却しても，高温ガスが冷却される過程で，ダイオキシンが生成することがあるので，速やかに冷却する必要がある.

◆ 11.2.3 ポリアクリロニトリル

ポリエチレンの単位構造において，1つの水素 H がシアノ基（―CN）で置換した高分子を**ポリアクリロニトリル**（polyacrylonitrile：PAN）という（図 11-9）．アクリロニトリルモノマーを主成分（85% 以上）とし，いくつかのエステルビニルモノマーと共重合させて繊維にしたものが，**アクリル繊維**である．合成繊維のなかでは最もウールに近い風合いをもつうえに，しわになりにくい，薬品や虫に強い，洗濯しても縮みにくい，防菌・防臭などの機能を付与しやすいなどウールにない性質をもつ．

ポリアクリロニトリルの繊維を窒素ガス中（酸素のない条件）で 1000 〜 1500℃で加熱し（炭素化過程），さらに窒素ガス中で 2000 〜 3000℃で加熱すると（黒鉛化過程），**炭素繊維**[*6]が得られる．炭素繊維はほとんど炭素からだけでできている繊維で，微細なグラファイト結晶をもつ．炭素繊維は軽くて強く，腐食しない．鉄と比較すると，比重で 1/4，強度で 10 倍，弾性率で 7 倍あり，耐熱性・耐酸性・導電性などに優れている．欠点は，加工がしにくく，製造コストが高い点である．炭素繊維は単独で使用されることは少なく，樹脂，セラミック，金属を母材とする複合材料として利用される．利用分野は，航空・宇宙分野（飛行機・ロケットの機体），自動車分野（軽量ボディ），スポーツ分野（テニスラケット，ゴルフクラブのシャフト，釣り竿など），建築・土木分野（耐震補強材料），環境・エネルギー分野（風力発電の支柱部分）など，さまざまに広がっている．

図 11-9　ポリアクリロニトリル

[*6] 汎用の炭素繊維は炭素化過程までのものが使われる．この方法による炭素繊維は PAN 系炭化水素とよばれ，1961 年，進藤昭男によって発明された．

◆ 11.2.4 ポリスチレン，ポリプロピレン

ポリエチレンの単位構造において，1つの水素 H がフェニル基（―C$_6$H$_5$）に置換した高分子を**ポリスチレン** polystyrene（PS），メチル基（―CH$_3$）に置換した高分子を**ポリプロピレン** polypropyrene（PP）という．どちらも，プラスチックとしての性能が高く，家庭用の**プラスチック**製品に使われている．また，ポリスチレンの発泡プラスチックである**発泡スチロール**は，食品用容器や保温容器などに使われている[*7]．

[*7] 発泡プロピレンも使われているが，製品を見ただけでは発泡スチロールか，発泡プロピレンか，あるいは前述の発泡ポリエチレンかは，わからない．

◆ 11.2.5 ポリメタクリル酸メチル（アクリル樹脂）

ポリエチレンの単位構造において，一方の炭素についた 2 つの水素 H のうち，1 つがメチル基（―CH$_3$），もう 1 つがカルボン酸メチルエステル（―COOCH$_3$）になっている高分子を**ポリメタクリル酸メチル**（polymethyl methacrylate：PMMA）という（図 11-10）．俗に「**アクリル樹脂**」という．ガラスをも凌ぐ非常に透明度の高いプラスチックであることから，プラスチックの女王，アクリルガラスともよばれる．屈折率が高く，熱で柔らかくなり，他のモノマーとの共重合が可能で，容易に改質できる．

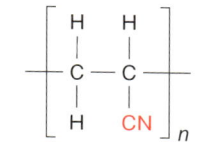

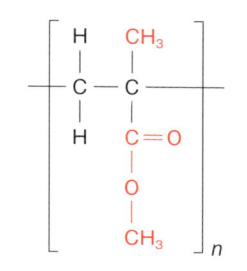

図 11-10　ポリメタクリル酸メチル

*8 ソフトコンタクトレンズは図11-10で，メチルエステル部分に水酸基を導入したモノマー（$-OCH_3$ を $-OCH_2CH_2OH$ で置換）を重合し，水になじみやすいレンズに改質した物である．

図 11-11 ポリテトラフルオロエチレン

*9 デュポン社の商標登録名である．

*10 現在知られている物質のなかで，摩擦係数が最も小さい．すなわち最も滑りやすい．

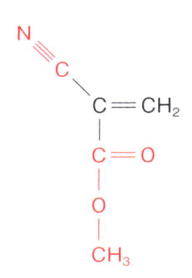

図 11-12 シアノアクリル酸メチル

*11 図11-3のラジカル重合においても，モノマーの反応自体は速やかに起こる．

他のプラスチック材料と同様，容器類に利用されるほか，PMMA に特化した利用法として，水槽がある．近年，各地で大型水槽で展示する水族館が建設されているが，この大型水槽を可能にしているのが，ポリメタクリル酸メチルのハイテク加工技術である．また，眼鏡レンズ，ハードコンタクトレンズなどのプラスチックレンズにも使用されている[*8]．

◆ 11.2.6 ポリテトラフルオロエチレン（テフロン）

ポリエチレンの単位構造において，4つの水素 H をすべてフッ素 F に置換した高分子を**ポリテトラフルオロエチレン**（polytetrafluoroethylene：PTFE）という（図11-11）．この高分子は，テトラフルオロエチレンガスの研究中に，モノマーがボンベ内で重合し，固体になっていたところを偶然発見された．PTFE は俗に「**テフロン**」[*9]として知られている．フライパンなどの調理器具の表面にテフロンをコート塗装（テフロン加工）すると，焦げなどがつきにくくなる．耐薬品性，耐熱性，最低の摩擦係数[*10]といった特徴をもっており，いろいろな機械・器具の部品として使われる．

◆ 11.2.7 シアノアクリル酸メチル

モノマーであるエチレンの，一方の炭素についた2つの水素 H のうち，1つがシアノ基（$-CN$），もう1つがカルボン酸メチルエステル（$-COOCH_3$）になっているモノマーを**シアノアクリル酸メチル**（methyl cyanoacrylate）という（図11-12）．このモノマーは瞬間接着剤として利用される．スチレンなど，通常のビニルモノマーはラジカル重合によって得られる．その重合速度は，熱分解によってラジカルが生じる速度に依存するので，ゆっくり起こる．しかし，ビニル基の成長末端にマイナス電荷をもつアニオン重合の場合，その重合速度はきわめて速い（図11-13）．

ラジカル重合の場合，ラジカル R・ がきわめて不安定で，あらかじめつくり置きができないため，R-R とモノマーを一緒に入れて，R-R を徐々に熱分解するしかない[*11]．しかし，アニオン重合では R'⁻ をあらかじめつくり置きすることができるため，モノマーと一気に混合して，速やかに重合を起こすことができる．通常のモノマーの場合，開始剤 R'⁻Li⁺ や成長末端―

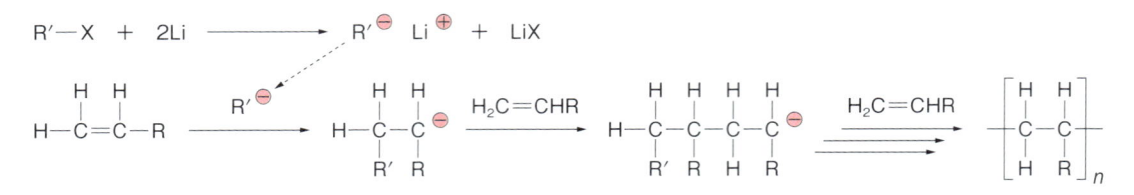

図 11-13 アニオン重合

CHR⁻は，空気中の水と反応して失活してしまうため，接着剤として利用できない．

ところが，シアノアクリル酸メチルは，シアノ基やカルボン酸エステル基の影響で，通常ならアニオン重合を開始しない水が開始剤として働く．接着面に液状のシアノアクリル酸メチルを塗ると，接着面に存在する水がHO⁻としてイオン重合を開始させ，速やかに重合が進み，モノマーは高分子となって，接着面で固着する．強力な接着力をもつ瞬間接着剤は，自動車部品の接着，電子材料におけるプリント基板上の商品の固定，プラモデルなどのホビー用接着剤として幅広く利用されている．

◆ 11.2.8 ポリイソプレン，ポリブタジエン（合成ゴム）

天然ゴム（natural rubber：NR）は，古くからゴムノキから樹液を取り出して，いくつかの過程を経て産み出され，弾性材料として利用されてきた．天然ゴムの主成分は cis-ポリイソプレン－$[CH_2(CH_3)C=C-CH_2]_n$－であることから，イソプレンをモノマーとして重合した**ポリイソプレン**（polyisoprene）を原料として**合成ゴム**がつくられる．ポリイソプレンは共役ジエンをもっており，1,4-付加重合[*12]によって合成される（図11-14）[*13]．

また，メチル基のないブタジエンもイソプレン同様，1,4-付加重合により，**ポリブタジエン**（polybutadiene）が得られ，ブタジエンゴム（BR）として利用される．合成ゴムは，タイヤ，チューブ，絶縁体，シール材，防振・免震ゴムとして，幅広く利用されている．

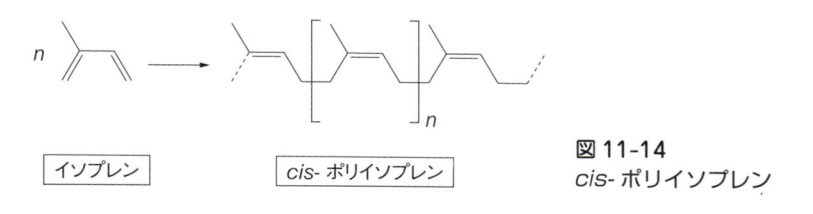

[イソプレン] → [cis-ポリイソプレン]

図11-14 cis-ポリイソプレン

[*12] モノマーの1の炭素と4の炭素で重合が起こる．

[*13] 天然では cis-ポリイソプレンのほかに，$trans$-ポリイソプレン（通称，グッタペルカ）を含む樹液を出す植物も知られているが，このポリマーはゴム弾性を示さない．天然では100％シス体あるいは100％トランス体のポリイソプレンが得られるが，合成ポリイソプレンは天然ゴムとは少し異なり，100％シス体は得られず，わずかにトランス体を含んでいる．しかし，合成ゴムであるイソプレンゴム（IR）は，ほとんど天然ゴムの代替品として使用可能である．

樹液から得られた天然ゴム（生ゴム），ポリイソプレン，ポリブタジエンは，ゴム状の性質をもつが，通常のゴムの性質が発現されるわけではない．最終的に，加硫という硫黄などを使った化学処理を行って初めて性能の高いゴム弾性が発現される（図11-15）．

加硫処理を行う前の生ゴムのポリイソプレン分子の主鎖は絡み合いだけで，結合していない（❶）．したがって，伸張すると伸びるが，分子自体はずれて動いて（❷），解放したからといって元に戻らない（❸）．しかし，硫黄などを使って反応させると，ポリイソプレン分子が絡んだ所でつながって，主鎖と主鎖が化学結合した架橋点がうまれる．この状態のゴムを加硫ゴム（❹）という．この状態から伸張すると分子は引っ張られて伸びる（❺）．

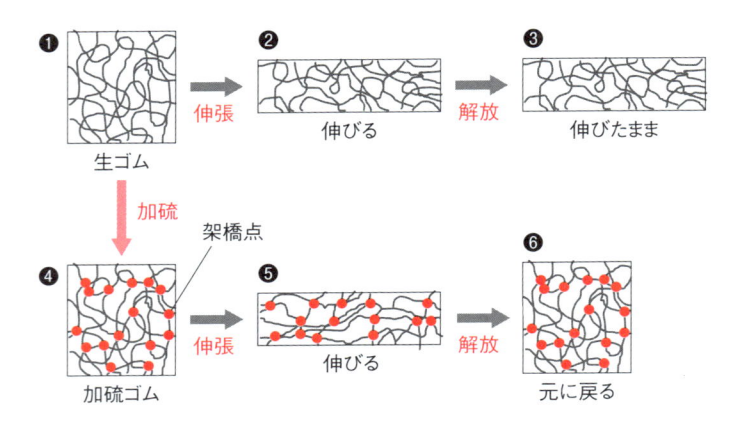

図 11-15　加硫によるゴム弾性の発現

しかし，架橋点で主鎖と主鎖がずれることなくつながっているので，引っ張っている力を解放すると元に戻る（❻）．これがゴム弾性である[*14]．

11.3　縮合重合――化学繊維の誕生

2つ以上の化合物が水 H_2O など小さな分子を取り去って，結合して合わさる反応を**縮合**という．縮合反応をくり返しながら，連鎖的に重合する重合形式を**縮合重合**という．本節では，縮合重合において代表的な高分子であるポリエステルとナイロンについて解説する．

11.3.1　ポリエステル

ポリエステルは多価アルコールと多価カルボン酸との縮合重合（エステル化反応）による重合体（重縮合体）である．ポリエステルにはいくつかの種類があるが，現在最も利用されているのは**ポリエチレンテレフタラート**（polyethylene terephthalate：PET）である．PET は 2 価カルボン酸であるテレフタル酸と 2 価アルコールであるエチレングリコールの脱水縮合重合

図 11-16　縮合重合によるポリエチレンテレフタラートの合成

[*14] ゴム弾性は金属のバネとどう違うのであろうか．金属のバネでは，金属結晶の結晶格子にある金属原子がずれることによりポテンシャルエネルギーが生じ，ポテンシャルエネルギーを最小にするために結晶格子を戻そうとする力が，バネの弾性につながっている．ゴムの場合は，図 11-15 の❹と❺を比べると，❺のほうが分子鎖が伸張された方向に並んでおり，❹よりも分子が秩序をもっている．すなわち，❺のほうが，❹よりエントロピーが小さい．そして，伸張の力が解放されると，系はよりエントロピーの大きい方向に動く．すなわち，元の状態❹とほとんど同じ状態❻へと移行する．このようにゴムの弾性は，原子のポテンシャルエネルギーではなく，分子全体がもっているエントロピーによって生じる．したがって，ゴム弾性のことをエントロピー弾性ともいう．

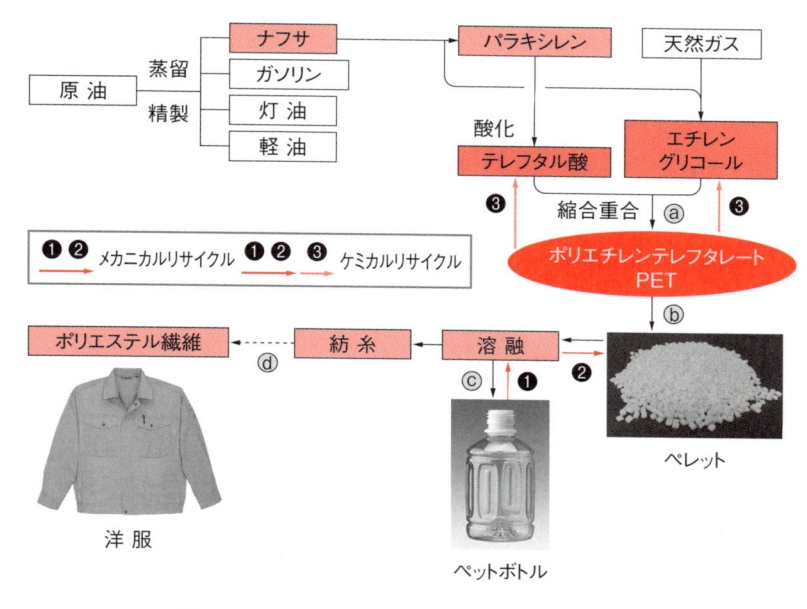

図 11-17　PET 製品の製造とリサイクルの流れ

反応により合成される（図 11-16）．PET は強靭性，透明性，電気絶縁性，耐溶剤性などに優れ，融点 255℃ であることから耐熱性にも優れている．ペットボトルなどの飲料用容器あるいは食品容器として利用される．また，ポリエステル繊維として使われるのも PET が大部分を占める．

原油および天然ガスから PET の製品までの流れを図 11-17 に示す．原油からナフサをとり，エチレンセンターを経由して PET の原料となるテレフタル酸およびエチレングリコールを生産する．また，天然ガスからもエチレングリコールは得られる．テレフタル酸とエチレングリコールの縮合重合により PET が合成され（ⓐ），まず，小さな粒状にしたペレットが生産される（ⓑ）．ペレットを溶融成形して，ペットボトルとして利用する（ⓒ）．また，ペレットを溶融後，紡糸してポリエステル繊維製品を生産する（ⓓ）．リサイクルはペットボトルで行われる．回収したペットボトルは，洗浄後に溶融され（❶），ペレットまで戻される（❷）．ここまで戻して再びペットボトルや繊維を再生する方法を**メカニカルリサイクル**という（プロセス❶＋❷）．さらに，ペレットを化学的に分解して，原料のテレフタル酸とエチレングリコールを再生して（❸），再び製品を生産する方法を**ケミカルリサイクル**という（プロセス❶＋❷＋❸）．このようにリサイクルシステムが完成した PET は，これに代わる材料が現れない限り，今後，ますます利用されるであろう[*15]．

[*15] PET ボトルのリサイクルに関して問題がまったくないわけではない．PET ボトルの回収には補助金がつけられているし，リサイクルにも費用がかかることは事実で，その経済性には議論の余地がある．また，回収された PET ボトルのかなりの量が輸出されている．輸出先の状況がつかめない以上，責任をもって再利用されているとはいいがたい．しかし，PET ボトルのリサイクル自体が無意味であるのかというと，そうではない．輸出の割合が減り，BtoB のようにリサイクル回数があがれば（何回もリサイクルして使う），その分，化石燃料の使用量の減少につながるであろう．

◆ 11.3.2 ポリアミド（ナイロン）

式 (11.1) に示すように，カルボン酸とアミンが脱水縮合するとアミド化合物ができる（図 11-18）．

$$R-COOH + HN-RR' \longrightarrow R-CON-RR' + H_2O \tag{11.1}$$

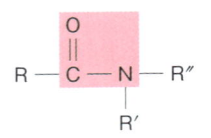

図 11-18 アミド化合物

O=C-N 部分の結合を**アミド結合**という．2価カルボン酸と2価アミンが脱水縮合すると，ポリエステルと同様，重合反応が起こり，**ポリアミド**（polyamide：PA），いわゆる**ナイロン**が生成する．ナイロンを初めて合成したのはデュポン社の化学者ウォーレス・カローザスであり，完全な化学合成による合成繊維として開発された．彼はアジピン酸 $HOOC-(CH_2)_4COOH$ とヘキサメチレンジアミン $H_2N-(CH_2)_6-NH_2$ を脱水縮合重合して，ナイロン 66（6,6-ナイロンともいう．略称 PA66）を合成した（図 11-19）．

Topic　　　　　　　　　　　　　　　生分解性プラスチック ◆

分解しにくく長持ちするプラスチックは，逆に言うと，環境中にいつまでもごみとして残る．この問題を，リサイクルの考え方とは異なり，化学の知識を使って解決しようという研究が盛んになされている．それは，環境中に廃棄されても，微生物により水と二酸化炭素に分解される生分解性プラスチックの開発である．生分解性プラスチックは大きく次の3つに分類される．

① 生物由来の材料
② 化学合成による材料
③ その2つを合わせたハイブリッド材料

生物由来の材料では，変成デンプンや微生物からつくるポリヒドロキシ酪酸（下図参照）などがある．変成デンプンは性能的に合成高分子にかなり劣っていたが，最近は，変成技術の向上により，デンプンのプラスチック化が進んでいる．また，ポリヒドロキシ酪酸は比較的性能が高く生分解性も高いため期待されていた．しかし，価格が非常に高いため，実際にはほとんど生産されていない．

石油系の化学合成による材料は，原料の制限が少なくなるため高分子としての性能は高くなる．たとえば，下図に示した PBS 系のポリマーが実用化されている．また，カルボン酸部分のコハク酸を植物由来の原料に変更することも可能で，生物由来比 70% の PBS もある．また，デンプンと生分解性を示す合成高分子ポリビニルアルコール（PVA）と組み合わせたハイブリッド材料も開発されている．

生分解性プラスチックの用途は，マルチフィルムや苗ポットなどの農業資材，漁網などの水産資材，断熱材，緑化用資材などの土木建築資材，ゴミ袋や食品包装などの包装用，手術用縫合糸など多岐にわたる．生分解性という特徴は，環境面だけでなくいろいろな場面で求められており，今後いっそう開発が進んでいくだろう．

ポリヒドロキシ酪酸　　　　ポリブチレンサクシネート（PBS）

11.3 縮合重合——化学繊維の誕生

$$n\ \text{HO-C(=O)-(CH}_2)_4\text{-C(=O)-OH} + n\ \text{H}_2\text{N-(CH}_2)_6\text{-NH}_2 \longrightarrow$$

アジピン酸　　　　　　　　ヘキサメチレンジアミン

$$[\text{-C(=O)-(CH}_2)_4\text{-C(=O)-NH-(CH}_2)_6\text{-NH-C(=O)-(CH}_2)_4\text{-C(=O)-NH-(CH}_2)_6\text{-NH-}]_n$$

ナイロン66

図11-19 ナイロン66の合成反応
■はアミド結合.

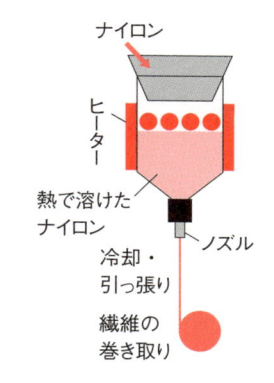

図11-20 溶融紡糸装置

66の名前は，アジピン酸の炭素数が6で，ヘキサメチレンジアミンの炭素数も6であることからきている．ナイロン66は融点が256℃と高く，耐熱性，機械的強度に優れ，耐油性，耐摩耗性，潤滑性にも優れている．図11-20で示した溶融紡糸装置にナイロンを入れ，ヒーターで融かし，これをノズルから引き出し，冷却しながら引っ張って，繊維をつくる．ナイロン66の繊維は「空気と石炭からつくられる，クモの糸より細く鋼鉄より強い繊維」というデュポン社のキャッチフレーズどおり，強い繊維で絹の肌触りがある[*16]．

[*16] 今日でも，後発のポリエステルより繊維としての性能は高い．近年では，ノズルの形状を単なる円形から変形させることにより，より絹の肌触りに近く，衣擦れの音などにこだわった高機能繊維が開発されている．

練習問題

Q1 エチレンがラジカル（R・）により重合して，ポリエチレンが生成する反応図を書け．

Q2 ポリ塩化ビニリデンの構造式を書け．また，このポリマーの代表的な用途について次の①～⑤から1つ選び，番号で答えよ．
① 水溶性の洗濯のり　② 防火壁　③ 接着剤　④ コンタクトレンズ
⑤ 食品包装用ラップ

Q3 ポリアクリロニトリルの繊維を窒素ガス中で高温処理すると何が生成するか．また，生成した物質の長所を2つ以上あげよ．

Q4 アジピン酸とエチレンジアミンの縮合重合によりナイロン66が合成される．この重合部分の結合様式を何というか．

Q5 ペットボトルを回収し再利用するケミカルリサイクル法を説明せよ．

第12章 生命と化学

12.1 三大栄養素
12.2 DNAの構造
12.3 タンパク質合成

遺伝子操作と生態系

Introduction

　今後，人口増加によって食料危機が生じるのではと叫ばれている．地球温暖化によって作物がとれなくなる心配もある．害虫が異常発生したり植物の病気が蔓延したりするかもしれない．気象変動に耐え，除草剤や害虫にも強い品種をつくりだすことが重要な研究課題となった．

　従来は，種の交配を続けて品種改良を行ってきた．しかし，多大な努力と長い期間が必要であり，その効果も十分ではなかった．そこで，直接に植物のDNAを組換え，除草剤や害虫に強い品種を，遺伝子レベルで操作して生み出そうという考えが生まれた．これが，遺伝子組換え作物である．その開発の一例を見てみよう．

　アメリカのバイオ化学メーカー，モンサント社は，雑草も作物も含むすべての植物を根こそぎ枯らしてしまう強力な除草剤「ラウンドアップ」を開発した．そして，その除草剤生産工場の排水溝からラウンドアップに耐えることができる除草剤耐性微生物を発見し，この微生物の除草剤耐性遺伝子を大豆に組み込んだ．それが除草剤耐性大豆である．ラウンドアップと除草剤耐性大豆をセットで使用すれば，完全に除草された農地で大豆が生育する．ほかにも，殺虫成分を生み出す遺伝子を組み込んだ作物も開発されている．

　遺伝子組換え作物の生産状況を図12-1に示した．北米・南米およびインド・中国での栽培面積が大きい．ヨーロッパや日本では，栽培がまだ認められていない．表12-1には，上位6ヵ国の栽培面積と栽培作物名をまとめた．上位6ヵ国で全体の栽培面積の92%を占める．品目は，トウモロコシ，大豆，綿，ナタネが多い．

　現在，遺伝子組換え作物がますます増える傾向にある．遺伝子組換え作物の問題点が明らかな事実として認められた事例は少なく，いくつかのマウスを使った実験があるのみだが，問題が深刻化する可能性も否定はできない．

　本章では，こうした問題の基礎知識となる栄養や遺伝子について化学の面から学んでいく．

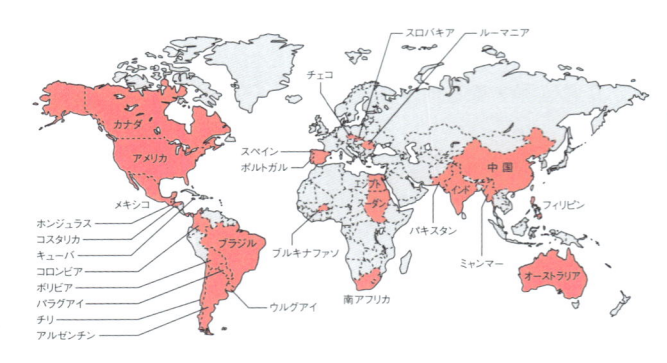

図12-1　遺伝子組換え作物を商業栽培している28ヵ国（2012年）

表12-1　上位6ヵ国の遺伝子組換え作物の栽培面積と作物名（2012年）

国	栽培面積 (100万ha)	作物名
アメリカ	69.5	トウモロコシ，大豆，綿，ナタネなど
ブラジル	36.6	大豆，トウモロコシ，綿
アルゼンチン	23.9	大豆，トウモロコシ，綿
カナダ	11.8	ナタネ，トウモロコシ，大豆，テンサイ
インド	10.8	綿
中国	4.0	綿，パパイヤ，ポプラ，トマト，ピーマン

12.1 三大栄養素

栄養学では，炭水化物，脂肪，タンパク質を三大栄養素という．生体関連の物質には光学活性という性質をもつ化合物が多いので，まず，光学異性体について解説した後，三大栄養素の化学的な構造を見ていく．

◆ 12.1.1 光学異性体

炭素原子の原子価は4で，sp^3混成軌道をとって，4つの原子または原子団と結合する正四面体構造となる．結合する4つの原子または原子団がすべて異なっている場合，その炭素を**不斉炭素**という．

図12-2に乳酸の分子を示した．乳酸の中心の炭素には，水素，メチル基ーCH$_3$，カルボキシル基ーCOOH，ヒドロキシ基ーOHが結合しており，すべて異なっている．このような不斉炭素がある場合，立体構造において，これまでとは異なるタイプの異性体が存在する．**図12-2**において，左の乳酸と鏡に映った右の乳酸は，構造式はまったく同じであるが，その立体構造を重ね合わせることはできず，区別できる[*1]．この関係はちょうど左手を鏡に映すと，鏡の中に右手があるように見えるのと同じで，この関係を**掌性（キラリティ）**という．

乳酸のように掌性の関係にある2つの異性体のことを**光学異性体**という．光学異性体は，融点などの物理的性質はまったく同じであるが，偏光[*2]に対する性質が異なる．**図12-3**に旋光度測定の原理を示す．1枚の偏光板でつくった偏光を試料溶液に通すと，偏光がある角度回転されて出てくる．この現象を**旋光**という．もう1枚の偏光板で偏光の回転角度，すなわち旋光度を測る．乳酸の一方の比旋光度は+3.82，もう一方の光学異性体の比旋光度は

[*1] 図12-2の，◀は手前側に伸びていることを表し，◁||||は奥へ伸びていることを表す．

[*2] 偏光とは，特定の方向のみの振動をもつ光のこと．それに対して，偏光に規則性がないものを自然光とよぶ．偏光板に自然光を通すと，偏光をつくり出すことができる．

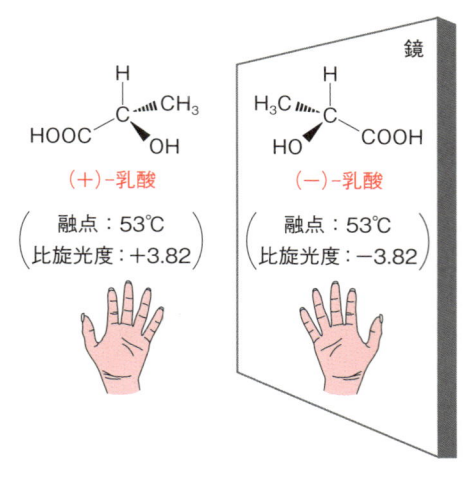

図12-2 乳酸の光学異性体

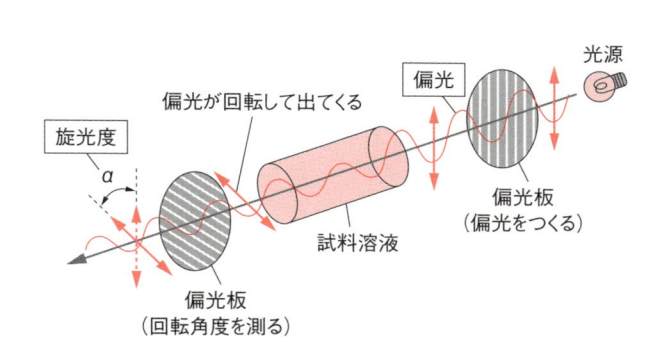

図12-3 旋光度測定

12章 生命と化学

*3 比旋光度とは，試料溶液の長さ10 cm あたり，濃度 $1\,\mathrm{g\,cm^{-3}}$ あたりの旋光度を表し，通常は単位をつけないで表記する．また，比旋光度の＋，－は光学異性体の立体構造とは関係ない．比旋光度が－3.82 の乳酸のカルボン酸がカルボン酸イオンになっただけで，立体構造は変化していないのに，旋光度は＋13.5 に変化する．

－3.82 であり，絶対値が等しく正負が逆になる．偏光の進行方向に対して向き合って，右に回転する旋光を右旋性といい，（＋）や d で表す．左に回転する旋光を左旋性といい，（－）や l で表す[*3]．

図 12-2 に示した乳酸の立体構造を表記するのには，いくつか方法がある．まず，*RS 表記* について知っておきたい．この表記法はすべての不斉炭素について，1つ1つ立体配置を表記する方法で，あらゆる光学異性体を表すことができる．次の規則（a）～（d）に従って，立体配置を決める．

(a) 不斉炭素に直結する4つの原子に，原子番号の大きい順に順位をつける（同位体は質量数の大きいほうを優先とする）．

(b) 直結する原子が同じならば，その原子に結合した，その次の原子の原子番号を比較して，大きいほうを優位とする．それでも，決まらない場合には，順次その次の原子について考える．

(c) 二重結合，三重結合の場合は，それぞれ2個，3個同じ原子がついたものとして，順位を決める．

(d) 最低順位の原子を一番奥側に配置し，手前に来た残りの3つの基を順位の順に追って，右回りなら R（ラテン語：右 *rectus*），左回りなら S（ラテン語：左 *sinister*）と表記する．

図 12-2 の（－）-乳酸の立体構造を RS 表記で表してみよう．まず，規則（a）（b）（c）に従って原子番号の大きい順位を決めると，❶ O（8），❷ COOH（6-8-8-8-1），❸ CH$_3$（6-1-1-1），❹ H（1）となる．カルボン酸の C（＝O）－OH は C（－O$_2$）－OH と考え，原子番号の順位は 6-8-8-8-1 となる．最低順位は明らかに水素原子であるので，規則（d）に従って（－）-乳酸の水素を奥側にもってくると，図 12-4 に示すようになる．ここで，手前の3つの基を❶→❷→❸と追っていくと右回りになるので，すなわち，（－）-乳酸の立体配置は R となる．したがって，（－）-乳酸は R-乳酸と表記される．（＋）-乳酸は S-乳酸と表記される[*4]．

◆ 12.1.2 炭水化物

炭水化物 は，アルデヒド基－CHO またはケトン－CO－およびヒドロキシ基－OH を含む，一般式 $C_m(H_2O)_n$ で表される有機化合物で，*糖* ともいう．

最も簡単な糖はグリセルアルデヒド（IUPAC名：2,3-ジヒドロキシプロパナール）$C_3(H_2O)_3$ である．グリセルアルデヒドには不斉炭素があり，光学異性体が存在する．

図 12-5 上段で示したように，不斉炭素のまわりの4つの結合において，上・奥側にアルデヒド基－CHO，下・奥側にヒドロキシメチル基－CH$_2$OH を配置し，水素原子 H とヒドロキシ基－OH を手前側に配置する．これをそ

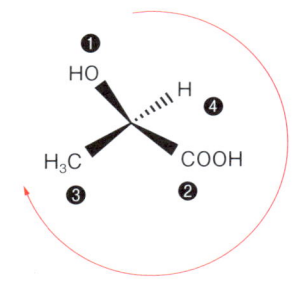

図 12-4 乳酸の立体配置

*4 RS の右，左は，比旋光度の右〔（＋），d〕，左〔（－），l〕とは関係がないことに注意する．

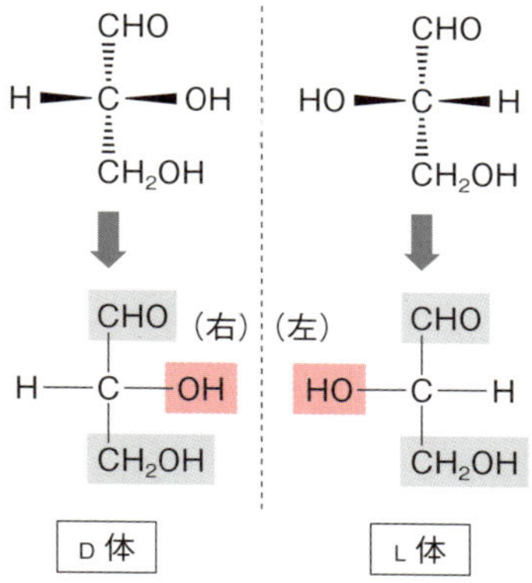

図 12-5 グリセルアルデヒド

のまま平面的に表記したのが下段の構造式で，フィッシャーの投影図という．

　フィッシャーの投影図において，ヒドロキシ基が右側にある場合をD体（ラテン語で右：*dextro*-），左側にある場合をL体（ラテン語で左：*levo*-）という．すべての糖のDL表記は，このグリセルアルデヒドの立体配置が基礎になる．なお，この糖を*RS*表記で表すと，D-グリセルアルデヒドは*R*-グリセルアルデヒド，L-グリセルアルデヒドは*S*-グリセルアルデヒドと表記される．*RS*表記はすべての不斉炭素について書かなければならないので，特に糖などの天然物の場合には面倒である．なぜなら，天然物の場合，いくつもある不斉炭素の立体配置は1種類であることが多いので，1つの不斉炭素だけ決めてやれば，すべての不斉炭素の立体配置が決まるからである．そこで，一般に糖の立体配置は*RS*表記でなく，DL表記で行う[*5]．

(a) グルコース

　グルコースはブドウ糖ともよばれ，白色結晶で，水に溶けやすく，甘味がある．化学式は$C_6(H_2O)_6$で表され，六炭糖（6つのCがある糖）であり，単糖類[*6]の1つである．食物として摂取した炭水化物は最終的に小腸でグルコースに分解され，体内に吸収される．体内では主に，エネルギー源として重要である．

　グルコースのフィッシャーの投影図を図 12-6a に示した．グルコースは全部で4個の不斉炭素をもつが，天然に存在するグルコースはD体のD-グルコースのみで，ヒドロキシメチル基側の一番下の不斉炭素（赤い四角で示した部分）のヒドロキシ基（−OH）の位置で決める．

(b) フルクトース

　フルクトースは果糖ともよばれ，強い甘味がある．化学式は$C_6(H_2O)_6$で表され，六炭糖であり，単糖類の1つである．果糖は体内では，グルコースに変換されたり，脂肪の生合成に利用される．グルコース同様，天然にはD-フルクトースのみ存在する（図 12-7）．

[*5] 化学合成物では複数の不斉炭素において，異なる立体配置が現れることが多いので，*RS*表記される．

[*6] 単糖類とは，それ以上加水分解されない糖の構成単位をいい，グルコース，フルクトース，ガラクトースなどがある．加水分解されると単糖2分子を生じる糖を二糖類といい，スクロース，マルトース，ラクトースなどがある．

図 12-6 D-グルコース

水中では，D-グルコースのヒドロキシ基—OH が，環状になって近づいてきたアルデヒド基と反応して (b)，**六員環**を形成する (c, d)．(b) で—OH が—CHO の上方から結合すると，α-D-グルコース (c) ができる．下方から結合すると β-D-グルコース (d) ができる．(c) ⇌ (b) ⇌ (d) の間に平衡状態が成り立ち，(b) (c) (d) が一定の割合で存在する．

図 12-7 D-フルクトース

(c) スクロース

スクロース は**ショ糖**ともよばれ，砂糖の主成分である．白色結晶で，甘みが強く（フルクトースより少し甘みが落ちる），甘味料として使用される．スクロースはグルコースとフルクトースの脱水縮合体で，二糖類である．化学式は $C_{12}(H_2O)_{11}$ であり，構造を**図 12-8** に示した．スクロースはインベルターゼという酵素で容易に加水分解して D-グルコースと D-フルクトースに分解する．

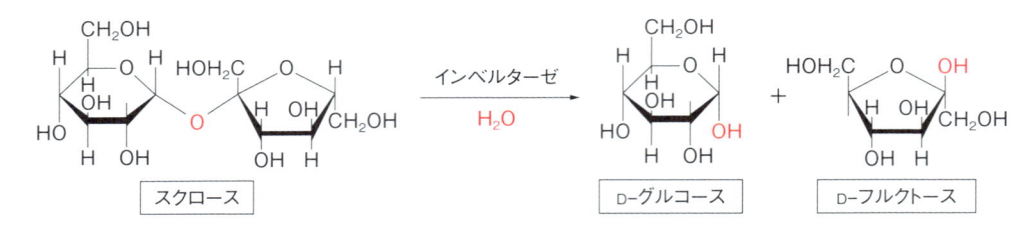

図 12-8 スクロースの加水分解反応

(d) 多糖類――デンプンとセルロース

10個以上の単糖が脱水縮合した重合物を**多糖類**といい，化学式は $[C_6(H_2O)_5]_n$ で表される．α-D-グルコースの六員環の酸素の隣の炭素原子から順に番号をつけると，**図 12-9a** のようになる．左のα-D-グルコースの1の炭素とその右隣のα-D-グルコースの4の位置の炭素が脱水縮合によりC−O−Cのエーテル結合（これを特に**グリコシド結合**という）で結合しているので，この結合のことを**α-1,4-グリコシド結合**という．α-1,4-グリコシド結合した天然高分子を**デンプン**という．米，ジャガイモ，トウモロコシなどの主成分である．

デンプンは直鎖状に重合した**アミロース**（分子量が小さい）と**α-1,6-グリコシド結合**により枝分かれしたものが多い**アミロペクチン**（分子量が大きい）に分けられる（**図 12-9b**）．直鎖部分は分子内の水素結合により，らせん状になっている．さらに，デンプン分子は寄り集まって結晶構造をつくるのでそのままでは硬い．これを水中で加熱すると，水分を含んで結晶構造がゆるみ，糊化（こか）[*7]する．糊化したデンプンは，人間がもっている消化酵素（アミラーゼなど）で分解され，グルコースになって吸収される[*8]．

一方，β-D-グルコースが1,4-グリコシド結合すると，**セルロース**になる（**図 12-10**）．デンプンでは，六員環内の酸素に向かい合う隣の六員環の炭素は5の位置になり，この炭素はヒドロキシ基をもっておらず，水素結合による分子間力が存在しないため，引き合わず，1,4-結合は自由回転して，らせん構造をとる．これに対し，セルロースはβ-1,4-グリコシド結合するので[*9]，六員環内の酸素に向かい合う隣の六員環の炭素は3の位置になり，この炭素がもつヒドロキシ基の水素が隣の六員環の酸素の近くに来るため，分子内水素結合が発生する．**図 12-10a** ではグルコースの六員環が，同じ方

ミニTopic
＊7 糊化とは，のり状になること．糊化したデンプンが冷えると，水が遊離しデンプンが再び結晶化する．柔らかいご飯やパンが冷えると硬くなるのは，このためである．

ミニTopic
＊8 通常の消化酵素はデンプンをあえてグルコースまで完全に分解しない．最終段階で，小腸壁に存在するα-グルコシダーゼという酵素を使って，完全にグルコースに分解後，すぐに吸収する．これは，細菌にグルコースを奪われないようにするためである．

＊9 グルコースの六員環の表と裏が交互に結合する．

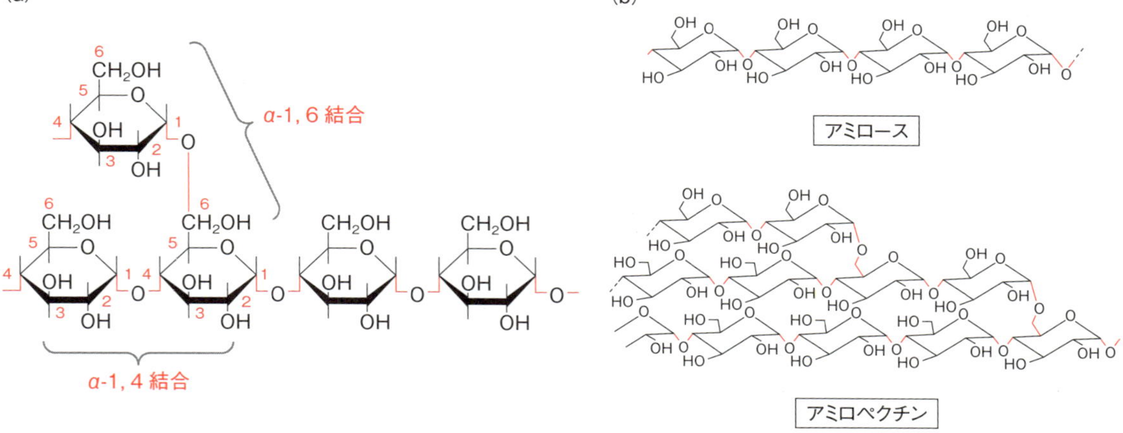

図 12-9 デンプンの構造式（a）と2つのデンプンの種類（b）

12章 生命と化学

> ※10 セルロースのβ-1,4-グルコシド結合を加水分解するセルラーゼという酵素がある。牛、馬、羊などの草食動物は草を食べて生きており、当然セルラーゼを分泌して消化していると考えがちだが、これらの動物は自分でセルラーゼを産生できない。実は、胃や腸内にセルラーゼを産生する微生物を住まわせて、微生物にセルロースを分解させて栄養を得ているのである。この微生物のセルロース分解が応用できれば、セルロースからグルコースを生産し、食料やエネルギー問題の一端が解決できるかもしれない。

向を向いているのでわかりにくいが、図12-10bのように描くとそれがわかる。セルロースではこの分子内水素結合のため、フラットな分子を形成し、さらに、分子間での水素結合でシート状になる。その結晶領域は非常に硬く、水を加えて加熱しても、ほぐれることはない。人間はこれを消化することができず、また、β-1,4-グルコシド結合を切断する酵素をもっていない[※10]。植物はこのセルロースを含む成分を基本骨格として根、茎、葉を形成している。

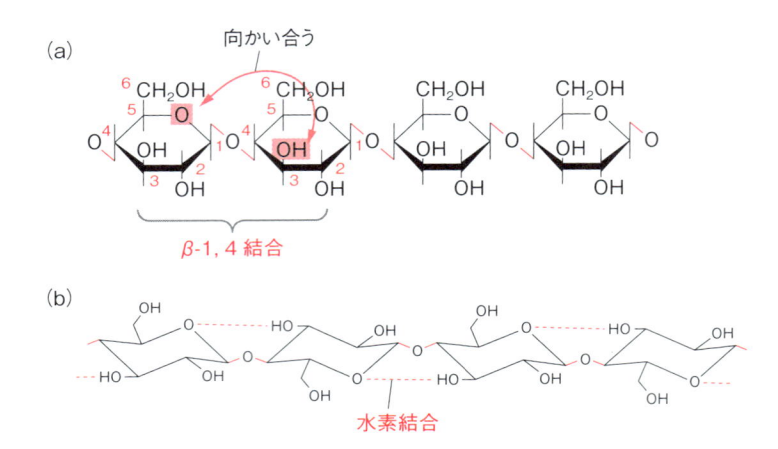

図 12-10 セルロースの化学構造（a）と分子内水素結合（b）

◆ 12.1.3 脂 肪

グリセリンと**脂肪酸**がエステル結合した化合物を**脂肪**という（図12-11）。われわれは動植物からトリグリセリドの形で脂肪を摂取する。これを消化酵素でグリセリンと脂肪酸に分解して、吸収し、体内で燃焼させて、エネルギーとするほか、再び脂肪に戻して、中性脂肪としてエネルギーを蓄えている。

脂肪酸の R_1, R_2, R_3 の部分が飽和炭化水素の場合、**飽和脂肪酸**といい、二重結合を含む場合、**不飽和脂肪酸**という。表12-2に種々の脂肪酸の融点を示したが、一般に飽和脂肪酸の融点は高く、二重結合の数が多くなるほど

図 12-11 脂 肪

不飽和脂肪酸の融点は低くなる．これは，飽和脂肪酸が，丸まってパックされ，規則正しく並びやすいのに対し，不飽和脂肪酸では，二重結合が増えると，分子が二重結合のところで回転できなくなり，分子鎖が伸び，パックされにくく，規則正しく並びにくくなるためである．脂肪酸の融点により，それが脂肪になったとき，固体であるか液体であるかに分かれる[*11]．

表 12-2 脂肪酸の性質

名称	C 数	C=C 数	融点（℃）
パルミチン酸	16	0	63
ステアリン酸	18	0	70
オレイン酸	18	1	13
リノール酸	18	2	−5
リノレン酸	18	3	−11
アラキドン酸	20	4	−50

◆ **12.1.4 アミノ酸とタンパク質**

三大栄養素の最後は**タンパク質**である．タンパク質は 20 種類の**アミノ酸**が結合した天然高分子である．生物の主要な構成要素で，その働きは，コラーゲンなどの生体を構成する**構造タンパク質**，代謝などの化学反応の触媒として働く**酵素タンパク質**，酸素輸送に重要なヘモグロビンなどの**輸送タンパク質**など，非常に多岐にわたる．人間は生物がつくるタンパク質を食物として摂取し，消化によりアミノ酸として吸収する．吸収したアミノ酸を，そのまま燃焼エネルギーとして利用したり，あるいは，体内で再びタンパク質を合成し，その多岐にわたる機能を発現したりして，生命を維持している．

(a) アミノ酸

タンパク質の構成要素であるアミノ酸の基本骨格は**図 12-12** で示したように，1 つの炭素にカルボキシル基ーCOOH，アミノ基ーNH$_2$，水素 H および置換基ーR が結合してできている．

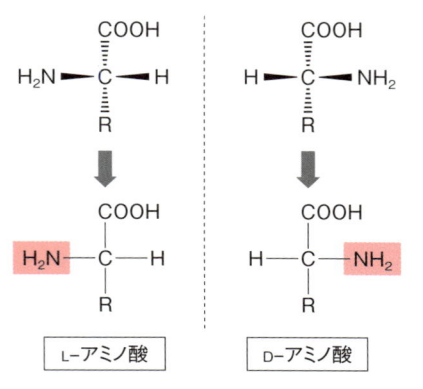

図 12-12 アミノ酸の立体配置

[*11] オリーブ油やサフラワー油は不飽和脂肪酸が多いので液体であるのに対し，ココナッツ油などは飽和脂肪酸が多く，固体である．液体の油に含まれる二重結合を触媒で水素添加（二重結合のπ結合を開いて水素と結合させること）すると，柔らかい固体の脂肪，マーガリンができる．その製造過程で，不飽和脂肪酸のシス体の一部がトランス体（トランス脂肪酸）に変わるといわれる（10.2.2 項参照）．しかし，天然の脂肪はほとんどシス体である．トランス脂肪酸が生体に悪影響を及ぼすかはっきりしていないが，生体がシス体を選んでいる以上，トランス脂肪酸の摂取は控えたほうがよさそうだ．それ以上に現代人は脂肪そのものを控えなければならないかもしれないが．

置換基が水素の場合を**グリシン**というが，この場合，中心炭素は不斉炭素ではない．ほかのすべてのアミノ酸は，中心炭素が不斉炭素であるため，光学異性体をもつ．C—COOH結合を上・奥側に，C—R結合を下・奥側に配置したときのアミノ基の位置によって，その立体構造の位置を記述する．アミノ基が左にある場合をL体，右にある場合をD体という．生体由来のアミノ酸はすべてL体でできている．人間の体内に存在する20種類のL-アミノ酸の名称と置換基—Rの構造を**表12-3**に示す．そのうち，9種類は，体内で合成できず，栄養分として摂取しなければならないアミノ酸（**必須アミノ酸**）である．

表12-3 アミノ酸の名称と置換基（必須アミノ酸を赤字で示す）

名称	置換基 R	名称	置換基 R
グリシン	-H	グルタミン酸	$-CH_2CH_2COOH$
アラニン	$-CH_3$	アスパラギン	$-CH_2CONH_2$
バリン	$-CH(CH_3)_2$	グルタミン	$-CH_2CH_2CONH_2$
ロイシン	$-CH_2CH(CH_3)_2$	リシン	$-CH_2-(CH_2)_3-NH_2$
イソロイシン	$-CH(CH_3)-CH_2CH_3$	アルギニン	$-CH_2(CH_2)_2NHC(=NH)NH_2$
フェニルアラニン	$-CH_2(Ph)$	プロリン	欄外に示す（I）
チロシン	$-CH_2(Ph)OH$	ヒスチジン	欄外に示す（II）
セリン	$-CH_2OH$	トリプトファン	欄外に示す（III）
トレオニン	$-CH(CH_3)OH$	メチオニン	$-CH_2CH_2SCH_3$
アスパラギン酸	$-CH_2COOH$	システイン	$-CH_2SH$

—— 疎水結合　　　—— 水素結合
--- イオン結合・配位結合　　--- S—S結合

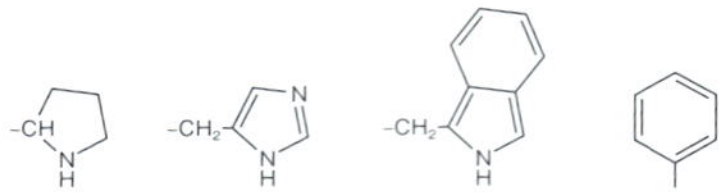

(I) (II) (III) (Ph)

(b) タンパク質

これらのアミノ酸が**図12-13**に示すように脱水縮合重合して**タンパク質**が合成される．タンパク質におけるアミド結合を特に**ペプチド結合**という．しかし，アミノ酸がランダムに重合しても，タンパク質にはならない．生体ではDNAの情報にもとづいてタンパク質が合成されており，高度な秩序配列があって初めてタンパク質として機能する．20種類のアミノ酸がペプチド結合でタンパク質に組み込まれたとき，置換基部分は，**表12-3**の色付き線で示したような結合をもつ．それらが，**図12-14**で示すように，いろい

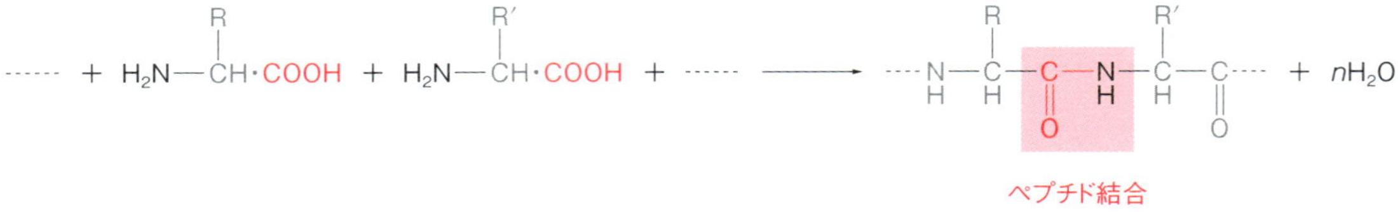

図12-13　ペプチド結合の形成

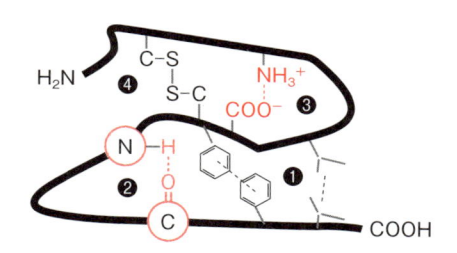

図12-14 タンパク質における機能の発現
❶疎水性相互作用，❷水素結合，❸静電相互作用，❹S−S結合（共有結合）

ろな相互作用をすることにより，タンパク質分子が別の分子を認識する機能や，分子全体が剛直で硬い分子となるような機能など，多種多様な機能を発現できる構造が構築される．

12.2 DNAの構造

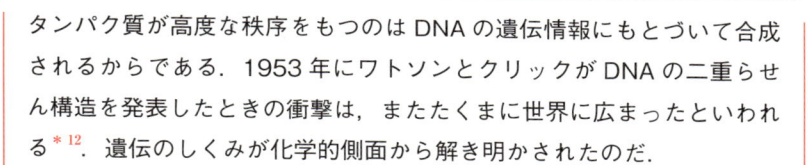

タンパク質が高度な秩序をもつのはDNAの遺伝情報にもとづいて合成されるからである．1953年にワトソンとクリックがDNAの二重らせん構造を発表したときの衝撃は，またたくまに世界に広まったといわれる[*12]．遺伝のしくみが化学的側面から解き明かされたのだ．

◆ 12.2.1 DNAの二重らせん

DNAはデオキシリボ核酸（deoxyribonucleic acid）の略称である．DNAは，糖，リン酸，塩基からなる構造単位（ヌクレオチド）が鎖状に重合した核酸で，その名のとおり，主鎖構造にデオキシリボースをもつ（図12-15）．

図12-16にリボースとデオキシリボースの化学構造を示す．リボースは単糖の一種で五炭糖である．一方，デオキシリボースはリボースの2の位置のヒドロキシ基（赤字で表記）が水素原子に置き換わっただけの構造である[*13]．デオキシリボースのグレーで表したヒドロキシ基は，DNAでは1の位置で塩基と，3,5の位置でリン酸と反応しており，デオキシリボース構造では余りのヒドロキシ基は存在しない[*14]．

1の位置に塩基のついたデオキシリボースは3,5の位置にヒドロキシ基がついた2価アルコールであり，リン酸は3価の酸であるので，11章のポリエステルやナイロンと同様に，脱水縮合重合により重合する（図12-17）．そのくり返しで長い主鎖構造を形成する．

また，デオキシリボースの1の位置には塩基が結合する．さらには，次項で詳しく述べるが，塩基部分での水素結合による引力で二重らせんが形成されている．この水素結合が切れれば，マイナス電荷をもったリン酸部分の静

[*12] この発表は，ワトソンとクリックが，ロザリンド・フランクリンの地道な研究成果に触れなければ，あり得なかった．いずれはDNAの構造解明に至ったと思われるフランクリンの緻密な帰納的手法とは異なり，ワトソンとクリックは演繹的手法により，DNAの謎を解いたのである．DNAの二重らせんは「ワトソン・クリック・フランクリン構造」とよぶべきだという人もある．

[*13] デオキシというのは，「ヒドロキシ基がない」という意味である．

[*14] それに対し，リボースでは2の位置のヒドロキシ基が余っており，もしDNAに組み込まれると，2の位置のヒドロキシ基が3の位置に存在するリン酸エステルと非常に近くなり，DNA主鎖を切ってしまうことが考えられる．遺伝情報の保存のために，極めて安定な物質でなければならないDNAに，自然界はリボースでなくデオキシリボースを選んだのである．リボースを用いた核酸はRNAとよばれる．DNAの役割が情報の保存・複製であるならば，RNAは反応および分解過程が重要な役割となっている．

図12-15　DNAの主鎖構造

図12-16　リボースとデオキシリボース

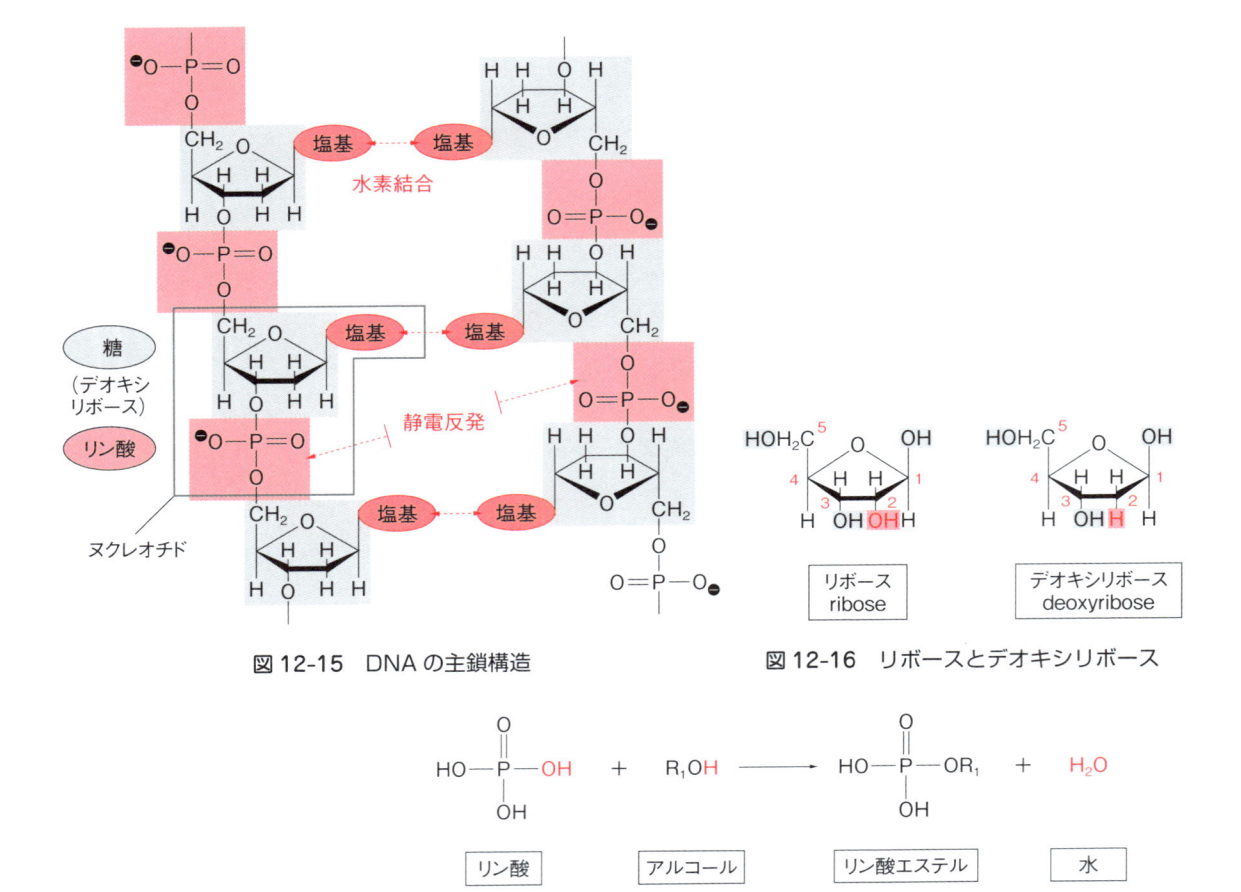

図12-17　リン酸とアルコールの脱水縮合反応

電反発（**図12-15**）により，二重らせんは容易にほどける．すなわち，塩基はジッパーの役目をしており，酵素などで水素結合を切断すると，容易にジッパーが開いて，二重らせんがほどけた穴が出現する．これによりDNAの複製や転写といった情報の出し入れが行われる．

このように，リン酸エステル部分，デオキシリボース部分，そして，塩基部分は，いずれもDNAの機能発現に重要な構成要素となっている．

◆ 12.2.2　核酸塩基の種類

DNAの中で遺伝子として機能するための遺伝情報が組み込まれているのは，塩基の部分である．塩基には4つの種類があり，**核酸塩基**とよばれる．4つの核酸塩基は**図12-18**に示したように，**プリン塩基**と**ピリミジン塩基**の2つに分類できる．プリン塩基は五員環と六員環が合わさったプリン環をもっており，**アデニン**（A）と**グアニン**（G）がある．ピリミジン塩基の六

員環はピリミジン核とよばれ，**チミン**（T）と**シトシン**（C）がある．A，G，T，Cはいずれも，図12-18で示したNH基（赤字部分）のところで，デオキシリボースの1のヒドロキシ基と脱水縮合によりC-N結合を形成する．

アデニン，A　　グアニン，G　　チミン，T　　シトシン，C

プリン塩基　　　　　　　　　ピリミジン塩基

図12-18　核酸塩基
赤字のNHのところで糖（デオキシリボース）に結合する．

◆ **12.2.3　核酸塩基の水素結合と遺伝情報の複製**

DNAのデオキシリボースに結合した4種類の核酸塩基は，DNAの二重らせんに沿って，2つずつ互いに向かい合う．そのとき，核酸塩基どうしで水素結合を形成して，2つのDNA分子を引きつけ，二重らせんを形成する[*15]．チミンとアデニン，シトシンとグアニンの組み合わせのとき，水素結合が複数生じて，しかも，2つのDNA間の距離も等しい（図12-19）．

図12-20に4つの核酸塩基の組み合わせをすべて模式図で示した．全部

*15　4.1.1項で説明したが，電気陰性度の大きな違いにより，N…H-N，O…H-N間で水素結合が働く．この場合，窒素原子および酸素原子の電気陰性度がそれぞれ3.0，3.5と大きいため，マイナスに帯電している．一方，窒素についた水素原子の電気陰性度は2.1と小さいため，窒素原子に電子を奪われ，プラスに帯電している．このプラスとマイナスが水素結合を形成するのである．

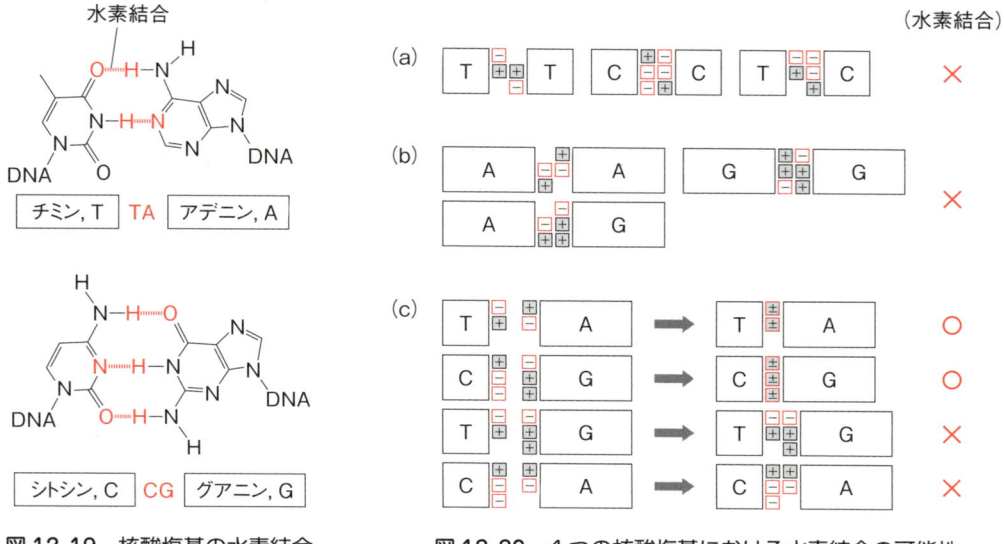

チミン，T　TA　アデニン，A

シトシン，C　CG　グアニン，G

図12-19　核酸塩基の水素結合

図12-20　4つの核酸塩基における水素結合の可能性

で10とおりの組み合わせがある．2つの分子を合わせた長さはT－T，C－C，T－Cで短く（a），A－A，G－G，A－Gで長い（b）．これらは，必ず水素結合部位で＋と＋，－と－が向かい合う部分があり，二重らせんが安定しない．残り4つの組み合わせはT－A，C－G，T－G，C－Aであり，長さは中程度である（c）．このうち，T－GとC－Aでは，＋と＋，－と－が向かい合い，水素結合が生じない．結局，T－AとC－Gだけが，ぴったり水素結合が生まれ，長さも等しく，二重らせんの中で，安定して存在する．

このように，二重らせんの中のチミンとアデニン，シトシンとグアニンが水素結合して，二重らせんを安定化させている．同時に，実はこの4つの塩基の配列こそが遺伝情報そのものなのである（次の12.3節で詳しく述べる）．

図 12-21 にDNAの複製モデルを示した．二重らせんが切れるとリン酸エステルのマイナスの静電反発により，二重らせんが開き，複製が開始される．端から順に核酸塩基の並びに沿って，元の親分子とまったく同じ塩基配列をもった2本の娘分子が複製される．この作業は，チミンの相手はアデニンしかなく，シトシンの相手はグアニンしかないことによって可能になる．

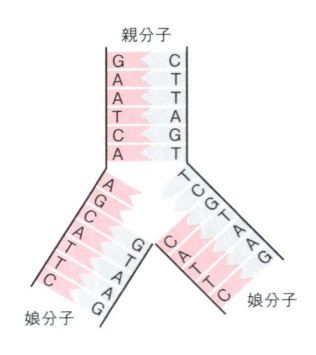

図 12-21　DNAの複製

12.3　タンパク質合成

DNAの遺伝情報をもとに，体のもととなるタンパク質がどのようにつくられるかも，化学的に説明できる．化学の原理でアミノ酸からタンパク質がつくられるしくみを見ていこう．

◆ 12.3.1　DNAとRNA

DNAの1つの核酸塩基が1つのアミノ酸と対応するならば，合計4種類のアミノ酸しかDNAは扱えないことになる．2つの核酸塩基が1つのアミノ酸と対応するとしても，4×4＝16個のアミノ酸しかDNAは扱えず，20種類のアミノ酸配列の情報をDNAの中に埋め込むことはできない．3個の核酸塩基の配列が1つのアミノ酸と対応するならば，4×4×4＝64となって，20種類のアミノ酸を扱うことが可能になる．実際，3個の核酸塩基の配列は，ある特定のアミノ酸と対応関係がある．それによってタンパク質の高度なアミノ酸配列が決められている．

DNAは安定な分子であるので，直接，タンパク質合成に関与しない．タンパク質合成に関与するのは，**RNA**という核酸である．RNAは**リボ核酸**（<u>ribo</u>nucleic acid）の略称で，DNAのデオキシリボースの代わりにリボースを主鎖構造にもつ（**図 12-16**）．RNAはDNAに比べ，きわめて活性のある分子で，二重らせんを形成しない．生成・分解が頻繁に起こり，DNAの遺伝情報をもとに，実際にタンパク質合成までの反応に関与する．核酸塩

基はチミンの代わりにウラシル（図12-22）が使われる．

チミンとウラシル（U）の化学構造の違いはカルボニル炭素の隣の炭素がメチル基をもつかどうかである．したがって，水素結合部分はチミンとまったく同じであるため，RNAでは，核酸塩基の対はU－A，C－Gの間で起こる．

◆ 12.3.2 伝令RNA（mRNA）と転移RNA（tRNA）

DNAは細胞の核の中に安全にしまわれているので，必要な遺伝情報を核外までもち出さないと，その情報は使えない．その役目を果たすのが，**伝令RNA**（messenger RNA：**mRNA**）である．DNAの一方の鎖の核酸塩基配列を，RNAポリメラーゼという酵素を用いて転写し，比較的短いRNAの一本鎖を合成する．これが核外に運ばれ，タンパク質合成の設計図として機能する（図12-23）．

そのためには，mRNAに存在する3つずつの核酸塩基の配列（**コドン**という）を読み取って1つのアミノ酸分子と結びつける必要がある[*16]．たとえば，コドンがGUUだとすると，これはバリンというアミノ酸と対応している．このGUUとバリンを結びつける分子が必要になるが，この役目を果たす分子を，**転移RNA**（transfer RNA：**tRNA**）という．

図12-24に示すように，tRNAは複雑な形をしている．tRNA末端には，対応する1つのアミノ酸が対応する1つの酵素の働きによって結合する．反対側には，mRNAの64種類のコドンと対応する3つの核酸塩基部分があり，**アンチコドン**という[*17]．

64通りあるmRNAのコドンを認識する46種のアンチコドンをもつtRNAは，21種類（20＋1）に分類され，そのうち20種類は，対応する20種のアミノ酸がtRNA末端に結合される．なお，残りの1種類は，タンパク質合成反応を終わらせる信号をもつtRNAとなる（表12-4）．

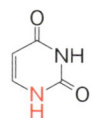

図12-22 ウラシル

[*16] 酒に対してめっぽう強い人，そこそこ飲めるがすぐ酔ってしまう人，1滴も酒を飲めない人と3パターンに分かれる．これはアセトアルデヒドを分解するアセトアルデヒド脱水素酵素（ALDH2）に能力差があるからである．ALDH2の487番目のアミノ酸がグルタミン酸であれば強く，リシンであれば弱い．その差は，たった1つの塩基配列の違いによる．前者を決定する塩基配列はGAAであるが，これがAAAとなってしまったのが後者である．前者の強いタイプを1型，後者の弱いタイプを2型とすると，両親から*1/*1型をもらうと酒豪タイプ，*1/*2（または*2/*1）型をもらうとそこそこ飲めるタイプ（*1/*1の1/16の分解能力），*2/*2型をもらうとまったく飲めないタイプになる．

[*17] 人のtRNAには46種のアンチコドンがある．つまり，アンチコドンとコドンは1：1の対応でなく，アンチコドンには複数のコドンと対応するものもあるということである．また，すべてのtRNAが20種類のうちの1つのアミノ酸と対応しており，1つのアミノ酸には複数の対応コドンが存在する．

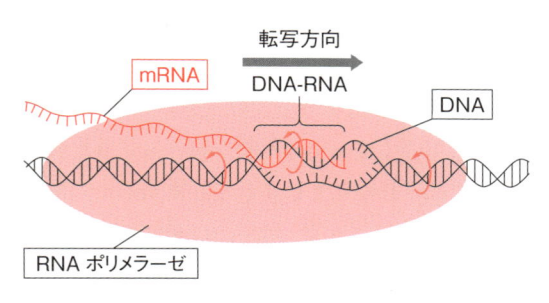

図12-23 mRNAによる転写

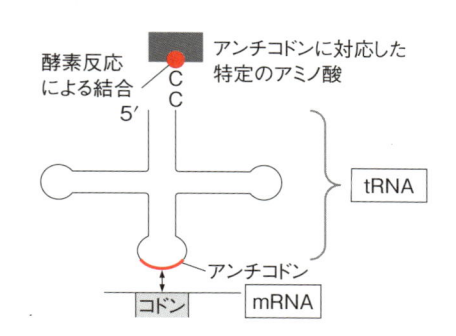

図12-24 tRNAの酵素反応によるアミノ酸との結合

表12-4 伝令RNAのコドンとアミノ酸の対応

	U	C	A	G	
U	UUU UUC } フェニルアラニン (Phe) UUA UUG } ロイシン (Leu)	UCU UCC UCA UCG } セリン (Ser)	UAU UAC } チロシン (Tyr) UAA UAG 終止コドン	UGU UGC } システイン (Cys) UGA 終止コドン UGG トリプトファン (Trp)	U C A G
C	CUU CUC CUA CUG } ロイシン (Leu)	CCU CCC CCA CCG } プロリン (Pro)	CAU CAC } ヒスチジン (His) CAA CAG } グルタミン (Gln)	CGU CGC CGA CGG } アルギニン (Arg)	U C A G
A	AUU AUC } イソロイシン (Ile) AUA 開始コドン AUG メチオニン (Met)	ACU ACC ACA ACG } トレオニン (Thr)	AAU AAC } アスパラギン (Asn) AAA AAG } リシン (Lys)	AGU AGC } セリン (Ser) AGA AGG } アルギニン (Arg)	U C A G
G	GUU GUC GUA GUG } バリン (Val)	GCU GCC GCA GCG } アラニン (Ala)	GAU GAC } アスパラギン酸 (Asp) GAA GAG } グルタミン酸 (Glu)	GGU GGC GGA GGG } グリシン (Gly)	U C A G

◆ 12.3.3 リボソームでのタンパク質合成

　アミノ酸と結合したtRNAを原料にしてタンパク質を合成するのは、**リボソーム**という部位である。mRNAが来ると、リボソームの大小サブユニットが、mRNAを挟み込む形で、組み合わさり、タンパク質合成がスタートする。

　図12-25に示すように、最初のメチオニン（Met）を結合したtRNAがリボソームのP部位のコドンAUGにアンチコドンを結合させる（過程❶）。そして、A部位には、GCCに対応するアラニン（Ala）が結合し（過程❷）、酵素反応により、MetとAlaがペプチド結合をする（過程❸）。そして、リボソームは右方向に進み、mRNAの次のコドンGAUをリボソーム内に収納し、反応が終了したmRNAのAUGとアミノ酸のついていないtRNAがリボソーム系外へ出る（過程❹）。そして、ふたたび❶と同じ状態になり、次のコドンに対応するアスパラギン酸（Asp）のついたtRNAを取り込む。❶〜❹の過程が続くことで、mRNAの塩基配列にもとづいた高次のアミノ酸配列をもったタンパク質が合成される。こうして、タンパク質合成が進行し、リボソームがmRNAの終止コドンであるUAA、UAG、UGAのいずれかに達すると、タンパク質合成は終了する。

　遺伝子操作では、ある生物のDNAの中に、別の生物からとってきた異なるタンパク質などを合成する部位を組み込むことによって、本来、その生物が合成し得ないようなタンパク質を合成できるようにする。その生物にしてみれば、単にmRNAがDNAから転写してきた情報に従って自動的にリボソームでタンパク質を合成するだけである。

❶ タンパク質合成開始

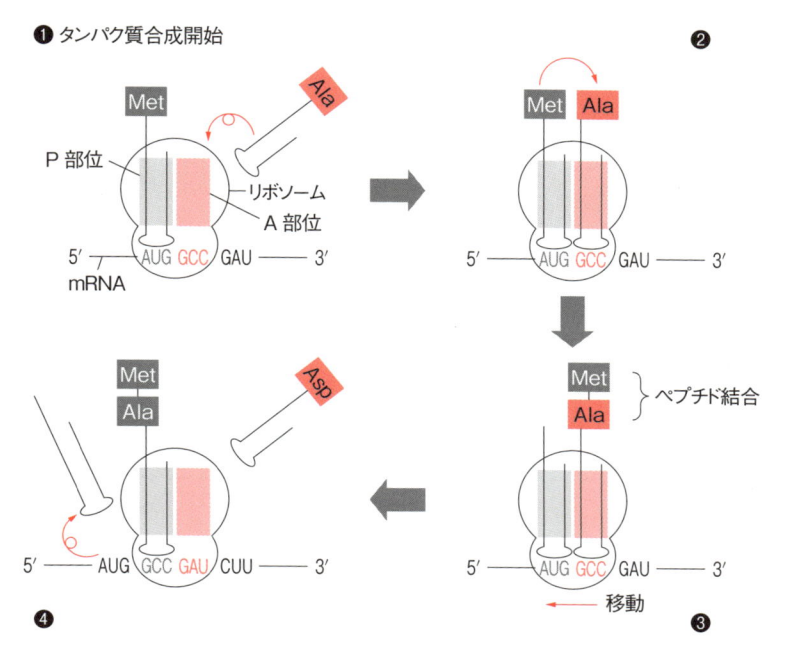

図 12-25　リボソームでのタンパク質合成

Topic　　　　　　　　　　　　　　　　　　遺伝子組換え作物の危険性 ◆

　遺伝子組換え作物が広がりつつあるが，今のところ，重大な健康被害を与えたという報告はない．しかし，注意しなければならない問題点が2つあると思われる（ここでは，アメリカの一企業が作物の種子を独占してしまうかもしれないとか，日本の農家が壊滅するかもしれないといった社会問題は取り扱わない）．

　第一には，遺伝子操作により発現した毒物がわれわれの口に入らないかという恐れである．組換え遺伝子そのものは消化されてしまうので，人の遺伝子に組み込まれることはない．しかし，たとえば害虫を殺す物質を植物が分泌すると，それを食物として摂取した場合，人間や家畜に害をおよぼす可能性がある．したがって，開発された品種の作物の安全性を十分にチェックした後，市場に出す必要がある．

　第二の問題点は，環境中に組換え遺伝子が拡散して，生態系を変えてしまう恐れである．地球上のすべての植物はただ1種類の植物から陸上で進化し，植物だけで現在の多種多様な植物へと進化してきたと考えられる．組換え部分の遺伝子が植物由来であるならまだいいが，植物と関係のない遺伝子が組み込まれると，これまでの植物の進化では決して産み出されないような遺伝子をもった植物が環境中で繁殖する可能性がある．また，除草剤耐性遺伝子を雑草が獲得した場合，今度は雑草を枯らす農薬がなくなってしまう．また，害虫以外の昆虫や動物に影響を与える可能性も無視できない．

　食料問題の解決に寄与する可能性もある一方で，こうした危険性もあることは常に念頭においておく必要があろう．

12章 生命と化学

練習問題

Q1 デンプンとセルロースの違いを説明せよ．

Q2 乳酸に関して，左の四角で囲んだ図と同じ構造を①～⑥からすべて選び，番号で答えよ．

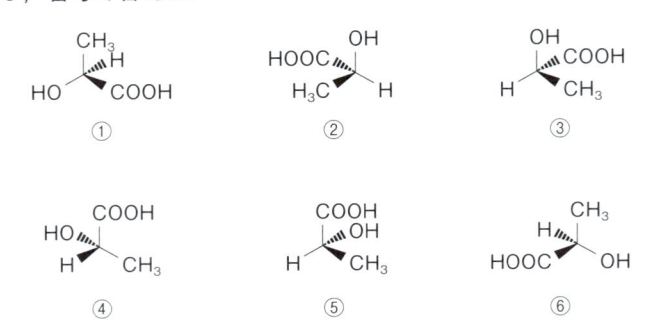

Q3 酵素やヘモグロビンなどのタンパク質の高次構造は，アミノ酸間のどのような相互作用や結合によって形成されているか．4つあげよ．

Q4 DNAに含まれる遺伝情報は核酸塩基の配列によって決められている．4つの核酸塩基の名称と，水素結合により対になる核酸塩基を示せ．

Q5 遺伝子組換え作物の長所と短所を述べよ．

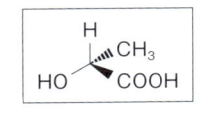

第13章 放射化学

13.1 核分裂への道
13.2 原子力への応用
13.3 放射能
13.4 核廃棄物

原子力発電と核廃棄物

Introduction

中性子1個をウラン原子1つに当てると，3個の中性子が放出され，さらにウラン3原子が核分裂する．このように核分裂では連鎖反応が起き，そこから放出されるエネルギーが爆発的であるため，原子爆弾に利用された．その連鎖反応をコントロールして発熱量を抑え，発電用のタービンを回すのに利用したのが原子力発電である．したがって，原子力はコントロールが効かなくなると暴走する危険をもともとはらんでいる．

原発事故による放射能漏れは，大きな課題だった．平時でも，米国スリーマイル島や，ソ連のチェルノブイリで炉心溶融（メルトダウン）事故が起きていた．地震などの大災害やテロとリンクすれば，より大きな被害が出ると危惧されていた．そして，2011年3月の東日本大震災で恐れていたことが現実となった．地震と津波により，福島第一原子力発電所は冷却装置などに必要な外部電源を完全に喪失し，炉心溶融，水素爆発が起こり，大量の放射性物質が飛び散った．

放射能で傷ついた生物のDNAはいわゆる「がん化」をする．しかし，放射線を浴びれば必ずがん化するわけではないし，放射線を浴びなくてもがんになる人はいる．このあたりが，放射能による健康被害のデータが出にくい理由である．

原子力発電のもう1つの課題が，廃棄物処理問題である．核分裂で生じた灰は，高い放射能をもっており，安易に捨てることはできない．現在は，使用済み燃料をガラスに封入し，地下に埋設して処理している．そのガラス固化体から放射能が出なくなるのには非常に長期間かかる（図13-1）．ガラス固化直後の放射能の量は2～3万TBq（テラベクレル）である．それに対応する元の1%含有ウラン鉱石は約600 tだが，放射能量は約1 TBqしかない．濃縮と核分裂により増大した放射能量が元の1 TBqまで減少するのに数万年を要する．つまり，放射性廃棄物の放射能量は実質上ほとんど変化せず，貯まる一方なのである．

われわれは，問題をコントロールしながら原子力を使い続けるのか，温暖化ガスである二酸化炭素濃度を増大させる化石燃料を燃やしてエネルギーを得るのか．原子力の課題は将来の技術発展で解決するという楽観的な考え方や，自然エネルギーが普及するまで過渡的に使うという考え方，あるいは，化石燃料を使い続けるという考え方，そこには論理的に正しい答えはなく，一人一人の選択によって決まるのである．

放射性物質の取り扱いにはまだ難しい問題が残されている．本章は，放射性物質について研究する放射化学という分野の入り口へと案内する．

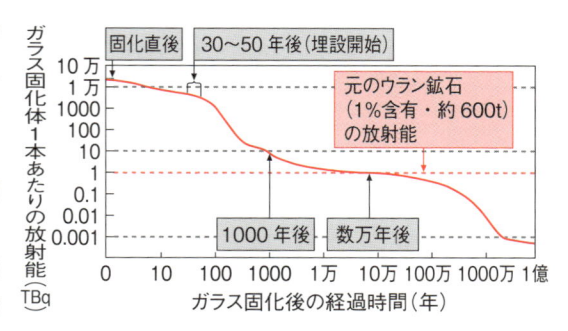

図13-1 ガラス固化体1本あたりの放射能の経年変化
Bq（ベクレル）：放射能の強度を表す単位．TBq：10^{12}Bq

13章 放射化学

13.1 核分裂への道

原子力利用への最初の一歩は，放射線や放射性物質の発見であり，それまでの化学の常識を越える要素があった．まずは歴史を追いながらその過程を見ていこう．

◆ 13.1.1 X線の発見

ドイツの物理学者ヴィルヘルム・レントゲン（Wilhelm Conrad Röntgen）は，1895年11月，クルックス管（図13-2）を用いて陰極線の研究をしていたときに，黒い紙で覆っていたのにも関わらず，そばに置いた蛍光物質（白金シアン化バリウムを塗った紙）が蛍光で光ることを見いだした．目には見えないが，何か光のようなものが出ているのではないかと考え，未知の線，**X線**と名づけた．写真乾板上で手にX線を当てると，写真乾板上に手の骨の形が現れることもこのとき明らかになった．X線の業績により，レントゲンは1901年第1回ノーベル物理学賞を受賞している．

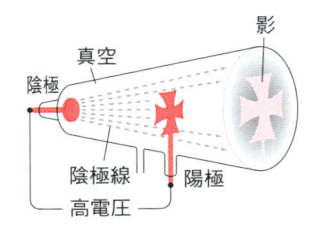

図13-2　クルックス管
レントゲンはこの装置を黒い紙で覆っても，蛍光物質を光らせる光のようなものが出ていることを発見した．

◆ 13.1.2 放射線の発見

放射線は偶然に発見された．レントゲンのX線の発見の翌年の1896年，フランスの物理学者アンリ・ベクレル（Antoine Henri Becquerel）は，ウラン化合物に日光を当てるとX線が発生するのではないかと，毎日，実験をくり返していた[*1]．あるとき，曇りが続いたので，実験を中止して，ウラン化合物と写真乾板を一緒にして，机の中にしまっておいた．数日後，光に当ててもいないのに，写真看板はすでに感光していた．これは，実はウランから発する放射線だったのである．放射線の発見で，1903年，ベクレルはノーベル物理学賞を受賞している．ベクレルはこのウラン化合物から発生する放射線に関し，研究を続けることはなく，正体はわからないままであった．

[*1] 1896年1月，ベクレルの友人のポアンカレ（数学者，ポアンカレ予想で有名）から，レントゲンの論文を入手していた．

◆ 13.1.3 放射性物質の単離

ベクレルの放射線の発見に触発されたのは，マリー・キュリー（Marie Curie，キュリー夫人）であった．当時，イオン結晶の磁気の研究ですでに名声を博していた夫ピエール・キュリー（Pierre Curie）とともに，マリーは自分の博士論文のテーマを探していた．二人は，ベクレルの発見に注目し，ウラン化合物から出てくる放射線を研究テーマに選び，研究を行った．マリーとピエールは写真乾板ではなく，放射線を電流測定で定量した[*2]．そして，ウラン化合物から出る放射線が，ウラン原子そのものから出ていることを突き止めた（1898年）．ウラン以外にも強い放射線を出す新たな元素が探され，トリウム，ポロニウム，ラジウムが新たに加わった．「放射能」の

[*2] 研究費はわずかで，十分な設備を買えるはずもない．しかし，倉庫や家畜小屋のような暖房施設もない非常に粗末な研究室で，ピエールと彼の兄ジャックが開発した電圧計，ピエールが開発したピエゾ電気計（ピエールはピエゾ電気現象の発見者），電離箱などの発明品も含む機材を利用し，研究は行われた．

名づけ親もマリー・キュリーである.

ベクレル，ピエール，マリーに1903年にノーベル物理学賞が授与された. そして，ポロニウム，ラジウムの単離にも成功する. ポロニウムの単離は比較的容易に成功したが，ラジウムの単離は困難を極めた. 11トンもの鉱物原料から，分離精製して得られる純粋なラジウム塩は1グラムほどしかなかった. 純粋なポロニウムやラジウムの精製法を確立したことが以降の放射性物質の解明や利用に大いに貢献した功績により，1911年にマリー・キュリーに2つ目の受賞となるノーベル化学賞が与えられた[*3].

◆ 13.1.4 放射線の解明

ベクレルにより見いだされ，キュリー夫妻によりそれが原子から発せられるものであると証明された放射線のさらなる解明には，複数の研究者が携わることになる. まず，原子物理学の父とよばれるイギリスのアーネスト・ラザフォード（Ernest Rutherford）は，図13-3に示すように，ウランやトリウムから出てくる放射線の透過性の違いから3種類の線を見いだし，**アルファ線（α線）**，**ベータ線（β線）**，**ガンマ線（γ線）**と命名した[*4].

α線はプラス電荷をもち，陽子2個と中性子2個からなるヘリウムの原子核に等しい. β線はマイナス電荷をもつ電子であることがわかった. また，γ線は質量も電荷ももたない電磁波で，X線より波長が短いことがわかった. そして，ラザフォードはα線を金箔に当てたときの散乱，いわゆるラザフォード散乱から，原子核の存在を証明した（1911年）. また，1932年にジェームス・チャドウィック（James Chadwik）が中性子を発見した. こうして，原子核と放射性元素を取り巻く役者（粒子群）はそろった.

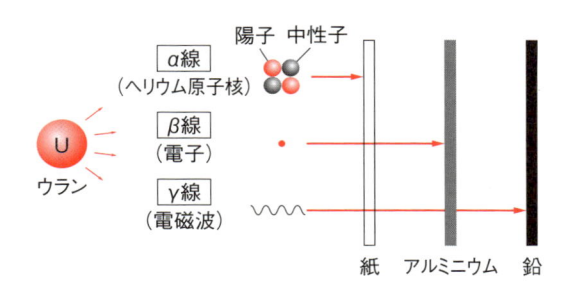

図13-3　異なる透過性を示す3種類の放射線

◆ 13.1.5 核分裂の発見

放射能のない同位体が放射線を受けて，**放射性同位体**になることを**放射化**という. 1934年，キュリー夫人の娘，イレーヌ・キュリーとその夫フレデリック・キュリーは，ポロニウムから発するα線をアルミニウムに照射し，

*3 夫のピエール・キュリーは1906年に馬車との交通事故により，亡くなっていた. マリーが2つのノーベル賞，ピエールが1つのノーベル賞，キュリー夫妻の娘とその娘婿がそれぞれ1つずつノーベル賞を取っており，キュリー家は合計5つのノーベル賞を獲得したことになる.

*4 ラザフォードは，1898年にα線とベータ線を発見し，命名する. γ線だけは1900年にすでにポール・ヴィラールが発見していたものを，1903年にラザフォードがγ線と命名した.

世界初の人工放射性同位元素 ^{30}P（リン30）を合成した[*5].

エンリコ・フェルミ（Enrico Fermi）らのローマ大学グループは，1934年に元素に中性子を当て，放射化を調べる実験を行った．ウランにも中性子を当て，放射化を観測しているが，核分裂の概念には至っていない[*6].

一方，オットー・ハーン（Otto Hahn），リーゼ・マイトナー（Lise Meitner），フリッツ・シュトラスマン（Fritz Strassmann）のベルリンチームもウランの放射化生成物に関する研究を行っていた．1938年夏，チームは，3種類のラジウム同位体と思われるウランの放射化生成物を，ラジウムと同族元素であるバリウムを担体として混入させて分離しようとした．しかし，入念な実験の結果，分離できなかった．このことは，ウランの3種類の放射化生成物がラジウム同位体ではなく，バリウムそのものであることを示していたのである．化学者であったハーンとシュトラスマンがこの実験結果の意味を理解できなかったとしても不思議はない[*7].当時は，核が分裂するという考えがなかった．ハーンとシュトラスマンは，スウェーデンのマイトナーには手紙で結果を知らせ，実験事実を論文にしただけであった．

マイトナーは彼女の甥であり物理学者であるオットー・フリッシュ（Otto Frisch）を相手に議論し，熟考し，ついにこの実験の結果は**核分裂**を意味していると考えた．特に，核分裂後に発生する放出エネルギーがアインシュタインの物質エネルギーの理論式 $E=mc^2$ の値と一致した（1 g のウランから石油2トン分に相当するエネルギーが発生する）．さらに，デンマークのニールス・ボーア（Niels Bohr）[*8]の元に返ったフリッシュは，マイトナーの仮説が成立することを実験的に証明した[*9].電離箱の中で，核分裂と思われる巨大な電磁パルスを確認したのである．そして，1939年2月，マイトナーとフリッシュの論文が，『ネイチャー』誌に掲載された．このように核分裂は，ハーンによって観察され，マイトナーにより概念化された．

*5 これにより，1935年に夫婦でノーベル賞を受賞した．

*6 それよりも，ウランより重い超ウラン元素が生成したのではないかと推定した．

*7 そのとき，マイトナーはナチスドイツのユダヤ人迫害から逃れるため，スウェーデンに亡命しており，研究チームは残り2人になっていた．

*8 量子論の育ての親と言われる物理学者．

*9 この後，フリッシュは原子爆弾の開発に深く関わるようになる．

13.2　原子力への応用

原子核というものがあり，分裂することもわかった．原子力はそのときに発生するエネルギーを利用するものである．どんなしくみでエネルギーを発生させるのかを確かめよう．

◆ 13.2.1　ウランの核分裂

ウラン U は，原子番号92のアクチノイド（fブロック元素）に属する元素である．天然で比較的大量に存在している元素の中では，原子番号も原子量も最も大きい元素である．単体は銀白色の金属で，空気中では酸素と反応して，発火する．また，水と反応して，水素を発生させる．電子配置は

[Rn]$5f^36d^17s^2$ である．酸化状態は $+2$ 価から $+6$ 価まで存在し，一般に $+6$ 価が最も安定で，水溶液中では，UO_2^{2+} として存在する[*10]．

6種類のウランの同位体（うち4種が天然の同位体）が知られているが，安定な同位体は存在せず，いずれも放射性同位体である．存在量が多いのは ^{238}U と ^{235}U で，それぞれ 99.27% と 0.72% 天然に存在している．その寿命（半減期，13.4.1 項参照）も，それぞれ 4 億 5 千万年，7 千万年ときわめて長い．この 2 つの放射性元素に中性子を当てたとき，^{238}U は核分裂を起こさない．核分裂するのは ^{235}U で，**図 13-4** のように分裂して 80 種以上の元素が生じる．^{235}U は天然に存在する唯一の核分裂種でもある．

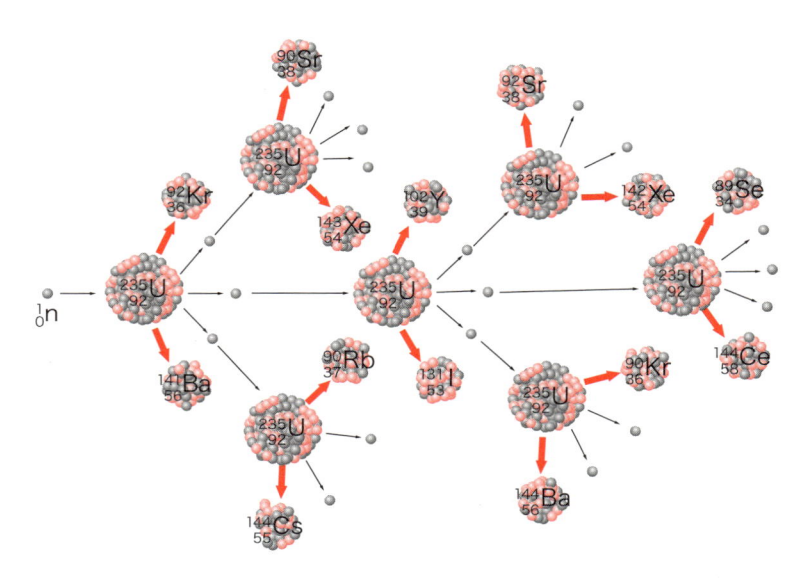

図 13-4 ウラン 235 の核分裂

^{235}U が中性子 ^1_0n を吸収すると，大きい核種と小さい核種に分裂する．その分裂は確率的に起こり，一定ではない．例として，第一段階で ^{141}Ba と ^{92}Kr に分裂する例を示す．この核分裂反応は次式で表される．

$$^1_0n + ^{235}_{92}U \longrightarrow [^{236}_{92}U] \longrightarrow ^{141}_{56}Ba + ^{92}_{36}Kr + 3^1_0n \tag{13.1}$$

バリウム ^{141}Ba の原子番号は 56 であり，クリプトン ^{92}Kr の原子番号は 36 であるので，その和は (56+36)=92 となり，元のウラン ^{235}U の原子番号 92 と等しい．このことから，核分裂にともなって陽子は原子核から飛び出していないことがわかる．

中性子の数は質量数から原子番号を引いた数であるので，^{141}Ba で 85，

[*10] ウラン採鉱には，大きく分けて，露天掘，坑内堀，およびインシチュリーチング（in-situ leaching, ISL）という 3 つの方法がある．露天掘はウラン鉱床が比較的浅いところにあるとき，表層を取り除いた後，直接採鉱する．坑内堀は鉱床が地下深いところにあるとき，鉱床まで坑道を掘り，地下で採掘する方法である．これら 2 つの方法には，ウランが発する放射能により，採掘者に健康被害が出やすいという危険を伴う．そこで，酸化状態のウランが水に可溶であることを利用した ISL 法が広く普及している．ISL 法は，地上から井戸を掘って，水（酸，アルカリ水溶液，または酸素—炭酸ガス混入液）を流し込んで，鉱床のある原位置（in-situ）でウランを溶かし，これを別の井戸でくみ上げるというもので，経済性においても放射能に対する安全性においても優れている．

^{92}Kr で 56 となり，その総和は（85＋56）＝141 となる．一方，^{235}U の中性子の数は 143 となり，原子核に含まれる中性子の数は核分裂の前後で 2 個減少している．このことから，1 個の中性子を吸収し，3 個の中性子を放出していることになる．飛び出した 3 個の中性子は別の ^{235}U 原子に吸収され，そこで核分裂が連鎖的に起こる．

◆ 13.2.2 核分裂のエネルギー

核分裂には非常に大きな熱エネルギーの放出が伴う．^{235}U の 1 g がすべて核分裂をしたとき発生する熱エネルギーを求めてみよう．^{235}U 原子核 1 個が核分裂をするとアインシュタインの物質エネルギーの式 $E=mc^2$ より約 200 MeV（メガエレクトロンボルト）のエネルギーが発生する[*11]．M（メガ）は 10^6 を意味し，eV は電子 1 個が 1 V の電圧で移動したときの仕事量である．電子 1 個の電荷量は電気素量とよばれ，1.602×10^{-19} C（クーロン）であ

*11 200 MeV の前に「約」がつくのは，核反応は図13-4で示したように分裂のしかたが何種類（80 種以上の核反応生成物）もあり，1 つ 1 つ発生するエネルギーが異なるためである．

Topic　　　　　　　　　　　　　　　　　　　　　　　　　　　　原子爆弾 ◆

原子核が生み出す莫大なエネルギーは原子爆弾とともに，人類史に初めて刻まれた．オーストリア生まれのユダヤ人女性物理学者リーゼ・マイトナーは，オットー・ハーンから受け取った手紙から，核分裂を見いだし，実験で証明し，1939 年に論文を発表した．それを出発点に，戦争という異常な環境のもと，ものすごい速さで原子爆弾が開発され，1945 年に広島・長崎に落とされた．ちなみに，マイトナー自身は 1943 年にイギリスの科学者に原爆開発の協力を依頼されたが，きっぱり断っている．

広島・長崎に落とされた原子爆弾はその種類が異なっており，広島にはウラン型原子爆弾，長崎にはプルトニウム型原子爆弾が投下された．

ウラン型原子爆弾をつくるためには全ウラン中 0.7％しか存在しない ^{235}U を，90％以上（最低 70％以上）にまで濃縮しなければならない．この濃縮には，高度な技術力と規模の大きな施設，および大量の電力が必要とされる．広島に投下された原子爆弾（通称リトルボーイ）では濃縮率 80％の濃縮ウランが 75 kg，すなわち約 60 kg の ^{235}U が使われた．核爆発を引き起こすためにはある一定以上の ^{235}U が必要で，この量のことを臨界量という．爆発前には濃縮ウランを 2 つに分け，臨界量以下にしておき，核爆発が起きないようにしている．爆発地点で両者を 1 つに合わせて臨界量以上にして核分裂の連鎖反応を起こさせ，爆発させる．広島では，約 600 m 上空で火薬を爆発させ，2 つの濃縮ウランがぶつかり，核爆発が起こった．この爆発により，広島市人口約 35 万人のうち 9～16 万人が 2～4 ヵ月以内に死亡した．

長崎に投下された原子爆弾（通称ファットマン）では，核分裂が起こる ^{239}Pu が ^{235}U の代わりに使用された．プルトニウムは天然にはほとんど存在しないが，核分裂をしない ^{238}U が中性子を吸収して ^{239}Pu になるので，大量の電力を必要とせず，臨界量も小さいという特徴がある．この爆弾 1 発で長崎市人口約 24 万人のうち約 15 万人の命が失われた．

原爆投下の開発から転じて，第二次世界大戦後は，原子力利用がものすごい勢いで発展した．

り，CV＝J なので，200 MeV は，次式のようになる．

$$200 \text{ MeV} = 200 \times 10^6 \times 1.602 \times 10^{-19} \text{ (C)} \times 1 \text{ V} = 3.20 \times 10^{-11} \text{ (J)} \quad (13.2)$$

^{235}U の同位体質量（原子量に相当）は，235.04 u であるので，^{235}U 1 g 中に含まれる原子数 N は，次式のようになる．

$$N = \frac{1 \text{ g}}{235.04 \text{ g mol}^{-1}} \times 6.02 \times 10^{23} \text{ (mol}^{-1}) = 2.56 \times 10^{21} \text{ (個)} \quad (13.3)$$

したがって，^{235}U の 1 g がすべて核分裂したとき，発生する熱エネルギー E_{heat} は次式のようになる．ただし，中性子の発生に使われるエネルギーを約 5% とし，熱エネルギーは全エネルギーの約 95% とする．

$$E_{\text{heat}} = 0.95 \times 3.20 \times 10^{-11} \text{ (J)} \times 2.56 \times 10^{21} = 7.78 \times 10^{10} \text{ (J)} \quad (13.4)$$

1 W＝1 J s^{-1} であり，1 kWh＝3600×10^3 J より，熱エネルギーを電力エネルギーに換算すると，次のようになる．

$$E_{\text{elect}} = \frac{7.78 \times 10^{10} \text{ J}}{3600 \times 10^3 \text{ J kWh}^{-1}} = 2.16 \times 10^4 \text{ kWh} \quad (13.5)$$

1 世帯 1 ヶ月あたりの消費電力を 300 kWh とすると，72 ヵ月，すなわち 6 年分のエネルギーが 1 g の ^{235}U の核分裂から生まれる．実際には，原子力発電所の発電効率は約 30% であるので，1 g の ^{235}U から 1 世帯の約 1 年 9 ヵ月分の電力使用がまかなえることになる．

◆ *13.2.3 ウランの濃縮*

天然のウランは，99.27% の ^{238}U の中にまぎれて，ほんのわずかしか ^{235}U（0.72%）を含んでいないので，中性子を当てても，その発生エネルギーはわずかで，核分裂反応のエネルギーを利用することはできない．^{235}U を核分裂させ，そのエネルギーを利用するには，^{238}U と ^{235}U を分離し，^{238}U を取り除く形で，^{235}U を 3〜5% まで**濃縮**しなければならない[*12]．

まず，ウラン鉱石を粉砕し，硫酸で UO_2SO_4 として溶かし出す．この溶液にアルカリを加えて重ウラン酸塩の沈殿（式 13.6）や，過酸化水素で酸化して四酸化ウランの沈殿（式 13.7）を得る．いずれの沈殿物も黄色いフレーク状で，通称「イエローケーキ」とよばれる．

$$2 \text{ UO}_2\text{SO}_4 + 6 \text{ NaOH} \longrightarrow \text{Na}_2\text{U}_2\text{O}_7 + 2\text{Na}_2\text{SO}_4 + 3\text{H}_2\text{O} \quad (13.6)$$

$$\text{UO}_2(\text{SO}_4) + \text{H}_2\text{O}_2 + 2\text{H}_2\text{O} \longrightarrow \text{UO}_4 \cdot 2(\text{H}_2\text{O}) + \text{H}_2\text{SO}_4 \quad (13.7)$$

^{238}U と ^{235}U の化学的性質はほとんど同じであるが，質量や光吸収などにわずかに違いがあり，この違いを利用して濃縮する．濃縮する方法はいくつか知られており，主に，**ガス拡散法**，**遠心分離濃縮法**が実用化されている．近

[*12] 20% 未満の濃縮ウランを低濃縮ウランという．20% 以上の濃縮ウランを高濃縮ウランという．

13章 放射化学

*13 常温では固体だが，約57℃で昇華して，気体になる．

年は，レーザー法によるウラン濃縮が研究されている．いずれの場合も，濃縮するために，イエローケーキに化学処理（式13.8～13.11）を行い，**六フッ化ウラン** UF_6 にしてガス化させる*13．この工程をウランの転換という．

$$UO_2(NO_3)_2 \longrightarrow UO_3 + NO + NO_2 + O_2 \tag{13.8}$$

$$UO_3 + H_2 \longrightarrow UO_2 + H_2O \tag{13.9}$$

$$UO_2 + 4\,HF \longrightarrow UF_4 + 2\,H_2O \tag{13.10}$$

$$UF_4 + F_2 \longrightarrow UF_6 \tag{13.11}$$

ガス拡散法は比較的初期に開発された方法で，ウランを六フッ化ウランにしてガス化し，細孔（8～10 nm）のある隔壁を通すと，原子量の低いほうが通過速度が速くなる性質を利用して濃縮する．この濃縮操作を何段階も行い，低濃縮ウランを得て，四価のウランである**二酸化ウラン** UO_2 に再転換して使用する．アメリカではこの方法が今でも行われている．

日本の青森県六ヶ所村で行っている濃縮法が，遠心分離濃縮法である（**図13-5**）．ガス化した六フッ化ウランを，遠心分離で分離する．円柱容器の中にガスを入れ，円柱の中心軸を回転させると，質量の大きい ^{238}U が多い劣化ウランが回転容器の外側に集まり，濃縮ウランは回転軸近くに集まる*14．この装置を何機も直列・並列につないで（カスケードという），最終的に効率よく低濃縮ウランを得る．これも UO_2 に再転換して利用する．

*14 回転運動で，質量の大きいものほど，遠心力が大きく，外側に集められる性質を利用している．

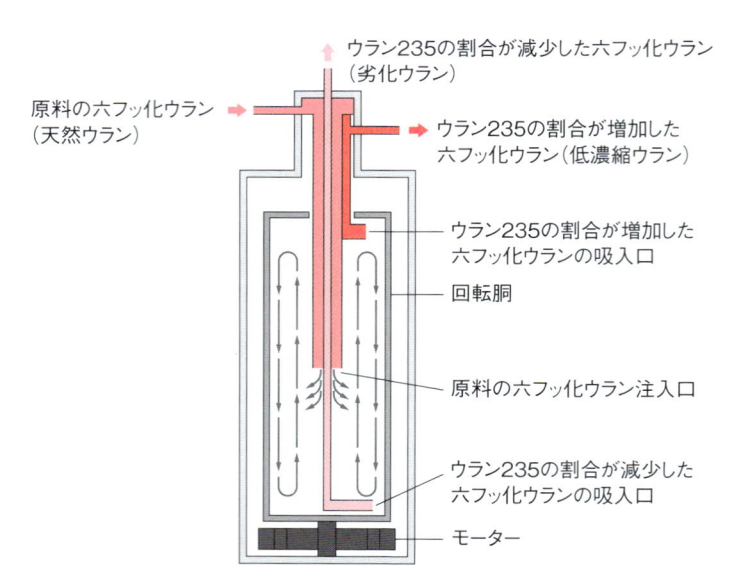

図13-5 ウランの遠心分離濃縮法
日本原燃ウェブサイトの図を参考に作成

◆ *13.2.4　原子力発電*

　濃縮されたウランは，六フッ化ウラン（UF_6，気体）から二酸化ウラン（UO_2，固体）に再転換し，これをセラミックで焼き固め，直径1cm，高さ1cmの**ペレット**にする（**図13-6**）．このペレットを円柱形の筒に入れ，**燃料棒**とする．そして，燃料棒を何本も集めて，燃料集合体とし，さらに，これをいくつも原子炉の中に入れて，核分裂を起こさせる．

　原子炉の中では，核分裂によって発生した中性子によって核分裂がさらに暴走しないように，中性子を吸収する**制御棒**と燃料棒を交互に並べる．制御棒の材質には炭化ホウ素，カドミウム合金，インジウム，銀，ハフニウムなどが使われる．

　原子力発電所の構造を**図13-7**に示す．原子炉容器内で核分裂が起こると，熱が発生し，原子炉内の水の温度が上昇し，沸騰する．発生した蒸気でタービンを回して，発電を行う．核分裂が激しくなり，熱の発生が過剰なときには，制御棒を深く差し込んで，中性子を吸収させることにより，核分裂を抑制させる．ウクライナ（旧ソビエト連邦）のチェルノブイリでの事故は，制御棒の実験を行っているときに，誤って核分裂が暴走し，制御不能に陥ったために起こった．また，冷却ポンプが設けられており，これも核分裂の暴走を防ぐ効果がある．この冷却ポンプは発電所で発電した電気を使うのではなく，外部から引き込んだ電源を利用する．これは，万一，発電所を停止しても，核分裂反応は停止せず起こり続けるため，冷却ポンプで常に核燃料を冷却しなければならないからである．しかし，福島第一原子力発電所での事故では，外部電源そのものが失われてしまったので，核燃料の温度が上昇し，炉心溶融が起こった．

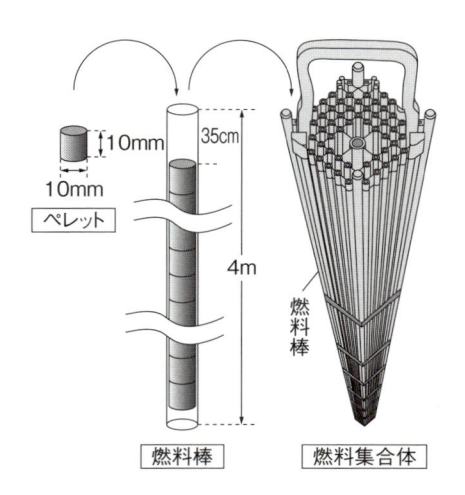

図13-6　ウラン核燃料

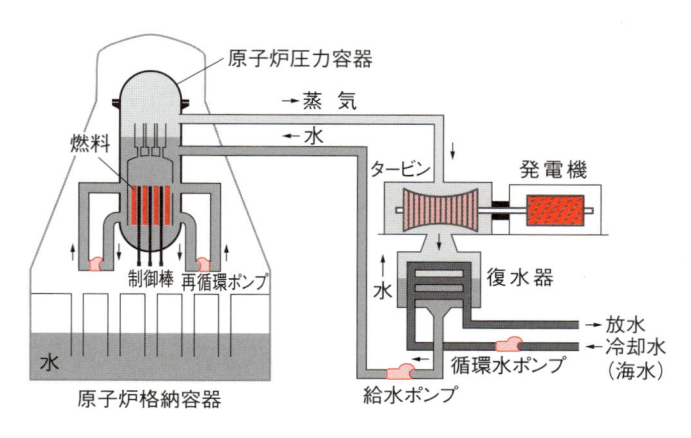

図13-7　原子力発電（沸騰水型炉）の構造

13.3 放射能

放射能という言葉をよく耳にするだろう．それが何を表し，生物にどんな影響を与えるのかを，簡単に見ていこう．

◆ 13.3.1 放射性壊変

^{238}U（ウラン 238）は，核分裂はしないが放射性物質であり，放射線を放出して**壊変（崩壊）**する．その壊変にはいくつかの系列があり，例として，**図 13-8** に ^{238}U から出発するウラン系列を示す．横軸に陽子の数をとり，縦軸に中性子の数をとると，壊変によって，元素がめまぐるしく変化する．壊変の種類は 2 種類ある．

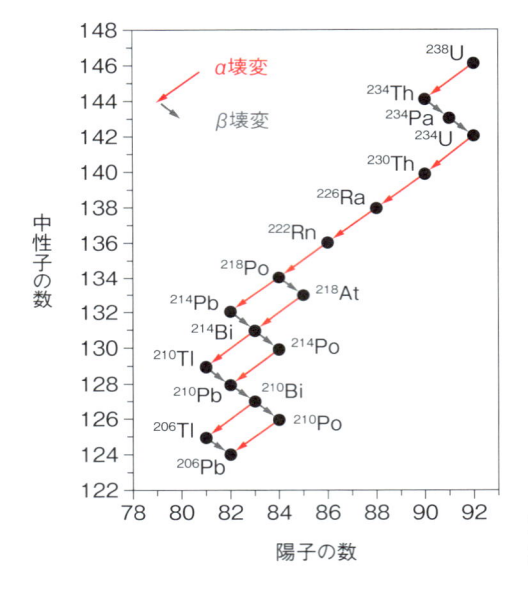

図 13-8 放射性壊変（ウラン系列）

まず，^{238}U の壊変を見てみると，式 (13.12) のようになる．

$$^{238}_{92}\text{U} \longrightarrow \, ^{234}_{90}\text{Th} + \, ^{4}_{2}\text{He} \tag{13.12}$$

^{238}U は α 線（ヘリウム原子核）を放出し，**図 13-8** の赤い線を通って，^{234}Th（トリウム 234）に壊変する．中性子の数は 2 個減少し，陽子の数も 2 個減少する．このような壊変のことを**アルファ壊変（α 壊変）**という．

次に，^{234}Th の壊変を見てみる（**図 13-8** グレーの線）．

$$^{234}_{90}\text{Th} \longrightarrow \, ^{234}_{91}\text{Pa} + \, ^{0}_{-1}\text{e} \tag{13.13}$$

^{234}Th は，β 線すなわち電子を放出し，^{234}Pa（プロトアクチニウム 234）に壊変する．このとき，質量数は変化せず，中性子の数が 1 つ減り，陽子の

数が1つ増える．つまり，中性子が電子を放出して，陽子になったのである．このような壊変を**ベータ壊変**（**β壊変**）という．α壊変とβ壊変のどちらかの壊変をしながら，^{238}U は最終的に ^{206}Pb（鉛 206）まで壊変する．

図 13-8 では，元素がめまぐるしく変化し，消滅したり出現したりしているように見える．通常，元素の性質・反応は原子核のまわりに存在する電子の数によって決まる．しかし，放射性壊変では，原子核のまわりに存在する電子ではなく，原子核そのものが変化するため，電子の数には支配されない．図 13-8 の元素記号を無視して眺めると，放射性壊変では，一貫して中性子の数が 2 または 1 だけ減少し続けている．そして，β壊変のときは陽子の数が 1 増え，アルファ壊変のときは陽子の数が 2 減るのである．

◆ 13.3.2 放射能の単位

核分裂によって，80 種類以上の元素が現れ，そこには数多くの放射性物質が含まれる．これらの放射性物質は放射性壊変を行って，α線，β線を放出し，さらに，放射性壊変により過剰に残存したエネルギーはγ線すなわち電磁波となって放出される．このような，放射性物質がもっている「放射線を出すことができる能力」のことを**放射能**という．放射線や放射性物質と混同しやすいので，注意が必要である．α線，β線，γ線いずれの放射線も DNA に傷をつけ，がんを発生させる．したがって，放射能の量は極めて重要である．放射能の量を決めるには，2 とおりの方法がある．1 つは放射性壊変が起こる頻度で放射能の量を決めようとする物理学的な決め方である．もう 1 つは，放射線の種類によって生物学的に与える影響が異なることから，生体 1 kg あたりの放射線のエネルギーを基準にし，これに放射線の種類に応じて重みをつけて表す決め方である．現在，前者はベクレル，後者はシーベルトという単位で表される．当然，シーベルトという単位はベクレルに比べやや複雑であるが，生物への影響を判断しやすい．

(a) ベクレル（Bq）

1 秒間に放射性壊変が起こる回数を**ベクレル**（**Bq**，単位は s^{-1}）という．1 秒間に 500 回の放射性壊変が起こっていると，放射能量は 500 ベクレルとなる．しかし，放射性壊変の数を直接測定することは難しいので，壊変にともなうα線やガンマ線の量を測定することで，ベクレルを求める[*15]．

*15 「ほうれん草 1 kg あたり 690 ベクレルの放射性セシウムを検出」とは，ほうれん草 1 kg で，1 秒間に 690 個のセシウムが放射性壊変をしているという意味である．

(b) シーベルト（Sv）

生体への影響を考慮した放射線のエネルギーを表す単位である．まず，生体組織 1 kg あたりに当たる放射線のエネルギーが 1 J kg^{-1} のとき，1 **グレイ**（**Gy**，単位は J kg^{-1}）という．グレイの単位に放射線の種類に応じた係数 Q をかけた単位が**シーベルト**（**Sv**，単位は J kg^{-1}）である．Q のことを**放射線荷重係数**といい，γ線を 1 とする．X 線，β線は 1，陽子は 5，α線

13章 放射化学

*16　1 Sv は非常に大きな値であるので，通常は mSv（**ミリシーベルト**）や μSv（**マイクロシーベルト**）を使う．

*17　表 13-1 の被ばく線量と人体への影響について，異論を唱える人はいない．問題となっているのは，100 mSv 以下の低放射線量を被ばくした人の健康被害についてである．250 mSv あたりから表れる健康被害がそれより低い放射線量において比例的に出現するかという問題である．被ばくした低放射線量とがんの発生率に関しての統計的な調査（疫学調査）によると，低い放射線量では，比例的に発病せず，発病するしきい値があるという説もある．低い放射線を被ばくしていた人のほうが，がんの発生率が低いという報告例も少なからずある．これは，低い放射線量の被ばくが，免疫機構を活性化して，DNA の修復能力が上がったためだと説明されてもいる．もちろん，あえて低い放射線を浴びることはないものの，必要以上に低い放射線を恐れる必要がないことを示しているともとれる．

は 20，中性子はエネルギーに応じて 5〜20 の値をもつ．

たとえば，体重 60 kg の人が α 線で 0.6 J のエネルギーを受けるとすると，そのときの放射線強度は，次のようになる[*16]．

$$20 \times \frac{0.6}{60} \text{ Sv} = 0.2 \text{ Sv} = 200 \text{ mSv}$$

◆ **13.3.3　放射線の人体への影響**

放射線は高エネルギーであるため，DNA を容易に損傷させる．DNA の一部が損傷を受けても，修復機能があり，ほとんどは元に戻る．なかには修復されない細胞もあるが，細胞死をして，健康な細胞に入れ替わる．しかし，修復されない細胞のうち，まれに突然変異を起こし，正常細胞としてふるまうものがある．そして，どんどんタンパク質合成や細胞分裂が起こるが，正常細胞のようにあるところで停止することがなくなり，いわゆる「がん」として現れる．また，さらに強い放射線を浴びると，DNA が大きく損傷し，正常な細胞活動ができなくなり，死に至る（**表 13-1**）[*17]．

表 13-1　被ばく線量と起こりうる影響

被ばく線量	人体への影響
2.4 mSv	1 年間の自然平均放射線量
4.4 mSv	日本人 1 年間の平均放射線量（医療機関を含む）
200 mSv 以下	臨床的知見はない
250 mSv	胎児の奇形発生（妊娠 14〜18 日）
1 Sv (1000 mSv)	吐き気（放射線病）
2 Sv	白血球数低下，倦怠感・疲労感
4 Sv	半数が死亡
10 Sv	1〜2 週間で死亡
100 Sv	即死

13.4　核廃棄物

原子力利用の大きな問題は，核廃棄物が残ることである．廃棄物中には放射性物質が含まれ，超長期にわたって放射能をもち続ける．それがどのくらいの期間なのかは，反応速度の計算から知ることができる．

◆ **13.4.1　放射能の残存期間**

放射性壊変が起こる速度は 6.4 節で解説した一次反応に対応する．一次反応では，反応速度が反応物の濃度に比例する．

放射性物質 A の濃度を [A] とすると，壊変の反応速度 v は次式で表される．

13.4 核廃棄物

$$v = \frac{d[A]}{dt} = -k[A] \tag{13.14}$$

ここで，k は壊変反応の速度定数を表す．この式の特徴は，ある関数（[A]）の微分がもとの関数（[A]）をそのまま含んでいることである．このような関数は，補章 1.1 節でも示したように，指数関数 $y = a^x$ において，a の値がネイピア数 e（$= 2.71828\cdots$）のときで，$y = e^x$ を微分しても，$\frac{dy}{dx} = e^x$ となる．係数を考慮すると，次式が成立する．

$$[A] = [A]_0 e^{-kt} \tag{13.15}$$

すなわち，測定開始時の放射性物質の濃度を $[A]_0$ としたとき，時間 t における放射性物質の濃度 $[A]$ は式 (13.15) で表される．

^{239}Pu（プルトニウム 239）の経年時間（年）に対する放射線相対強度 $\left(\frac{[A]}{[A]_0}\right)$ で表したのが図 13-9 で，式 (13.15) が適用できる．図 13-9 において，初濃度に対して半分の濃度になるのに要する時間 $t_{1/2}$ を **半減期** という．一次反応では，どの位置からとっても半減期 $t_{1/2}$ は同じである．^{239}Pu の場合，半減期は 24.11 年であり，初濃度によらず常に 24.11 年である[*18]．

*18 式 (13.14) は，一次常微分方程式といわれ，最も簡単な微分方程式である．両辺に $dt/[A]$ をかけると

$$\frac{1}{[A]}d[A] = -k\,dt$$

これを積分して，

$$\int_{[A]_0}^{[A]} \frac{1}{[A]}d[A] = -k\int_0^t dt$$

$$[\ln[A]]_{[A]_0}^{[A]} = -k[t]_0^t$$

したがって，

$$\ln\frac{[A]}{[A]_0} = -kt \quad \text{あるいは}$$
$$[A] = [A]_0 e^{-kt}$$

時間 t に対して $\ln[A]/[A]_0$ をプロットすると直線関係が得られ，その傾きから速度定数 k が求まる．また，$[A] = (1/2)[A]_0$ より，半減期 $t_{1/2}$ は

$$t_{1/2} = \frac{\ln 2}{k}$$

の関係が成立する．

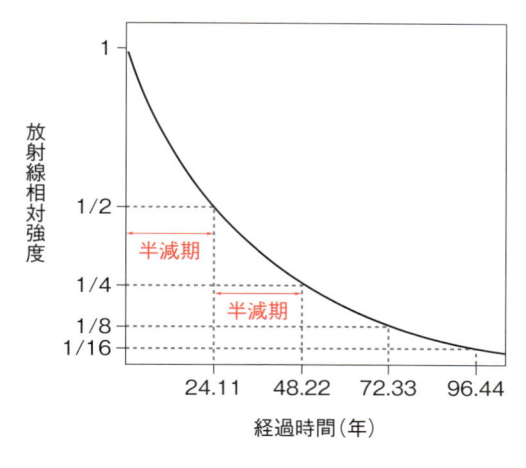

図 13-9 ^{239}Pu の放射性壊変

◆ 13.4.2 使用済み核燃料の再処理

発電が終わった核燃料は，完全な灰になっているかというとそうではない．ウランの核燃料は 97% の ^{238}U と 3% の ^{235}U からできているが，発電を終了した使用済み核燃料の中には，^{238}U が 95%，^{235}U が 1%，Pu（プルトニウム）が 1%，核分裂による生成物 3% が含まれる．このなかの ^{235}U はもちろん核分裂を起こす物質であるが，Pu のなかにも核分裂を起こす同位体が

*19 日本はこれまで，イギリスとフランスに再処理を委託していたが，今後，日本原燃が青森県六ヶ所村で，再処理工場を稼働させることを計画している．

*20 再処理工場で取り出された二酸化ウラン UO_2 と二酸化プルトニウム PuO_2 を混ぜてプルトニウム濃度を4〜9%に高めたものを MOX（モックス，Mixed Oxide）燃料という．この MOX 燃料を用いて原発で発電する計画をプルサーマル計画という．その原子炉を高速増殖炉といい，原型炉（プロトタイプ）が福井県敦賀市にある「もんじゅ」である．1991年に試運転を開始し，1995年8月に発電開始したが，同年12月に冷却剤のナトリウム金属の漏洩事故が発生した．その後，発電への取り組みがなされたが，何度も問題が発生し，現在も運転できていない．2013年に原子力規制委員会より，もんじゅの無期限運転禁止命令が出され，再開のめどはたっていない．

存在する．そこで，ウランとプルトニウムを回収して，また，核燃料として使おうというのが**再処理**である[*19]．

このような再処理技術の確立には，物理的な知識のほかに，化学，特に，放射化学の知識が重要である．ウラン濃縮と同様，化学反応を駆使し，工場レベルで，使用済み核燃料のなかから，ウランとプルトニウムを取り出して，再び核燃料として使おうとするものだからである[*20]．

◆ 13.4.3 高レベル放射性廃棄物の処理

核分裂の後の使用済みの核燃料には，3%の生成物が含まれているが，これは再利用できない．しかし，その多くが放射性物質であるため，再処理で使用した廃液とともに廃棄処理をしなければならない．この廃棄物を**高レベル放射性廃棄物**とよぶ．この廃棄物はガラス成分と混ぜ合わせ，熱で融かして固化させる．このガラス固化体は放射性壊変で高熱を発しており，しかも，もっている放射能は致死レベルである．図 13-1 に示したように，このガラス固化体の放射能が元のウラン鉱石レベルまで減少するには，数百万年も必要であり，その間，安全に，完全に埋設し続けなければならない．

練習問題

Q1 ウランから放出される3種類の放射線の名称およびその実体をそれぞれ答えよ．

Q2 放射能の単位であるベクレルとシーベルトについて説明せよ．

Q3 ウラン238はα壊変をして次式で示すようにトリウム Th ができる．トリウムの質量数 m および原子番号 n はいくらか．

$$^{238}_{92}U \longrightarrow {}^{m}_{n}Th + {}^{4}_{2}He$$

Q4 ^{239}Pu の半減期は24000年である．現在から192000年後の ^{239}Pu の量は現在の何分の1になるか．

Q5 原子力発電を利用する場合の長所と短所を述べよ．

補章 化学の学習に必要な基礎知識

1. 指数と対数
2. 単位
3. 有効数字
4. 化学式

1. 指数と対数

◆ 1.1 指数

同じ数を何度も掛ける（**べき乗，累乗**）場合は，**指数**を使って表す．たとえば，2 の 4 乗は，

$$2 \times 2 \times 2 \times 2 = 2^4$$

と書く．また，1 を指数のついた数で割る場合は，指数を負の数にする．

$$1 \div 2^4 = \frac{1}{2^4} = 2^{-4}$$

それから，指数が分数になる場合がある．たとえば，$2^{\frac{1}{2}}$ は，2 乗すると 2 になる数，すなわち $\sqrt{2}$ を表す．4 乗して 2 になる数は $2^{\frac{1}{4}}$ である．
指数計算では，下の公式を用いると便利である．

$$a^x \times a^y = a^{x+y} \qquad a^x \div a^y = a^{x-y}$$
$$(a^x)^y = a^{xy} \qquad a^0 = 1$$

指数部分が変数になった $y = a^x$ のような関数を**指数関数**という．

◆ 1.2 対数

指数関数 $y = a^x$ において，y の値が先にわかっていて，x の値を求めたい場合がある．その場合，x と y を入れ替えた関数 $x = a^y$ を考える．この関数をもとの関数の逆関数という．$x = a^y$ を $y = f(x)$ の形式で表すとき，log という記号を用いて $y = \log_a x$ と定義し，y は a を**底**とする x の**対数**という．

$$x = a^y \longleftrightarrow y = \log_a x$$
$$3 = \log_2 8 \quad \text{ならば，} \quad 2^3 = 8$$

底が 10 である場合（$\log_{10}$）を**常用対数**といい，$\log_{10}$ は 10 を省略して log とだけ書く．対数は，7.3.4 項の pH の定義に用いられる．

常用対数の値は，**常用対数表**でわかる．対数計算では，下の公式を用いると便利である．

$$\log_a a = 1 \qquad\qquad \log_a 1 = 0$$
$$\log_a x + \log_a y = \log_a xy \qquad \log_a x^y = y \log_a x$$
$$\log_a \frac{1}{x} = -\log_a x \qquad \log_a \frac{y}{x} = \log_a y - \log_a x$$

たとえば，log300 は log3 + log100 となり，常用対数表より log3 = 0.4771 なので，次のようになる．

$$\log 300 = \log 3 + \log 100 = 0.4771 + 2 = 2.4771$$

底がネイピア数 e（= 2.71828…）のときの対数 $\log_e$ を**自然対数**とよび，関数 $y = \log_e x$ となる．$\log_e$ は ln という記号で表す．自然対数 $y = \ln x$ は指数関数 $y = e^x$ の逆関数で，$x = e^y$ に等しい．図 1 に指数関数 $y = e^x$ と自然対数 $y = \ln x$ の関係を示すグラフを示した．両者はたがいに逆関数の関係にあり，直線 $y = x$ に関して，互いに対称な関係にある．

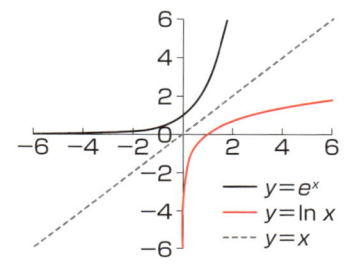

図 1 指数関数と自然対数の関係

補章 化学の学習に必要な基礎知識

2. 単位

◆ 2.1 SI 基本単位

さまざまな実験や測定で得られた数値には単位がある．それが研究者や国ごとで異なると，研究者間で議論ができなくなる．そこで，国際的に共通な基本単位を決めてやる必要がある．1960 年に国際度量衡総会で 1 つの単位系，**国際単位系（SI 単位系）** に統一された．SI 単位系には，まず 7 つの **SI 基本単位**（表 1）がある．

表 1　SI 基本単位

物理量	量の記号	SI 単位の名称	SI 単位の記号
長さ	l, s	メートル	m
質量	m	キログラム	kg
時間	t	秒	s
電流	I	アンペア	A
熱力学温度	T	ケルビン	K
物質量	n	モル	mol
光度	Iv	カンデラ	cd

基本単位にはそれぞれ定義がある．

たとえば，1 m はかつては地球のパリを通る北極点から赤道までの長さの 1000 万分の 1 と決められたが，現在では，真空中で 1/299492458 秒の時間に光が進む長さと定義されている．われわれの感覚からすると，1 m のかつての定義と現在の定義はほとんど同じであるが，より精度を高めるために，あえて物理的意味がわかりにくい定義になっている．

また，時間は「平均太陽日の 1/86400（86400 秒 = 24 時間）」，温度は「標準融点と標準沸点の温度差の 1/100」，光度は「ろうそく 1 本の光度」とそれぞれ定義されていた．現在では，精度を優先して正確な値になるよう定義されている．

基礎化学では，これら 7 つの基本単位のうち，光度を除く 6 つの基本単位を頻繁に使う．特に，物質量（mol）は化学特有の単位で，理解することが重要である．長さ，質量，時間，温度はきわめて多くの物理現象に関わり，次項で示すさまざまな誘導単位の基礎となる．電流の単位は化学において電気化学とよばれる分野と関わり，酸化還元反応や電池反応で用いられる．

◆ 2.2 誘導単位

SI 単位系は先の 7 つの SI 基本単位とこれらを基本にして組み立てられる **SI 誘導単位** からなっている（表 2）．

表 2　代表的な SI 誘導単位の例

物理量	SI 誘導単位	記号	SI 基本単位での表示
力	ニュートン	N	$kgms^{-2}$
圧力	パスカル	Pa	$kgm^{-1}s^{-2} (= Nm^{-2})$
エネルギー	ジュール	J	$kgm^2s^{-2} (= Nm = Pam^3)$
仕事率	ワット	W	$kgm^2s^{-3} (= Js^{-1})$
電荷	クーロン	C	As
電位差, 電圧	ボルト	V	$kgm^2s^{-3}A^{-1} (= JA^{-1}s^{-1})$
電気抵抗	オーム	Ω	$kgm^2s^{-3}A^{-2} (= VA^{-1})$
周波数	ヘルツ	Hz	s^{-1}

ここで示した単位は SI 単位として定義された単位であり，定義に基づいて SI 基本単位を組み合わせて誘導される．2 つほど例を挙げよう．

力は，ニュートンの運動方程式より，

$$力 (N) = 質量 (kg) \times 加速度 (ms^{-2})$$

と定義されるので，力の単位 N は $kgms^{-2}$ となる．また，圧力は，単位面積（m^2）あたりの力と定義されるので，次のようになり，

$$圧力 (Pa) = \frac{力 (N)}{面積 (m^2)}$$

圧力の単位 Pa は $Nm^{-2} = kgm^{-1}s^{-2}$ となる．

このように，SI 誘導単位は，基本単位を組み合わせた単位で表されるので，**SI 組立単位** ともいう．

◆ 2.3 接頭語

物理量を数値で表すとき，その数値の大きさが必

ずしも基本単位や誘導単位の大きさと合わない場合がある．たとえば，ミクロな世界の観察では，1 m の 10 億分の 1，すなわち 1×10^{-9} m の大きさを扱う．このとき，正確な数値をいちいち言ったり記述したりするのは，面倒であり，わかりにくい．

そこで，10 の整数乗倍の部分 10^{-9} にナノ nano という接頭語をつけて，ナノメートル nm とすると非常に便利である．このような接頭語は系統的に決められていて，**SI 接頭語**という（**表 3**）．

この表で赤い部分が普通，科学で用いられる接頭語で，灰色の部分はめったに使うことはない．

表 3　SI 接頭語

倍数	接頭語	記号	倍数	接頭語	記号
10	デカ (deca)	da	10^{-1}	デシ (deci)	d
10^2	ヘクト (hecto)	h	10^{-2}	センチ (centi)	c
10^3	キロ (kilo)	k	10^{-3}	ミリ (milli)	m
10^6	メガ (mega)	M	10^{-6}	マイクロ (micro)	μ
10^9	ギガ (giga)	G	10^{-9}	ナノ (nano)	n
10^{12}	テラ (tera)	T	10^{-12}	ピコ (pico)	p
10^{15}	ペタ (peta)	P	10^{-15}	フェムト (femto)	f
10^{18}	エクサ (exa)	E	10^{-18}	アト (atto)	a
10^{21}	ゼタ (zetta)	Z	10^{-21}	ゼプト (zepto)	z
10^{24}	ヨタ (yotta)	Y	10^{-24}	ヨクト (yocto)	y

3. 有効数字

◆ 3.1　測定値の精度と確度

現実の化学研究において出てくる数の多くは，整数のようなちょうどの数にはならない．たとえば，分子の数や電子の数という場合には整数であるが，距離や質量といった物理量は，整数にはならず，また，何度同じ測定をくり返しても，すべて同じ数字になるとは限らない．測定値の数字にはばらつきがあり，このばらつきが小さいほど測定装置の**精度**が高いということになる．

ところが，精度が高い測定が必ずしも正確であるとは限らない．測定装置には，測定原理にもとづく誤差が生じることがあるからである．このような誤差のことを**系統誤差**という．そして，その測定値の正確さの度合いのことを**確度**という．

精度と確度の関係を**図 2**のようなダーツの絵で考えるとわかりやすい．的の中心が真の測定値に対応する．測定の確度は低いが，精度が高い場合が，(a) になる．この場合，適切な補正をすることにより，確度の高い値が得られる可能性がある．次に，精度は低いが，確度が高い場合に対応するのが，(b) である．この場合，測定者の測定技術も含む偶然的なばらつきが含まれる．このような誤差のことを**偶然誤差**といい，測定回数を増やし，統計処理をすることにより，正確な値を得ることができる．精度も確度も高い場合が (c) であり，ほとんど統計処理も補正も必要なく，正しい情報が得られる．

◆ 3.2　科学的表記法と有効数字

ほとんどの測定値には数値のばらつきが存在するため，その数値は有効な数字の部分とばらついている数字の部分に分かれる．有効で確かな部分の数字を**有効数字**という．

たとえば，**図 3** に示すように，正確に 2 辺の長さが 22.624 cm と 10.276 cm の長方形があるとする．これを 1 目盛り 1 mm の物差しで測ると 22.6 cm は確実に測ることができるが，1 mm 以下は目分量になり，四捨五入して 22.6 cm となる．もう一方も同様に 10.3 cm と測定される．したがってこれらの測定

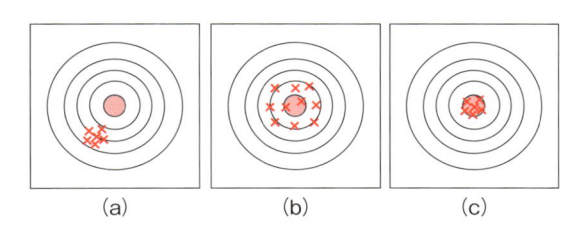

図 2　精度と確度の関係
(a) 高精度・低確度，(b) 低精度・高確度，(c) 高精度・高確度

値の数字の意味は 22.6±0.05 cm と 10.3±0.05 cm となり，22.6 と 10.3 が有効数字である．

22.624 cm
10.276 cm

図3 有効数字の説明ための長方形の図

物差しの目盛りが粗く，1 cm 以下が目分量の場合は 23 cm と 10 cm が有効数字になる．23 cm の場合，有効数字は 2 桁であるとわかるが，10 cm の場合，2 桁であるのか 1 桁であるのかわからない．このような誤解を防ぐために，科学で数字を表記する場合には，「△.△△×10^△△」と表し，有効数字を明らかにする．有効数字 2 桁の場合，

2.3×10 cm, 1.0×10 cm

となる．有効数字 3 桁の場合は，

2.26×10 cm, 1.03×10 cm

となる．また，この数字の単位をメートルにすると

2.26×10^{-1} m, 1.03×10^{-1} m

となり，どのような単位でも，有効数字を示すことができる．

◆ **3.3 有効数字の計算**

有効数字を含む数値の計算はどうすればよいだろうか．図2の長方形の面積は 232.484224 cm² である．これを有効数字 3 桁の測定値で計算すると，

22.6 cm $\times 10.3$ cm $= 232.78$ cm²

となり，真の値とは小数点以下が一致していない．これは，長さの測定に有効数字以下の桁数の数字を考慮していないためである．有効数字を考慮して，数字の範囲を考えてみると

$22.55 \times 10.25 <$ 真の値 $< 22.64 \times 10.34$

ということになる．すなわち，

$231.1375 < 232.484224 < 234.0976$

より，上の 2 桁 2 と 3 は必ず一致することがわかる．上から 3 桁目は，1，2，3，4 の可能性があるが，それ以外にはならない．しかし，上から 4 桁目は 0 から 9 のすべての数字をとる可能性があり，まったく意味がない．そこで，測定値の積

$22.6 \times 10.3 = 232.78$

では，4 桁目を四捨五入して，233 cm² を面積の有効数字とする．このように，有効数字 3 桁どうしの計算は，計算結果の 4 桁目を四捨五入し，計算前の有効数字の桁数に合わす．これを科学的表記法で表すと，「2.33×10^2 cm²」となる．

同様に，有効数字 2 桁どうしの数値の計算は，

23×10 cm² $= 230$ cm²

となる．なぜなら

$22.5 \times 9.5 = 213.75 < 232.484224 < 23.4 \times 10.4 = 243.36$

より，2 桁目までが意味があり，3 桁目は意味がないからである．したがって，計算結果の有効数字も 2 桁で，「2.3×10^2 cm²」となる．

では，有効数字 3 桁と 2 桁の計算はどちらに合わすべきであろうか．22.6 cm と 10 cm の計算では，

$22.55 \times 9.5 = 214.225 < 232.484224 < 22.64 \times 10.4 = 235.456$

となり，計算結果におけるあいまいな桁数は 2 桁目からすでに現れている（数字は 1，2，3）．3 桁目は 0～9 のすべて数字を取り得るため，意味のない数字になっている．したがって，この計算では，

$22.6 \times 10 = 226$

より，3桁目を四捨五入して「$2.3 \times 10^2 \,\mathrm{cm}^2$」となる．有効数字の計算のルールをまとめると次のようになる．

> 計算前の最も少ない桁数の有効数字と同じ桁数を，計算結果の有効数字とする．

4. 化 学 式

◆ 4.1 分子式・組成式・イオン式

元素記号を用いて物質の成分を表す**分子式**や**組成式**や**イオン式**の書き方には次のような規則がある．

> ①元素記号の右下に，その原子の数を小さく書く．
> 　H_2O … H原子2個とO原子1個が組み合わさった水分子
> 　$NaCl$ … NaイオンとClイオンが結びついた化合物（塩化ナトリウム）
> ②その分子が2個以上あるときは，化学式の前に係数をつける
> 　$3CO_2$：CO_2分子が3個ある
> ③イオンの正負と電価数は右上に小さく書く
> 　Mg^{2+}：プラス2価のマグネシウムイオン
> 　SO_4^{2-}：マイナス2価の硫酸（SO_4）イオン

※数が1のときは書かずに省略する．

分子内の原子の結びつきを示す場合は，**構造式**を用い，原子間の結合を**価標**とよばれる線で示す．

```
H₂O :   H－O－H
CO₂ :   O＝C＝O
              H
              |
CH₄ :   H－C－H
              |
              H
```

分子式，組成式，イオン式，構造式などを総称し得て**化学式**という．

◆ 4.2 化学反応式

化学反応においては，原子の結合の組み換えが生じ，反応前の物質（**反応物**）から，反応後の物質（**生成物**）ができる．化学反応を化学式を用いて，書き表すのが**化学反応式**である．その書き方には，次の図のような規則がある．

> ①反応物を左辺に，生成物を右辺に書き，「→」で結ぶ．反応物や生成物が2種類以上のときは「＋」でつなげる．
> 　$H_2 + O_2 \longrightarrow H_2O$
> 　（反応物）　　（生成物）
> ②両辺で同じ元素の原子数が等しくなるように，それぞれの化学式の前に係数をつける．
> 　$2H_2 + O_2 \longrightarrow 2H_2O$
> 　（両辺ともH原子4個＋O原子2個）

※数が1のときは書かずに省略する．

なお，化学反応に必要な物質でも，触媒（第6章参照）や溶媒（第7章参照）など，反応の前後に変化しないものは，化学反応式には含めない．

練習問題の略解

詳しい解答は化学同人ホームページに掲載します

第1章

Q1 (a) 6, (b) 7, (c) 13, (d) 6, (e) 8, (f) 8, (g) 16, (h) 8, (i) ^{31}P, (j) 15, (k) 16, (l) 15

Q2 (e)

Q3 ①p, ②f, ③d, ④d, ⑤s, ⑥p, ⑦s

Q4 酸素原子の数：1.5×10^{24} 個，オゾン分子の数：5.0×10^{23} 個

Q5 20.00 mg L^{-1}

第2章

Q1 価電子数：5，原子価：3，ルイス構造式：[表2-1参照]

Q2 ⑦, ⑨

Q3 SiH_4, PH_3, H_2S, HCl

Q4 (a) ②, (b) ①, (c) ④, (d) ①, (e) ③, (f) ④, (g) ③, (h) ②

Q5 $O_3 + O\cdot \longrightarrow 2O_2$

第3章

Q1 [図3-12参照]

Q2 [図3-6参照]

Q3 (a) ③, (b) ②, (c) ②, (d) ③, (e) ①, (f) ①

Q4 ④, ⑥

Q5 [第3章「Introduction」参照]

第4章

Q1 ②, ④, ⑧, ⑩

Q2 (a) Ⅰ：固体，Ⅱ：液体，Ⅲ：気体
   (b) A：標準凝固点，B：標準沸点
   (c) 三重点，(d) 気体

Q3 18 M

Q4 259

Q5 [第4章「Introduction」参照]

第5章

Q1 2.00×10^2 (kPa)

Q2 $\Delta U = q + w$
系内に入った熱エネルギー，仕事および内部エネルギー変化の総和は常に0である（エネルギー保存則）．

Q3 ① -802.2 kJ mol^{-1}, ② -852 kJ mol^{-1}, ③ 3352 kJ mol^{-1}

Q4 O—H：463 kJ mol^{-1}, N—H：391 kJ mol^{-1}

Q5 [第5章「Introduction」参照]

第6章

Q1 (a) 吸収した熱量を捨てることなくすべて仕事に変えるのは不可能．
   (b) 他に何ら変化をおよぼさず低温物質から高温物質に熱を移動させることは不可能．

Q2 ④

Q3 ① -5.1 J K^{-1} mol^{-1}, ② -38.6 J K^{-1} mol^{-1}, ③ 626.5 J K^{-1} mol^{-1}

Q4 (a) ① -800.8 kJ mol^{-1}, ② -840 kJ mol^{-1}, ③ 3164 kJ mol^{-1}
   (b) ①有利, ②有利, ③不利

Q5 ロジウム Rh，パラジウム Pd，白金 Pt．[触媒作用については第6章「Topic」参照]

第7章

Q1 ①塩基, ②酸, ③塩基, ④塩基

Q2 0.010 M, pH = 2.00

Q3 1.0×10^{-2} (M), pH = 3.38（または3.37）

Q4 5.05, 4.92, 2.18

Q5 雨水には空気中の二酸化炭素が溶け込んで薄い炭酸になっているため，弱酸性を示す．

第 8 章

Q1 ②，④，⑤

Q2 (a) $ClO_3^- + 2Cl^- \longrightarrow 3ClO^-$
(b) $Cr_2O_7^{2-} + 6Fe^{2+} + 14H^+$
　　$\longrightarrow 2Cr^{3+} + 6Fe^{3+} + 7H_2O$

Q3 (a) $Zn|ZnSO_4$（1M,aq）||$CuSO_4$（1M,aq）|Cu
(b) Zn　還元力が最も強いということは，最も酸化されやすいことを意味する．したがって，酸化還元電位の最も低い酸化還元対のうち，還元体であるZnが最も酸化されやすい．

Q4 一次電池は酸化還元反応のほかに不可逆な反応が組み合わされているため，充電できない．二次電池は酸化還元反応だけでできているので，充電可能である．

Q5 ［第 8 章「Introduction」参照］

第 9 章

Q1 フラーレン：炭素原子60個からなるサッカーボール状の二十面体構造を C_{60} フラーレンという．
カーボンナノチューブ：炭素によってつくられる六員環ネットワーク（グラフェン）が，筒状（チューブ状）になった物質．

Q2 Fe：6，Cr：5，Co：7，Cu：10

Q3 H：③，Ni：①，Sn：①，Si：②，F：③

Q4 ［図9-4参照］

Q5 ［第 9 章「Introduction」参照］

第 10 章

Q1 (a) 2-メチルヘキサン，(b) 1-ブタノール，(c) 2-ブテン，(d) プロパナール，(e) ニトロベンゼン，(f) フェノール

Q2 ［図10-10参照］

Q3 アセトアルデヒド

Q4 ［図10-19参照］

Q5 ［第 10 章「Topic」参照］

第 11 章

Q1 ［図11-3参照］

Q2 ［図11-8参照］，⑤

Q3 炭素繊維．非常に強度が高い．軽い．

Q4 アミド結合

Q5 ［本文「11.3.1項」参照］

第 12 章

Q1 ［本文「12.1.2項」参照］

Q2 ③，⑥

Q3 水素結合，疎水性相互作用，イオン性相互作用，S—S結合（共有結合）

Q4 アデニンとグアニン，チミンとシトシン

Q5 ［第 12 章「Introduction」「Topic」参照］

第 13 章

Q1 α線：ヘリウム原子核，β線：電子，γ線：電磁波

Q2 ［本文「13.3.2項」参照］

Q3 m：234，n：90

Q4 256分の1

Q5 長所：ウランの埋蔵量が比較的多い．電力が安定的に供給できる．二酸化炭素を排出しない．
短所：放射能漏れの可能性がある．災害に対して危機的状況に陥る可能性がある．核廃棄物の処理の問題が完全に解決していない．

索 引

数字・欧文

2-ブテン	137
α-1,4-グリコシド結合	165
α-1,6-グリコシド結合	165
α壊変（アルファ壊変）	186
α線（アルファ線）	179
β-カロテン	138
β壊変（ベータ壊変）	187
β線（ベータ線）	179
γ線（ガンマ線）	179
π結合	32
σ結合	32
COD →化学的酸素要求量	11
d軌道	4
dブロック元素	7, 8
D体	163
DL表記	163
DNA	169
DNAの複製	172
f軌道	4
fブロック元素	7, 8
IUPAC命名法	133
L体	163
LED	129
mRNA →伝令RNA	173
n型半導体	130
p軌道	4
p型半導体	130
pブロック元素	7, 8
PCB	146
PET →ポリエチレンテレフタラート	149
pH	89
pH測定	90
pOH	89
ppm	47
RNA	172
RS表記	162
s軌道	4
sブロック元素	7
SI基本単位	192
SI接頭語	193
SI組立単位	192
SI単位系	192
SI誘導単位	192
sp混成軌道	32
sp^{2}混成軌道	30
sp^{3}混成軌道	28
tRNA →転移RNA	173
X線	178

ア 行

亜鉛	124
アクチノイド	8
アクリル樹脂	153
アクリル繊維	153
アジピン酸	143
アセチレン	19, 33, 139
アセトアルデヒド	115, 142
アデニン	170
アボガドロ，アメデオ	55
アボガドロ数（N_A）	9
アボガドロの法則	55
アミド結合	158
アミノ酸	167
アミロース	165
アミロペクチン	165
アミン	145
アルカジエン	136
アルカトリエン	136
アルカリ金属	7, 120
アルカリ性 →塩基性	84
アルカリ土類金属	7, 121
アルカリマンガン電池	110
アルカン	134
アルキン	139
アルケン	136
アルコール	140
アルデヒド基	142
アルミニウム	124
アンチコドン	173
アンチモン	128
アンモニア	29, 87
アンモニウムイオン	24
硫黄	119
イオン結合	21
イオン結晶	22
イオン式	195
異性体	135
イタイイタイ病	124
一次電池	110
一次反応	80
一次反応速度	80
一次反応速度定数	80
遺伝子組換え作物	160, 175
遺伝子操作	174
イリジウム	123
陰イオン	21
インジウム	124
ウラン	180
運動エネルギー	56
エアコン	60
エーテル	141
液化	43
エステル	144
エステル結合	144
エタノール	43, 141
エタン	29, 135
エチレン	19, 31, 136
エチレングリコール	141
エネルギーの量子化	69
エネルギー保存則	58
エネルギー問題	53
塩	91
塩化ナトリウム	21
塩基	85, 169
塩基解離定数	88
塩基性	84
塩橋	106
塩酸	86
遠心分離濃縮法	183
延性	125
塩素	120
エンタルピー	59
エントロピー	68, 71
エントロピー増大の法則	75
オキソ酸	119
オクテット則 →八隅子則	16
オゾン	19, 34
オゾン層	13
温室効果	26
温暖化ガス	26

カ 行

カーボンナノチューブ	119
外界	57
壊変	186
界面活性剤	144
化学エネルギー	65
化学結合	14
化学式	195
化学的酸素要求量（COD）	11
化学反応式	195
化学平衡	76
化学量論	11
拡散	68
核酸	169
核酸塩基	170
確度	193
核分裂	180
化合物	10
過酸化物	103

索　引

ガス拡散法	183	クラウジウスの原理	74	鎖状炭化水素	134
活性化エネルギー	80	グラファイト	61	鎖状飽和炭化水素	134
価電子	14	グリコシド結合	165	酸	85
価電子帯	125	グリシン	168	酸解離定数	88
果糖	163	グリセリン	141, 166	酸化還元反応	102
カドミウム	124	グルコース	163	酸化剤	105
価標	195	グレイ（Gy）	187	酸化数	102
カリウム	120	クロム	122	酸化反応	100
ガリウム	124	系	57	三元触媒	81
カルシウム	121	ケイ素	128	三重結合	18
カルボキシル基	143	系統誤差	193	三重点	45
カルボニル基	142	結合エネルギー	63	酸性	84
カルボン酸	143	結合性軌道	116	酸性雨	83, 90
還元剤	105	結合電子	16	酸素	18, 118
還元反応	100	結合電子対	16	三フッ化ホウ素	31
緩衝液	96	結晶	44	シアノアクリル酸メチル	154
緩衝作用	96	ケトン	143	シーベルト（Sv）	187
完全解離	86	ケミカルリサイクル	157	ジエチルエーテル	43, 142
官能基	133	ケルビン（K）	54	式量	11
気化	43	ゲルマニウム	128	仕事	56
幾何異性体	137	原子	2	指示薬	91
希ガス	6, 8	原子価	15	指数	191
ギ酸	143	原子化エンタルピー	63	指数関数	191
気体定数	55	原子核	2	シス-トランス異性体	137
起電力	107	原子軌道	4	自然エネルギー	53
希土類元素	8	原子爆弾	182	自然対数	191
ギブズエネルギー	75	原子番号	3	質量数	3
ギブズエネルギー変化	75	原子量	3	質量パーセント	47
逆浸透法	51	原子力発電	177, 185	質量モル濃度	46
吸熱反応	60	元素	3	シトシン	171
キュリー，マリー	178	元素記号	3, 195	脂肪	166
強塩基	86	元素周期表	6	脂肪酸	144, 166
凝固	44	光学異性体	161	ジメチルエーテル	142
凝固点	45	高級アルコール	140	弱塩基	87
凝固点降下	50	高級脂肪酸	144	弱酸	87
凝固点降下度	50	合成ゴム	155	シャルル，ジャック	54
強酸	86	酵素	82	シャルルの法則	54
共鳴構造	20, 35	構造異性体	136	周期	6
共役塩基	85	構造式	134, 195	重合	150
共役酸	85	構造タンパク質	167	重合体	150
共役酸塩基対	85	酵素タンパク質	167	シュウ酸	143
共役二重結合	138	高分子化合物	150	臭素	120
共役ポリエン	138	高レベル放射性廃棄物	190	自由電子	23, 124
共有結合	14	黒鉛	119	主殻	5
極性分子	38	国際単位系	192	主基	133
キラリティ	161	骨格構造式	134	縮合	156
キレート効果	145	コドン	173	縮合重合	156
金	123	コペルニシウム	124	主鎖	133
銀	122	孤立系	57	純物質	11
禁制帯	128	孤立電子対（ローンペア）	17	省エネルギー	99
金属結合	23, 124	混成軌道	28	昇華	45
金属錯体	126			昇華曲線	45
グアニン	170	**サ　行**		蒸気圧	43
偶然誤差	193	再処理	190	蒸気圧曲線	43
クメン法	146	酢酸	94, 143	蒸気圧降下	48
クラーク数	1	酢酸エチル	144	蒸気圧降下度	48

常磁性	118
掌性	161
状態図	45
状態量	58
蒸発熱	59
常用対数	191
常用対数表	191
触媒	81
ショ糖	164
浸透圧	52
水銀	124
水酸化ナトリウム	86
水酸化物イオン	84
水素	14, 116
水素化ベリリウム	32
水素吸蔵合金	112
水素結合	42
スカンジウム	122
スクロース	164
スズ	124
ステアリン酸	144
ストロンチウム	121
スピン	27
正極活物質	110
制御棒	185
生成物	195
精度	193
生分解性プラスチック	158
赤外線	40
石油化学工業	131
セシウム	121
絶縁体	128
石けん	144
絶対温度	54
絶対零度	54
セルロース	165
遷移金属	8, 121
旋光	161
双極子モーメント	38
族	6
組成式	195

タ 行

第一級アルコール	140
ダイオキシン	146
第三級アルコール	140
対数	191
第二級アルコール	140
第二種永久機関	73
第二水俣病	115
ダイヤモンド	119
太陽電池	114
多価アルコール	140
多重結合	18
脱水反応	141
多糖類	165

ダニエル電池	107
タリウム	124
炭化水素	132
単原子分子	15, 118
淡水化	51
炭水化物	162
炭素	119
炭素繊維	153
単体	10
単糖類	163
タンパク質	167, 168
単量体	150
置換基	133
地球温暖化	26
地球温暖化係数	142
チタン	122
窒素	18, 118
チミン	171
中性子	2
中和滴定	91
中和点	92
中和反応	91
底	191
定圧過程	59
低級アルコール	140
定在波	28
定積過程	59
デオキシリボース	169
デオキシリボ核酸	169
滴定曲線	92
鉄	123
テフロン	154
テルル	128
電位	107
転移RNA（tRNA）	173
電気陰性度	37
電極	106
典型元素	121
電子	2
展性	125
電池	105
伝導帯	125
天然高分子	151
天然ゴム	155
デンプン	165
電流	106
伝令RNA（mRNA）	173
糖	162, 169
銅	122
同位体	3
同素体	8
導電性	125
当量点	92
トムソンの原理	74
トリグリセリド	166
トリレンマ	53

ナ 行

内部エネルギー	58
ナイロン	158
ナトリウム	120
ナトリウムエトキシド	86
ナフサ	131
鉛	124
鉛蓄電池	111
ニオブ	122
二酸化ウラン	184
二酸化炭素	34
二次電池	111
二次反応	80
二次反応速度	80
二次反応速度定数	80
二重結合	18
二重らせん構造	169
ニッケル	122
ニッケル水素電池	111, 112
二糖類	163
ヌクレオチド	169
ネオン	119
熱エネルギー	56
熱化学方程式	61
熱力学第一法則	58
熱力学第二法則	74
熱量子	69
燃焼	100
燃料電池	113, 114
燃料棒	185
濃縮	183
濃度	46
農薬	131

ハ 行

場合の数	68
バーチャルウォーター	41
配位結合	24, 126
パウリの排他律	27
八隅子則（オクテット則）	16
白金	123
発熱反応	60
発泡スチロール	153
バナジウム	122
パラジウム	123
バリウム	121
ハロゲン元素	8, 120
半金属	128
半結合性軌道	116
半減期	189
反磁性	118
バンド	125
半導体	128
半透膜	51
バンドギャップ	128

反応速度	79
反応熱	59
反応物	195
半反応式	102
非共有電子対	17
ビスマス	124
ヒ素	128
必須アミノ酸	168
ヒドロキシ基	140
ヒドロニウムイオン	84
ビニリデン化合物	152
ビニル化合物	152
標準エントロピー	73
標準酸化還元電位	107
標準状態	62
標準水素電極	107
標準生成エンタルピー	62
標準生成ギブズエネルギー	76
標準反応ギブズエネルギー	76
ピリミジン塩基	170
ファラデー定数	109
フィッシャーの投影図	163
フェノール	146
フェノールフタレイン	93
付加重合	150
負極活物質	110
副殻	5
福島第一原子力発電所	177
不斉炭素	161
ブタジエン	137
ブタン	135
不対電子	15
物質循環	67
物質量	9
フッ素	120
沸点	45
沸点上昇	48
沸点上昇度	49
沸騰	44
不凍液	50
ブドウ糖	163
不飽和脂肪酸	166
不飽和炭化水素	136
フラーレン	119
プラスチック	153
プリン塩基	170
フルクトース	163
プロパン	135
フロンガス	20
分子	14
分子間力	38, 42
分子軌道	116
分子式	195
分子量	11
フントの規則	27
平衡状態	43, 68

ベクレル（Bq）	187
ベクレル，アンリ	178
ヘスの法則	61
ペットボトル	149
ペプチド結合	168
ヘリウム	116
ペレット	185
偏光	161
ベンゼン	36, 145
ベンゼン環	36, 145
ボイル，ロバート	54
ボイルの法則	54
崩壊	186
芳香族化合物	145
放射化	179
放射性同位体	179
放射線	178
放射線荷重係数	187
放射能	187
ホウ素	128
飽和脂肪酸	166
飽和炭化水素	30, 134
ポーリング，ライナス	27
ポテンシャルエネルギー	80
ポリアクリロニトリル（PAN）	153
ポリアミド（PA）	158
ポリイソプレン	155
ポリエステル	156
ポリエチレン	150
ポリエチレンテレフタラート（PET）	156
ポリ塩化ビニリデン（PVDC）	152
ポリ塩化ビニル（PVC）	152
ポリスチレン（PS）	153
ポリテトラフルオロエチレン（PTFE）	154
ポリブタジエン	155
ポリプロピレン（PP）	153
ポリマー	150
ポリメタクリル酸メチル（PMMA）	153
ボルツマン定数	71
ボルト（V）	109
ホルムアルデヒド	142
ポロニウム	124

マ 行

マイトナー，リーゼ	180
マンガン	122
マンガン電池	110
水	29, 42
水の自己解離定数	88
水問題	41
ミセル	144
水俣病	115
無極性分子	38
メカニカルリサイクル	157
メタノール	140
メタン	27, 135

メチルオレンジ	93
メチル水銀	115
MOX 燃料	190
モノマー	150
モリブデン	122
モル（mol）	9
モル凝固点降下定数	50
モル質量	11
モル濃度	46
モル沸点上昇定数	49
モル分率	46

ヤ 行

融解	44
融解曲線	45
有機化合物	132
有効数字	193
湧昇	50
融点	45
輸送タンパク質	167
陽イオン	21
溶液	46
陽子	2
溶質	46
ヨウ素	120
溶媒	46
四日市ぜんそく	83

ラ 行

ラウールの法則	48
ラザフォード，アーネスト	179
ラジウム	121
ラジカル	150
ラジカル重合	150
ランタノイド	8
リサイクル	149
理想気体	55
理想気体の状態方程式	55
リチウム	120
リチウムイオン電池	111, 113
立体異性体	137
リボ核酸	172
リボソーム	174
リン	119
リン酸	169
ルイス構造式	14
ルテチウム	123
ルテニウム	122
ルビジウム	120
レアアース	8
レントゲン，ヴィルヘルム	178
ローンペア →孤立電子対	17
六員環	164
六フッ化ウラン	184
ロジウム	122
六価クロム	124

著者略歴

角　克宏（すみ　かつひろ）

1955年，石川県生まれ．大阪大学大学院理学研究科修了．分子科学研究所文部技官，筑波大学応用生物化学系助手などを経て，現在，高知工科大学環境理工学群准教授．専門は，高分子化学，電気化学，環境科学．理学博士（大阪大学）．

環境を学ぶための基礎化学

第1版　第1刷　2014年4月20日	著者　角　克宏
第9刷　2024年9月10日	発行者　曽根　良介
	発行所　（株）化学同人

検印廃止

JCOPY〈出版者著作権管理機構委託出版物〉
本書の無断複写は著作権法上での例外を除き禁じられています．複写される場合は，そのつど事前に，出版者著作権管理機構（電話 03-5244-5088，FAX 03-5244-5089，e-mail: info@jcopy.or.jp）の許諾を得てください．

本書のコピー，スキャン，デジタル化などの無断複製は著作権法上での例外を除き禁じられています．本書を代行業者などの第三者に依頼してスキャンやデジタル化することは，たとえ個人や家庭内の利用でも著作権法違反です．

〒600-8074　京都市下京区仏光寺通柳馬場西入ル
編集部　TEL075-352-3711　FAX075-352-0371
企画販売部　TEL075-352-3373　FAX075-351-8301
振替　01010-7-5702
e-mail　webmaster@kagakudojin.co.jp
URL　https://www.kagakudojin.co.jp

印刷
製本　　創栄図書印刷（株）

Printed in Japan　© Katsuhiro Sumi 2014　無断転載・複製を禁ず
乱丁・落丁本は送料小社負担にてお取りかえします．

ISBN978-4-7598-1563-4

付表1　ギリシャ文字

ギリシャ文字		読み方	ギリシャ文字		読み方	ギリシャ文字		読み方
A	α	アルファ	I	ι	イオタ	P	ρ	ロー
B	β	ベータ	K	κ	カッパ	Σ	σ	シグマ
Γ	γ	ガンマ	Λ	λ	ラムダ	T	τ	タウ
Δ	δ	デルタ	M	μ	ミュー	Y	υ	ウプシロン
E	ε	イプシロン	N	ν	ニュー	Φ	ϕ	ファイ
Z	ζ	ゼータ	Ξ	ξ	グザイ	X	χ	カイ
H	η	イータ	O	o	オミクロン	Ψ	ψ	プサイ
Θ	θ	シータ	Π	π	パイ	Ω	ω	オメガ

付表2　SI接頭語

倍数	接頭語	記号	倍数	接頭語	記号
10	デカ（deca）	da	10^{-1}	デシ（deci）	d
10^2	ヘクト（hecto）	h	10^{-2}	センチ（centi）	c
10^3	キロ（kilo）	k	10^{-3}	ミリ（milli）	m
10^6	メガ（mega）	M	10^{-6}	マイクロ（micro）	μ
10^9	ギガ（giga）	G	10^{-9}	ナノ（nano）	n
10^{12}	テラ（tera）	T	10^{-12}	ピコ（pico）	p
10^{15}	ペタ（peta）	P	10^{-15}	フェムト（femto）	f
10^{18}	エクサ（exa）	E	10^{-18}	アト（atto）	a
10^{21}	ゼタ（zetta）	Z	10^{-21}	ゼプト（zepto）	z
10^{24}	ヨタ（yotta）	Y	10^{-24}	ヨクト（yocto）	y

付表3　SI基本単位

物理量	量の記号	SI単位の名称	SI単位の記号
長さ	l, s	メートル	m
質量	m	キログラム	kg
時間	t	秒	s
電流	I	アンペア	A
熱力学温度	T	ケルビン	K
物質量	n	モル	mol
光度	Iv	カンデラ	cd

付表4　SI誘導単位の例

物理量	SI誘導単位	記号	SI基本単位での表示
力	ニュートン	N	$kgms^{-2}$
圧力	パスカル	Pa	$kgm^{-1}s^{-2}(=Nm^{-2})$
エネルギー	ジュール	J	$kgm^2s^{-2}(=Nm=Pam^3)$
仕事率	ワット	W	$kgm^2s^{-3}(=Js^{-1})$
電荷	クーロン	C	As
電位差，電圧	ボルト	V	$kgm^2s^{-3}A^{-1}(=JA^{-1}s^{-1})$
電気抵抗	オーム	Ω	$kgm^2s^{-3}A^{-2}(=VA^{-1})$
周波数	ヘルツ	Hz	s^{-1}

付表5　よく使われる SI 単位以外の単位

物理量の名称	単位の名称	単位の記号	他の単位への換算
長さ	オングストローム	Å	10^{-10} m
体積	リットル	L または l	10^{-3} m^3
エネルギー	カロリー	cal	4.184 J
モル濃度	モーラー	M	10^3 mol m^{-3}
圧力	気圧	atm	1.013×10^5 N m^{-2}

付表6　物理定数

量	記号	数値	単位
真空中の光速度	c	2.998×10^8	m s^{-1}
真空の誘電率	ε_0	8.854×10^{-12}	C^2 J^{-1} m^{-1}
アボガドロ数	N_A	6.022×10^{23}	mol^{-1}
プランク定数	h	6.626×10^{-34}	J s
ボルツマン定数	k	1.381×10^{-23}	J K^{-1}
気体定数	R	8.314	J K^{-1} mol^{-1}
陽子の質量	m_p	1.673×10^{-27}	kg
中性子の質量	m_n	1.675×10^{-27}	kg
電子の質量	m_e	9.109×10^{-31}	kg
電子の電荷	e	-1.602×10^{-19}	C
ファラデー定数	F	9.649×10^4	C mol^{-1}

付表7　標準生成エンタルピー，標準エントロピー，標準生成ギブズエネルギー

物質名	標準生成エンタルピー ΔH°_f (kJmol^{-1})	標準エントロピー S° (JK^{-1}mol^{-1})	標準生成ギブズエネルギー ΔG°_f (kJmol^{-1})
アルミニウム Al (cr)	0	28.33	0
酸化アルミニウム Al$_2$O$_3$ (cr)	-1676	50.92	-1582
炭素 C (cr, graphite)	0	5.74	0
一酸化炭素 CO (g)	-110.5	197.6	-137.2
二酸化炭素 CO$_2$ (g)	-393.5	213.6	-394.4
硫酸銅 CuSO$_4$ (cr)	-771.4	109	-661.9
鉄 Fe (cr)	0	27.28	0
赤鉄鉱 Fe$_2$O$_3$ (cr)	-824.2	87.4	-742.2
磁鉄鉱 Fe$_3$O$_4$ (cr)	-1118	146.4	-1016
水素 H$_2$ (g)	0	130.6	0
塩化水素 HCl (g)	-92.31	186.8	-95.30
水 H$_2$O (g)	-241.8	188.7	-228.6
水 H$_2$O (l)	-285.8	69.91	-237.2
硫酸 H$_2$SO$_4$ (l)	-814.0	156.9	-690.1
アンモニア NH$_3$ (g)	-45.94	192.7	-16.43
二酸化窒素 NO$_2$ (g)	33.18	240.0	51.29
酸素 O$_2$ (g)	0	205.0	0
メタン CH$_4$ (g)	-74.87	186.1	-50.79
エチレン C$_2$H$_4$ (g)	52.47	219.2	68.41
酢酸 CH$_3$COOOH (l)	-485.6	157.2	-390.1

※ 298.15 K, 0.1 MPa. (g) は気体，(l) は液体，(cr) は結晶.